U1074725

飞翔的思绪

中国大飞机研发道路思辨

程不时 著

机械工业出版社

《飞翔的思绪：中国大飞机研发道路思辨》分为四个部分，辑录了近半个多世纪的不同时期，作者在我国航空领域所亲历的实践活动，以及在所参与过的有关发展讨论中的见解等。

《飞翔的思绪：中国大飞机研发道路思辨》是对“航空”这种飞翔事业的一种历史踪迹的记录。希望本书不仅能让您感受到新中国航空工业的发展与振兴，更能对您今后的人生有所启迪。

谨以《飞翔的思绪：中国大飞机研发道路思辨》献给广大的航空爱好者、关心我国航空工业发展及有思想和抱负的人士！

图书在版编目(CIP)数据

飞翔的思绪：中国大飞机研发道路思辨／程不时著.
—2版. —北京：机械工业出版社，2016. 7
ISBN 978-7-111-57964-9

Ⅰ. ①飞… Ⅱ. ①程… Ⅲ. ①航空-中国-文集
Ⅳ. ①V2-53

中国版本图书馆CIP数据核字(2017)第218375号

机械工业出版社(北京市百万庄大街22号 邮政编码100037)
策划编辑：李 军 责任编辑：李 军
责任校对：梁 倩 封面设计：马精明
责任印制：张 博
三河市国英印务有限公司印刷
2017年11月第2版第1次印刷
184mm×260mm · 14. 25印张 · 285千字
0001—1900册
标准书号：ISBN 978-7-111-57964-9
定价：59. 90元

凡购本书，如有缺页、倒页、脱页，由本社发行部调换

电话服务	网络服务
服务咨询热线：010-88361066	机工官网：www.cmpbook.com
读者购书热线：010-68326294	机工官博：weibo.com/cmp1952
010-88379203	金书网：www.golden-book.com
封面无防伪标均为盗版	教育服务网：www.cmpedu.com

前　言　PREFACE

在人类历史的长河中，20 世纪到 21 世纪可以说发生了科技的“井喷”。一个世纪多的科技进步，几乎超过了过去几千年的科技进步。而在 20 世纪初发生的人类第一架动力飞机的起飞，使航空这种“飞翔事业”几乎与 20 世纪同步发展，成为这个辉煌世纪的最具标志性的发明。

航空百年发展的轨迹中，在 20 世纪中期出现了大飞跃，具有鲜明的转折和里程碑性质。第二次世界大战中出现的喷气技术、核技术和电子技术，给后半个世纪人类社会的发展带来深远的影响。喷气技术推进了飞机的高速化、大型化的过程；电子计算机在飞机的控制、仪表系统以及计算机辅助设计和制造上造成了今非昔比的突飞猛进；而核技术的出现，不但在科学技术上开拓了崭新的领域，并且还产生了一个附带的效果：自原子弹在战争中出现以来，人们震惊于核打击所造成的毁灭能力，竟使世界规模的冲突出现了超过半个世纪的停滞，从而促成了航空事业发展的新增长点——民用运输业空前蓬勃的发展，这又相应地形成了“地球村”的概念，开始了“全球经济一体化”的进程。

我国的航空事业，始于 1909 年冯如研制的第一架中国飞机，至今也有了百年的历史。中国的飞翔事业，就起点而言与世界航空的差距并不大（与世界第一架飞机出现的时间相差 6 年，用世纪的尺度去衡量，几乎可以说是同时发生）。在 20 世纪的前半叶中，我国有些著名人物表现出很出色的航空业绩，如王助担任过美国波音公司的第一任总工程师，钱学森、吴仲华等航空学者在航空理论上也有过突出的贡献，但在总体上由于当时并未强调自主发展的道路，所以点滴的成就没有汇聚成为显著的繁荣。

1951 年，新中国成立航空工业局。也正是在这一年，我从清华大学航空工程系毕业，从此进入到航空工业建设的队伍之中，可以说是“正逢其时”。我有机会目睹了世界航空技术在 20 世纪后半叶的急剧变化，也亲身见证了新中国航空工业的振兴。记得当时新中国第一批要建立三家飞机工厂和三家航空发动机工厂。我得以投身于这六家工厂中五家的建厂设计中。1956 年，当我国决定自行设计飞机的时候，我又得以成为第一批调入这个新中国最早的飞机设计机构“第一飞机设计室”的人员。从此在飞机型号设计的岗位上，我参与设计了我国最早一批自行设计的飞机型号，先后介入设计的飞机，有低速的、超音速的，喷气式的、螺旋桨推进的，单发动机的、多发动机的，军用的、民用的，小型只坐一两个人的，以及 20 世纪我国自行研制的最大飞机运 10。运 10 起飞重量超过 100 吨，可以搭载 150 人，航程超过

8000 公里。在本书中，我摘录了一些自己参加我国航空工业“硬件”建设中的一些回忆，如最初的工厂建设设计和后来一系列的飞机型号设计，从个人经历的角度，反映我国航空工业从无到有、从弱到强发展的部分历史轨迹。

我在航空工业战线工作的近60年中，正值世界航空技术发生剧变的20世纪后半叶，因此我的工作，除了上述的“硬件”建设之外，还必须有概念和方法等相应的“软件”同步建设。接受和推广科学思想、解释新的概念、介绍新的方法，也成为要达到设计目标必须完成的任务。比如我在大学航空工程系的课堂里听课时，并没有喷气技术和高速空气动力学的内容。这些新技术在当时还没有进入课堂和教科书。但是我接到的第一项飞机设计任务，就是设计中国第一架喷气式飞机。不久我又接到设计中国第一架超音速飞机（强5）的任务。因此设计人员必须勤奋地自学迅速发展着的新知识，还要把学到的知识传授给别人，这样才能共同工作。为此我发表过许多介绍世界航空技术最新进展的综述性及专题性的文章。又比如我国20世纪最大的飞机运10的设计中，我国航空界首次大规模使用电子计算机。我除了自己掌握这种新型工具之外，同时还编写了我国首部《计算机辅助飞机设计》专著。在运10的设计中还首次接触到民用飞机的“适航标准”问题，我不但在刊物上首先发表论文，阐述“适航标准”的实际含义，并成为主持我国首部“适航标准”主要起草人之一。在航空技术急速发展的洪流之中，我除了担任具体产品的创造者之外，还在某种程度上成为规则的制定者，手册、指南、丛书及研究生教科书等的编著者。我对20世纪60年代兴起的“系统工程”的思路有些体会，写作了《工程设计中的系统工程》专著；为提倡工程设计中的创新思维，出版了《发明与革新》专著；主编了《民用飞机总体设计手册》等。在本书中，辑录了这些新概念建设中的一些篇章。

科学思想的传播、新方法的推广，并不是只用正面讲解就可以永远达到目的，有时会受到传统意识的强大抵制和反抗。比如在20世纪的最后20年中，我国民用航空工业的发展遭到严重的挫折，主要是因为行业内一些论者看不到大型客机对社会发展的战略作用，在发展思路上则主要希望得到外国的扶植而放弃自己民族的奋斗；主张中国只能发展小飞机，而千万不能发展大型客机；主张飞机的型号发展只能依靠仿制，而决不能自主创新。在管理体制上，则希望对民用客机的生产也沿用军事工业的体制，这样对本行业有利，而不愿进入商品开发的竞争环境。

这些争论，反映了我国在管理理念上，特别是在对知识产权的认识上，远远落后于科技先进的国家。在商品经济发达的西方世界中，第一部鼓励创新、保护知识产权、鼓励社会良性共享创新成果的专利法，诞生于五百多年前。在西方国家，知识产权的意识早已家喻户晓，成为社会的共识。但从小农经济走出来的我国乡镇企业的发展过程中，可以看到一个时期中假冒伪劣产品充斥、盗版仿制盛行。我国参加巴黎保护知识产权的公约才二十几年，一些基本概念还没有为广大的人们所认识。一些人仍把仿制认为天然合理，甚至将其列为我国工业发展的基本“道路”来提倡。

经过20世纪最后20年全国性的大辩论，关于发展我国大型客机的战略终于在

21 世纪最初的十年内，用“国家意志”予以肯定。以 20 年的时间取得了我国在知识产权认识上的跨越，快步赶上世界先进理念，是非常重要的理论成果，对今后的发展具有深远的意义，其价值决不应被低估。

我在 1956 年开始投入我国第一架飞机的设计准备时，便开始不断为航空科技刊物写介绍世界航空技术发展的文章，此后在国内三所主要航空航天大学（北京航空航天大学、西北工业大学、南京航空航天大学）兼任教授，曾担任《科学画报》的科学顾问、“上海科普作家协会”副理事长、《航空知识》编辑委员会副主任及《中国大百科全书》第二版航空航天学科的副主编等。在多年的科技教学和写作生涯中，写作过很多不同形式的文章和书籍。

本书中所涉及的文章前后覆盖的时间跨度比较长，其中有不够成熟的地方，欠妥之处，希望读者批评指正。

程不时

CONTENTS 目　录

第一部分

关于大型客机的实践和思考

本部分是对20世纪我国研制大型客机运10过程的一些情况的记载，并借此澄清一些论点、陈述一些观点。这里的基本点是热烈拥护21世纪以来我国在航空工业上采取的新战略方针。

一、昆仑、长江上空的大鹏
——运 10 研制回忆

1. 雁南飞

从人类第一架飞机的出现到 20 世纪的后半叶，航空技术的发展也经历了半个多世纪，这时大型喷气运输机已成为世界航空技术发展的前沿。航空运输的发展带动着经济发展，出现了“腾飞”的现象，有了“地球村”的提法，并促进了 20 世纪末“世界经济一体化”的出现。因此，大型飞机的发展在一个国家的政治、经济、军事、科技、工业、社会就业等多个方面起到了举足轻重的作用。

21 世纪的现代人可能认为大型飞机对国防和经济建设的重要性是显而易见的，但不大理解在 20 世纪 70 年代初，将大型运输机的研制提上日程对我国航空工业是多么重大的转折。我国航空工业在建立初期偏重于军用飞机，重点放在歼击机上。由于计划经济造成的思维惯性，产业发展方针有人制定，但没有人根据社会的发展而“与时俱进”地进行修订。因此“解放牌汽车”一生产便是几十年；在航空界，当歼 6 优质生产过关以后，也有人提出“歼 6 万岁”的口号，意思是说可以生产一万年。

20 世纪 60 年代，周恩来总理出访欧洲，自此中国在与世界多年隔绝之后，第一次看到了世界空运的发达。当时，我国尚没有喷气客机，周总理是乘坐租赁的外国航空公司客机出访的。外国报纸报道周总理此行时说“中国尚未进入喷气时代”“中国是一只没有翅膀的鹰”。周总理针锋相对地允诺说：“将来中国有了自己的大型喷气客机，一定邀请各国记者乘坐环游地球。”

为此，大型飞机的研制任务于 1970 年 8 月由国家以文件形式下达。按照当时国家重大工程的编号办法，这项工程曾被称为“708 工程”，指国家文件下达的时间是 1970 年 8 月份，以后该机型被命名为运 10。

运10研制的地点定在上海，理由是可以得到上海较发达的科研与工业力量的支持。但是当时上海的航空工业基础却是薄弱的，从历史上追溯，只是在20世纪30年代初，上海的江南造船厂曾制造过双翼的水上飞机。新中国成立之后，由于上海是沿海城市，不是发展航空工业的重点地区，因此只有飞机修理工业。

为了研制运10，国家决定从全国各地调集航空技术人员组建队伍，人员来自数十个不同的单位。最终300名各飞机设计所、飞机工厂、航天部门的技术人员、航空学院的教师齐集上海。

1971年9月一个阳光明媚的上午，在小平房研制超音速教练机歼教6的工段里，我穿着工作服正在工作台前进行着日常的生产劳动。“大白楼来电话，叫你去一下。”接电话的同志从里间出来对我说。我那时41岁，已经在航空工业建设队伍中工作了21年。这句话，改变了我以后30多年的人生道路。

大白楼是这座工厂的厂部办公室。接到通知叫我去后，我一路禁不住在想：会是什么事呢？

在二楼的一间办公室，一位女干部对我说：“现在国家决定在上海开始研制一种民用飞机，决定把你调到那里去工作。以后，你就在民用飞机这条线上去发展了。工作等着要开展，你尽快去报到。”

前一段时间上海到沈阳工厂调人的事，已经在工厂里传得沸沸扬扬了。新中国成立以来，上海曾支援全国各地建设，各航空工厂有不少从上海派出的人员，还有一些在各地航空部门工作的原籍上海的大学毕业生。因此当有到上海工作的机会时，各单位申请回上海的人员自然排起了长队。但我与上海并无渊源，我的原籍不是上海，也不是从上海的学校毕业，所以，我并没有参加这支请调的队伍。

后来才听说，是上海组建设计队伍的部门，知道我在飞机设计中的经历，点名要我去参加工作的。因此，当听到对我以后工作的安排时，我既没有陌生感也没有欣喜，只感觉到即将投身于新战场的兴奋浸润了我的全身。

我赶紧收拾行装。我的书籍很多，装了好几大木箱。沈阳工厂派了一辆卡车将我和这些木箱送到火车站。离开时，与我在歼教6小组一同工作的朱炳良送我到车站，帮着我抬箱子，这份情意让我永世不忘。

我的妻子贺亚兮这时还在北京设计院工作，5岁的女儿和她在一起，我刚出生的儿子此刻在湖南我的父母家中，后来妻子贺亚兮也调到上海和我在同一个单位，我也从湖南接来我一岁的儿子，多年分居的家庭在上海相聚了。我在41岁时，总算第一次有了真正的家庭生活。

2. 大鹏的产房

我幼年时在武汉看到的从头顶低空飞过的旅客机，是飞机在我心目中最初的“天使”形象。当时我多么急切地想要去接近它、去触摸它！而此时，我就要投入这类飞机的研制了！

在航空的发展史上，第一架飞机的发明者莱特兄弟对飞机功能最先想到的就是能投入民用运输，但他们接到的第一份订货单却是一架军用飞机——美国军方订购的一架教练机。不久发生了第一次世界大战，还在襁褓中的飞机，技术状态还不完善就被投入到战场中。

第一次世界大战刚结束，飞机马上转入民用，形成世界空运事业发展的第一个浪潮。在航空百年发展史中，飞机技术交替地从军事冲突和民用发展中获得进步。第二次世界大战自然使飞机技术提高到了一个新的阶段；而第二次世界大战以后的民用航空技术的发展高潮，成为整个20世纪人类社会发展中的一个鲜明特征。

我投入航空建设的前20年，主要围绕军用飞机开展工作。从第21年参加运10飞机设计开始转到了民用飞机的轨道，我又继续工作了近30年。人类的航空技术本来就交融着军用和民用航空两方面，我个人参加这两类飞机的设计经历，也起到了相互支撑的作用。

运10工程刚开始时期，我们工作条件十分艰苦。设计场所不够，设计人员就在工厂的食堂里绘图，快开饭时再把图纸收起来。许多大型技术讨论会就在食堂举行，有的设计组甚至在装运战斗机的空包装箱内工作。上海的夏天酷热难当，机场入夜，蚊虫成群，而人们往往会工作到深夜，设计人员不得不用报纸包裹起肘部及腿部继续绘图作业，因此可以想象当时的条件是多么的艰苦。随后，设计所“借用”龙华机场已经不用的候机楼作为工作场所，这一借用就是20年。

我的一家4口，刚开始住在一所卫生学校的宿舍中，后来搬入专门为工程人员建起的一栋宿舍楼。我家住在一间11平方米的小房间里，由于隔壁就是水房，一边的墙上水渍斑斑，5岁的女儿得了关节炎。我的岳父母不久因病来上海，岳母的双腿截肢，一家3代6口挤在这间小屋里，晚上打开行军床后就不能转身。做饭便用煤油炉在室内操作，一次3岁的儿子不小心一屁股坐在了滚烫的煤油炉上。就是在这种艰苦的条件下，大家仍然一心扑在工作上，我晚上也经常要伏在木箱上编写计算机程序。

我到上海参加此项工程时，初期担任总体设计组副组长。当时在“文化大革命”期间，总体设计组的“组长”是一名技校毕业的四级工，他从不参加技术上的讨论与决定，也不从事任何设计工作，没有对运10工程做出实质性的贡献。到工程的后期，我担任了副总设计师，分工主管总体设计、气动力分析、计算机和试飞工作。

3. 要当中国航空产品的家

在运10开始研制时，世界喷气航空技术已经开始了约15年。我们要为中国的喷气运输机选择合适的式样，世界的成就都在我们的视野之内。

比如对发动机位置的安装，世界上已经出现了三种方式：前苏联的图104采用的是翼根式，英国的三叉戟采用的是尾吊式，美国的波音707采用的是翼吊式。这三种方式都在我们设计的考虑范围之内。

首先对苏式的翼根布局，我们从技术上分析后否决了这种不合理的布局。而对尾吊式和翼吊式，我们都制作了 1∶1 全尺寸样机来比较优劣，对它们都做了风洞试验对比，从中选择适合运 10 的翼吊布局。后半个世纪全球航空发展的实践证明，我们为运 10 选择的布局成了喷气运输的主流布局。以后欧洲和前苏联的飞机也都采用了这种布局。到了 21 世纪，最新出台的大型喷气运输机也仍然采用这种布局。

又比如飞机的翼型，我们把能获得的前苏联翼型、欧洲翼型和美国翼型都制造了风洞试验模型，放到风洞中去试验，最后根据试验数据为运 10 选择了最合适的翼型。

在运 10 设计中遵循的，实际上是爱国工程技术人员的先驱詹天佑、茅以升所走过的道路。他们用世界的铁路技术在中国险峻的八达岭上修起京张铁路，用世界的桥梁技术在海潮汹涌的钱塘江上建起大桥。这也是我国飞机设计的创建者徐舜寿一贯提倡的"熟读唐诗三百首，不唯外国机型论"的设计方法，即"博采众长，为我所用"。

但是，这种研制道路，却遭到"仿制论"者强烈的抵制。他们最反对的，是"由中国人来当中国产品的家"，他们认为中国只应该生产外国产品，只能由外国人来当家。在发动机安装方式的问题上，他们不顾所有的技术分析和试验数据，强烈要求走"图 104 的道路"，采用翼根布局，最多也只能退到尾吊布局，而绝对不能采用翼吊布局，他们认为这是"美式"。这种意见如此强烈，以至于在高层会议上用鲜明的措辞响亮地提出，并从此埋下"仿制派"以后长时间贬低和抵制运 10 成果的伏线。

他们嘲笑运 10 经过试验比较再选择翼型的方法，一直闹了 20 年，经常在各种场合揶揄说："运 10 采用的是一种外国翼型，你知道吗？"仿佛这是个天大的不可告人的丑闻。实际上只是因为他们认为应该理所当然地采用苏式翼型，而运 10 没有这样做。其实，翼型作为一种工程研究基本成果，是全人类共有的财富，各国都可以挑合适的来用。正如不能因为爱迪生发明的电灯泡是圆的，中国的灯泡就偏要做成方的；福特造的汽车是四个轮子，中国汽车就必须造成五个轮子一样。整个 20 世纪内，中国所有的飞机使用的都是外国开发出的翼型，从来没有一种飞机使用"李时珍翼型"或"祖冲之翼型"等纯民族牌的本土翼型。

4. 良好的起点

运 10 的设计对我来说是难忘的经历。仅它的平尾面积，就比我过去参与设计的喷气战斗机的机翼面积还要大上五倍。运 10 是我国的飞机设计首次从十吨级向百吨级冲刺。在科学技术上，凡数量差上十倍就称为达到一个量级，事物就会有质的变化。如果说我国过去设计的飞机是一些小艇，那么运 10 就是一艘巨轮。

大飞机并不是小飞机简单地放大，正如同巨轮不是舢板放大的一样，连自然界的大象也不是老鼠形态的放大。尺寸放大以后，出现称为"尺度效应"的现象，需要重新找到解决的途径。例如长达 40 多米的翼展，运 10 就不可能再按小飞机一样将机翼设计成为“刚性”机翼，而必须考虑“气动弹性”效应，按“柔性机翼”的原则来设计。许多构造和系统，甚至概念和方法，都面临着新的挑战。例如，小型飞机的机翼上一般有四片辅助翼面（一对副翼，一对襟翼），但运 10 机翼上的辅助翼面竟然多达 50 片，每一片都要解决构造问题、功能问题和操作问题。如果没有接受新事物的创新开拓精神，很难完成这种量级的跳跃。

当我还在“第一飞机设计室”的时候，有一群大学生来实习。我给他们专门讲过一次飞机构造的发展。当时我讲的还是带有“前瞻性”的发展方向，例如整体壁板、蜂窝结构、变厚度蒙皮及整体油箱等。当时这些在小型喷气飞机上采用并不急迫，但在运 10 飞机，却必须全部用上，不然结构重量会使飞机的有效载荷大打折扣。

运 10 在飞行中的大部分时间是在“高亚音速”区域巡航，因此，机翼的设计要在这个速度范围内最有利。这样大吨位的飞机，却必须在通常的喷气飞机跑道上起降，因此机翼上增升装置的形式和数量都比小型飞机复杂得多。结构上，机翼内的整体油箱需要装载 50 多吨燃油，而在此前我国自行设计的飞机上获奖的整体油箱项目的载油量仅为 40 千克。整个机身是一个密封的客舱，在高空需要承受压差并保证结构的疲劳寿命。

在操纵系统上，如此巨大的尺寸，在过去小型飞机上通用的“硬式操纵”系统，不但因杆件过长而不能保证受压稳定，并且在高空由于温差造成的热胀冷缩现象也会使中点偏离中位，因而不得不使用“软式”的钢索操纵系统。

虽然运 10 比我以前设计的飞机大了许多，但仍然存在许多通用的东西。一般来说，当出现众多矛盾时，如何保证优先级的问题以及解决问题的思维方法等，对小飞机和大飞机都是类似的。我在过去一些机型设计中的经验和思考方法，对解决运 10 设计中的问题带来了很大的方便。我在运 10 设计中一边学习，一边运用自己的所学，使原有的知识得到前所未有的扩大和充实。

我刚来上海时许多人还不认识我。我提出了飞机的起落架位置应该向后移动，这样重大的改变一般会引起很大面积的技术工作返工，会招致许多人的反对。但是我召集有关人员共同开会，讲清理由之后，意见很快被听取，飞机的参数相应作了更改。

这种新领域的设计，设计中需要直接参考大量的国外技术资料，运 10 是我国第一次按欧美的“适航标准”作为设计规范来设计的飞机。设计所的“资料翻译室”聘我为兼职翻译，除了分配给我国外资料的翻译任务之外，其他技术人员阅读外文资料弄不懂确切含义时，便来找我。这样的附带收益是使我在解决别人英语障碍的过程中了解到了相当广泛的技术知识。为了这些翻译和辅导工作，翻译室特别发给我一本厚厚的英语词典作为“奖励”。

我对大型飞机的设计特点作了一番探讨，然后将研究结果给总体气动研究室全体人员集中讲课，并写了一篇总结性的文章。北京管理机关派了一位老专家来上海，组织出版了一本专门阐述大型飞机设计特点的书，把我这篇选为第一篇。这位老专家还在总结大会上因这篇文章表扬了我。

航空界一位工艺方面的老专家，这时也对一种外国大型喷气飞机的技术进行了研究，总结出很多值得注意的要点。有一次他特地来和我交流心得，我向他学习了不少。但是最后他说，干脆放弃运 10 的总体方案好啦，我们来测绘仿制外国这种飞机。

我当时感到很意外。我国飞机设计事业的奠基人徐舜寿是明确反对“唯某种外国飞机论”的。产品发展之道，应该由我国设计人员对产品进行“工程综合”，创立我国有知识产权的产品，这一直是我的信念。我数十年来从事航空设计始终在做这方面的工作。此时提出“测绘”某种外国飞机，不是完全彻底的“唯外国飞机论”吗？

出于对他的尊敬，我觉得没有必要和他争论个水落石出，便只有沉默。后来我才知道，他误会了我沉默的含义，以为他说服了我。

他后来去对运 10 工程的组织者说了同样的意见，并且说，在研究了一种外国大型喷气飞机之后，程不时有很好的意见，建议工程组织者好好听一听程不时的看法。

组织者来到我的办公室，开门见山说明他来访的目的，说：“那位工艺专家说你有很好的意见，要我来听一听，我今天就是特地前来听你的看法。”

我这才知道，原来是“仿制论”崇尚者把我拉为同盟，来向运 10 组织者施加压力。但是我并不同意“仿制”技术路线。

组织者既然是来听意见的，我便将我认为运 10 应该采取的十点先进技术讲了一下。我说完后，组织者看着我的嘴，等我说出建议仿制国外飞机的建议。他也许预料我会讲的，可是我始终没有说这样的话，于是他便起身走了。

我说的十点先进技术，以后都用到了运 10 上。但运 10 总体上作为一项中国设计的特点，却鲜明地保持了下来。我们自觉地在运 10 研制中摒弃了“仿制”技术路线。

那位工艺专家后来成为国内“仿制”路线的代表性人物，而在以后的讨论中，我成为“自主开发”方法的明确主张者。“仿制”技术路线在以后 25 年内再也没有在一架中国飞机上显现威力，只不过成为国内航空界攻击“自主开发”路线的一种情绪倾向而已。到了 21 世纪开始，我国发展民用客机的技术路线明确提出了“以我为主，自主开发”的方针。

1972 年的方案汇审会议上，我准备了一个关于总体设计的型式选择论证全面报告。全国来的专家听了这个报告，认可通过了运 10 的设计方案。

在召开运 10 的方案审定会议时，全国知名的一些飞机设计师来参加讨论。我遇见了 20 世纪 50 年代初期在沈阳“第一飞机设计室”时共同工作的设计师陆孝彭，我陪同他一起观看了运 10 的木质样机。这样巨大的飞机，以 1∶1 的尺寸用木质制造出来，摆在当时的厂房内，垂尾的顶端几乎触到厂房顶棚，而翼展伸展开去，真是一个庞然大物。

陆孝彭满怀兴趣地参观了样机，一面和我讨论，一面发着感慨。他说：“这架飞机最大的优点是按国家的正式任务研制的。这是最有力的保证。”他对这一点非常羡慕。

他是有感而发的。因为他曾主动提出过一种“轻型歼击机”的设计，就是被称为“空中李向阳”的喷气歼击机。但是这并不是国家从上向下的途径下达的任务，因此研制过程十分艰难，飞机虽然试飞了，却中途夭折。

我对他也谈了自己的感受。我说运 10 这样大的飞机，研制周期要以 10 年计。我过去已经参加研制过不少型号飞机，但像运 10 这样规模的飞机，看来研制完成后我也不可能再从事别的机种的研制了。陆孝彭想了想，说：“那倒也是。”

没有想到，陆孝彭看好的运 10 工程的优点，即便在 1970 年正式下达任务、在 1980 年的全国科学大会上再次确认，并列为国家重点，后来却仍然因种种变故而被搁置，这主要还是由于航空工业内部存在一种因循守旧的陈旧思潮。而陆孝彭自己，在研制“空中李向阳”之后，也只是领导了一些改型设计和课题研究，没有再在新型号机型中发挥他的设计才能。

5. 充满创新意识的过程

运 10 工程中，采用的新设计方法、新规范、新技术、新工艺、新材料、新成品附件的幅度，是以前的型号设计中所罕见的。运 10 飞机上出现了许多国产飞机上从未有过的系统和设备。有些过去有过的项目也在原理、概念上大不相同。这些出自型号特点而提出来的需要，通过这支生气勃勃、求实创新的技术队伍的不懈努力，终于迈过了一个又一个的门槛，使需要与可能得到良好的结合，使我国飞机设计的能力进入到一个新的境界。

运 10 的各个设计环节充满了创新。比如系统试验室为模拟飞机整体在空中的各种姿态，设计了一种用三点支持全尺寸机翼的万向支撑，就是一个很有创意的设计，受到原航空部何文治副部长的高度赞扬。

总体组经常需要处理各式各样的事，不论问题大小，都要想出解决办法。一次负责设计外形的女工程师问我：一块蒙皮的形状在后方要与气流相切，应该怎样设计？我说，就用三角正切函数的数学规律好了，因为正切规律在数学上是光滑的，而到直角时数值等于无穷大，正好与气流方向相切。她听后想了想，点点头就按这样设计了。

我以前没有处理过同一问题，也没有在书籍或资料上读到过应该怎样处理这个问题，但飞行证明这部分的设计情况良好。后来我在总结中谈到我“灵机一动”解决这个问题的经过，有一位循规蹈矩的工程技术人员指出我“用词不当”：严肃的飞机设计问题应该总是经过严密推导才能解决的，怎么可以灵机一动呢？

我觉得这正是很多不懂得创新思维规律的人常有的观点，他们认为每一步都应该遵循先人踏出来的路走。事实上人们在解决问题的时候，常常需要调动大脑内潜意识中埋藏的各种信息，并进行特定的综合拼装才能找到途径。创新意念常常是在思维的非逻辑运转下形成的，所以“灵机一动”是发明与革新中经常取得效果的来源之一，需要当事者丰富的知识内藏和灵活的处理能力。我后来写了一系列关于“灵感”的成因和思维锻炼的文章，在许多报刊上发表，有几篇在数十年后被收进“20 世纪代表性科学小品文选集”中。

在部件技术设计和零件细节设计中，一次在各设计室主任的会议上，我着重谈了重量在飞机设计中的重要性。重量是设计质量的一面镜子，反映设计的优劣。在设计中应该控制重量的增长，掌握控制的办法等。我讲完后，一位与会的室主任大声地强烈提出：“这个报告应该向全体设计人员讲，让大家都听到……”

接下来两个星期，我几乎每天都要向一两个设计组的成员重复讲这个报告。很多年后，一位老资格设计人员告诉我说，他印象最深的是我当时讲到一个比喻，说“飞机上多余的重量并不像一堆煤一样堆在某地，只要把它铲掉就完事了的，而是隐藏在飞机各处，需要精心工作去把它们挖掘出来……”

我自己倒不记得这句话了。当时我们下到每一个设计组去帮助具体减重，控制设计过程中重量的增长，并建立了一种重量通报，每周印发向全所通报重量工作进展的情况。

在运 10 研制过程中，我们运用计算机开发出 138 个应用程序。我自己也编写了不少计算机程序，使运 10 首次在我国飞机型号设计中大面积使用计算机辅助设计。此外我还在工程设计中用电子计算优化方法进行了研究和开发。中国科学院的数学研究所派一个小组来向我调研我的工作进展，我提了几条意见，他们认为很有启发。国防工业系统也派人来了解我的工作进展，特邀我参加在烟台召开的专门会议，在会议上特地给我四倍常规发言的时间来讲述我们在飞机设计中运用优化方法的结果和体会。

我开发出的这种程序，被用在解尾旋多元方程上，计算结果与价值昂贵、周期冗长的试验很接近；也用在飞机水面迫降的水线计算上，而这用其他方法几乎无法计算。我还将这种办法用在以我为主进行的“大型飞机水系统调整重心的方法”上，在百吨以上的飞机上实际试飞时，用水系统达到灵活准确调整全机重心的目的。当时我就乘坐在飞机上，在水系统成排的水桶架旁按照计算机的计算结果调整着水量和全机重心。

“四人帮”倒台后，1978 年全国科学大会在北京召开。我主持的“水系统调整重心的试飞方法”，获得了全国科学大会奖。在上海也召开了地方性的科学大会，在万人体育馆举行。我写的《计算机辅助飞机设计》等两部专著被裹上红绸送上主席台作为单位的献礼。

我结婚比较晚，那时快 50 岁了，而儿子还在小学低年级。我在锣鼓喧天中和一群受表彰的科技人员一同走向主席台时，穿过体育馆场地中载歌载舞的儿童，看到蹦蹦跳跳的儿子的双颊被老师涂成两个红饼，那形象实在好笑又可爱。他看见我胸前戴着大红花，也很奇怪地不断转头看我。

6. 翱翔在祖国领空

自从 1970 年 8 月任务下达以来，至 1980 年 9 月，全国多少人付出了 10 年辛劳，才使运 10 飞机完成了一切试验及地面准备。这时何文治新任原航空工业部副部长，上任的第一个任务，就是集中一大批全国各地的航空专家来上海，对运 10 进行首飞前的技术审查。

专家们连续几天听了我们汇报设计过程及技术准备情况，观察了现场，检查了飞机。最后对我们的汇报基本满意，只提出一项补充试验。就是发动机灭火系统，因飞机上管道长度太长，过去只分段做过通气试验，他们认为全系统在飞机上安装完毕之后，应该再作一次贯通的试验。因为这是原航空部审查组特意指出需要补充的试验，大家也非常慎重，到场的各方面人员很多，试验时我在现场。实际的试验只在“接通!”一声令下，“扑哧”一声就完成了，前后只有 2~3 秒钟。

何文治副部长在审查结论会上说：“来上海前，听到关于这架飞机的种种传说，感到主持试飞的任务不好办。但是来了以后，实际看到的情况，与我以前听到的完全不同。在你们工作的基础上，我可以签字，同意试飞。”

原来对运 10 在技术上指责的种种意见，主要来自原航空工业内长期从事仿制外国飞机的人们。他们关心的角度集中在试制的工艺装备是否齐备，因为这是仿制现成的机型所遇到的主要问题。但研制一个新的型号时，主要问题应该注意设计思维是否健康，设计试验是否足够。何文治本人在 20 世纪 50 年代亲身参加过我国早期一些新飞机型号的研制，因此他能够掌握问题的主要方面，对一些不得要领的或单纯出自情绪上的抵触而提出的批评意见能够作出正确的判断。

图 1-1　运 10 被拉出机库大门

1980 年 9 月 26 日清晨，我们从上海市南面龙华机场附近的居住地坐车穿过整个上海市来到北郊的大型机场。到达机场时，太阳尚未升起。广阔的机场上，真是万人空巷。这时朝霞满天，巨大的机库大门被推开了。机库里似乎还盛着昨夜的清凉，光线模糊。首先是一个小甲虫似的牵引车从库内缓缓开出，出现在门外的霞光里。慢慢地，在它身后五米，显出了运10巨大的流线形机头。接着，驾驶舱的前风窗玻璃出来了，像是大睁着惊奇的眼睛探望着外面的世界！

运10庞大的身躯逐渐显现出来。啊呀，它是如此巨大！

中国历史上造出的最大的飞机，把厂房门撑得满满的，像是从隧道里开出一列列车似的。牵引车拉着飞机徐徐转了一个90°的大弯，飞机像T形台上的服装模特儿一样展示各个角度的优美线条，绽放着它新喷过漆的闪亮色彩。高大的机尾上喷上了巨大的五星红旗和红色的“Y-10”徽号，像电影中的摇镜头一样展现在万众面前。

这种景象，真令人心潮澎湃。几年来设计人员为它日夜冥思苦想，在每一点上争辩权衡，在每一条曲线上倾注着深情，在每一个细节上反复试验，现在把它交给了喷火的气流、呼啸的疾风、密如蛛网的线路上电子的奔涌，就像它是一具复杂的琴，如今供试飞机组用音乐家的手在天空奏响，用美术家的笔到云端勾画。

机场，在平行于跑道的滑行道上，汇集着人头攒动的人群。更多的没有进入机场的飞机厂工人，则站在高大厂房的顶棚上，似南方的山峦上长着的许多树丛一般，他们要目睹自己产品的升空。一座厂房的高层有人推开一扇玻璃窗，映着初起的阳光明亮地一闪。

图1-2　巨大的运10从祖国的大地飞起

在现场的上万人群中，都为运10是否真能飞起来感到紧张。临跑道的一侧，摆上了几排座椅。一群白发伛偻的老工人和一位老工程师坐在那里。那位老工程师身上挂着从体内接出盛体液的瓶子，大手术之后拒绝了继续休养的安排，要求尽快返回试制第一线，把手术刀下夺回来的有限生命献给这架飞机。终于他熬到了这一天，执意要来亲自观看运10的首次飞行。

前面是一条为运10试飞新翻修的跑道。人们觉得分明看到了20世纪初，我国航空先驱冯如开创的那条通天的路。如今我还无法平静地叙述参加运10试飞盛典时的感受，我只能说，能亲自将我国依靠本国力量创造出的有史以来的最大飞机送上天空，真是一种难忘的体验。

试飞机长王金大是民航局的第一批机长。他曾经驾驶过很多运输机机型，包括苏式螺旋桨推进的和美式的喷气客机，并曾上百次飞行在最艰难的进藏航线上。他在运10工程的早期就由民航局派来参加此项工程，参加了许多重要技术问题的讨论，与许多工程技术人员成了朋友。他把担任我国第一架自行研制的大型喷气飞机运10当作一生最光荣的任务。

他胜利完成了试飞，驾驶运10在机场轻盈地着陆了，打开机翼上的减升板和发动机的反推力，如此巨大的飞机竟在很短的距离内停止了前冲。机组在锣鼓和鲜花的簇拥下将飞机驶回出发地停机坪，在万众欢腾中步下了机梯，每个人脸上的笑容有如朝霞般灿烂。

我私下问机长王金大首次飞运10的感受，他悄悄对我说："就像大个子打篮球一样。"我一时没有明白他的意思，他解释说："一般大个子行动好像欠灵活，但是你看篮球比赛的运动员，个个都是个子高大，但动作却是十分机动灵活。运10在空中，就像篮球场上的运动员一样，这么大一架飞机，飞行起来却是生龙活虎！"

但是在正式的飞行汇报会议上，面对摄影镜头及众多期待的目光，他不能说"大个子打篮球"的比喻，而用了比较正式的评语："飞机的操纵得心应手！"

以后，运10除了进行常规试飞的一些项目以外，还对国内一些城市作了适应性航线试飞，曾从我国东部的上海起飞，越过泰山之巅，直飞北京。北京机关、部队及各方面人士约9000人观看了运10的飞行表演，并列队进入机舱参观。

图1-3　运10高高飞行在祖国的蓝天里

接着，运10从上海出发，飞过东海海域、黄海海域，越过长白山、兴安岭，直达东北的哈尔滨，以观察运10对我国北部严寒地区的适应性。

运10又向南越过南岭和珠江，到达广州。此行顺带运送了海关14吨货物，然后向西飞到昆明高原机场。在昆明巧遇百年未遇的大雪，运10在南方城市遇到这样罕见的瑞雪，也是可遇而不可求的巧事。而高原与大雪并未对运10造成任何影响。

由上海直飞西北的乌鲁木齐，是我国东西向最长的航线，航程3360公里。运10以全重起飞，满载新闻界的记者，在飞机上举行了记者招待会，翼下掠过长江、黄河、太湖、青海湖、河西走廊、大戈壁、秦岭、祁连山及昆仑山。

图1-4　在北京南苑机场，约9000人排队参观了运10

我乘坐这架装有四台喷气发动机的大型客机，从长江尾的上海直飞长江头的成都，又顺流而下飞回上海。坐上自己参加设计的"大鹏"俯瞰祖国壮丽的山河，真令人浮想联翩。即便是幼年的梦幻，也没有梦到景象是如此的辉煌，心情感到如此的舒畅。这架飞机是全国千万航空人共同的智慧和辛勤劳动的结晶，张扬着中华民族的创造力，虽背负着长期屈辱的历史，但被奋发的热烈期望所托举，高高飞翔在富饶的祖国山川河流之上。从舷窗看出去，景色十分壮观，江南水乡、江汉平原、三峡奇峰、巴蜀云雾在翼下缓缓掠过，宛如纵览亿万年地质的变迁，展示着民族繁衍生息的辉煌文化。

图 1-5　我和运 10 试飞机长、第六届全国人大代表王金大飞行在三峡上空

7. 壮哉此景

乳汁般的浩浩长江汇集着众多的支流河汉，“茫茫九派流中国”，形成气势磅礴的奔腾巨流，滋润着祖国的辽阔土地。设想如果没有长江，那么如许的山泉溪水也只能成为断流内水，得不到宣泄，不能成为浩瀚的水系，构不成流域的繁荣。而在昆仑长江上空飞翔的这只大鹏，粉碎了倨傲的外国记者因中国没有自己的大型喷气客机而作出的“中国是一只没有翅膀的鹰”的讽刺，代表了腾飞的中国的气势。

紧接着，运 10 从成都试航有“世界屋脊”之称的青藏高原。这是一条过去被称为“空中禁区”“死亡航线”的世界最艰难的航线。飞机飞越了积雪凝冰的大雪山、唐古拉山以及金沙江、澜沧江、雅鲁藏布江，飞抵海拔 3540 米的拉萨贡嘎机场。运 10 按国务院命令执行特别运输任务七次进藏，成为在 20 世纪内唯一飞抵“世界屋脊”的中国自行设计的飞机，为阳光明媚的喜马拉雅山增添了光彩。

图 1-6　运 10 在成都双流机场，试航拉萨起飞前

图 1-7　运 10 是 20 世纪内唯一飞抵西藏高原机场的中国自行设计的飞机

如果展开一张我国的地图，以华东的上海为基地，将运 10 飞过的航线在地图上画出来，就可以看到运 10 飞过的航迹几乎是一张大网，覆盖了我国版图内所有大山和大江、高原和平地、荒漠和沃土、湖泊和领海。

到 20 世纪末，中国的航空业，以及中国的空军、民航运输业，都成为了世界上不可轻侮的力量。我能亲历这个过程，感到了生命的充实。

8. 成就与反响

飞机的总重，一般是判定飞机总体技术规模的指标。运 10 的起飞重量为 110 吨，达到的规模，约比以前我国完全自行设计的飞机（如运 12）大 20 倍。

在"更高、更快、更远"的飞行性能上，运 10 做出了我国 20 世纪内研制过的民用飞机从未有过的超越。最大速度大于马赫数 0.8，远远超过其他国产民用飞机，飞行高度实用升限超过 1.2 万米，最大航程大于 8000 公里，可以从北京直飞欧洲和非洲。其他国产飞机，仅在落后的外国原型机的基础上"改进、改型"作渐进的演变，是无论如何都不能达到运 10 突出的飞行性能的，也不能完成它所能执行的飞行任务。

如此巨大的运 10 飞机，却具有出色的起飞和着陆性能，可以在一般的喷气飞机机场起降。

运 10 在 1980 年首飞成功后，同年 11 月 28 日，英国路透社电讯评价说："在得到这种高度复杂的技术时，再也不能把中国视为一个落后的国家了。"

图 1-8　远航归来的运 10，进入着陆状态

美国波音公司总裁对中国设计人员说："你们毕业了，而我们只不过比你们早毕业了几年。"波音公司的副总裁在美国《航空

与航天周刊》上撰文写道："运 10 不是波音 707 的翻版，更确切地说，它是该国发展其设计制造运输机能力的 10 年之久的锻炼成果。"

我在上海会见美国麦道公司总裁，当他了解了运 10 状态后对我说了一声："干得好！"该公司副总裁则在我们接待他的会议上发言说："运 10 将中国民用飞机设计水平向前推进了 15 年。"

美国驻华大使馆的空军武官，他本人有在波音 707 上飞行 2000 小时的记录。我接待他时，他对我说："凡是熟悉波音飞机的人，站在运 10 飞机舱门前看一眼就可以明白，运 10 不是波音飞机的复制品，机翼构型明显是不同的。"

一位美籍华裔航空工程学程教授，也是美国普林斯顿大学的教授及美国总统的科学顾问。我在上海第一次见到他时还有一段小冲突。当时运 10 尚未试飞，工程对外还没有公开。我作为他在上海讲学的主持人，有时也为他翻译他不了解的中文航空术语。他在演讲中再三说中国不能设计大型喷气飞机，不能驾驭这样的大型工程。我便从学术上讲了我的不同看法，我认为中国在飞机设计上已经有很多实践，在理论上也对航空学的进展有很好的研究。晚上宴会招待他时，他一见到我，还冲到我面前来继续就这个问题与我辩论。

宴会中他坐在我身旁，突然悄声问我说："你是不是也是从美国回来的？"我说不是，我是在中国接受航空教育的。我问怎么啦？他说："因为你的英语口音很纯正。"我当时还不知道什么叫"口音"，便问道："口音怎么啦？"他说："这只能意会，不能言传，你的英语口音很好，比我还好。"

他虽然认同了我的英语，但对我关于中国航空发展的意见却并不同意。两年后，运 10 已经进入了试飞。他再次访华，提出要参观运 10，这次仍是我接待他。他每次回国在各个城市都要会见很多各方面的人士，我不知道他是否还记得我。

我不动声色地带他参观了飞机，回答了他满怀兴趣地提出的一些技术上的问题。最后在接待室快要告别时，我对他委婉地说："程教授回国来总是会会见诸多方面的人士，程教授今天对运 10 的情况已经有了初步了解，外界对运 10 还常常有些误传，请程教授在合适的场合，根据实际情况对这些误传作些澄清。"

不料他听到这话，激动地站起身来大声说："我宣布从现在起，我以前关于中国不能设计大型喷气飞机的话全部作废！我不知道中国已经进行了这样大的工程，并且取得了这样的成就。这是一个很好的开端，我希望你们从这个起点很好地走下去！"

看来他并没有忘记两年前与我的争论，并且在看到运 10 之后，鲜明而果断地宣布改变自己原来的观念。这种明朗爽快，倒真体现出一种科学家的精神。

运 10 试飞的消息在各种国内报刊上发表，引起世界震动后，美籍华人、航空结构专家牛春匀访华，当时也是我接待了他。他提出想要参观运 10 飞机。我们告诉他说，他的回程日期已定，如果要参观运 10，那么原定要去苏州、杭州的安排就不能实现了。他说："那我宁肯参观运 10。"

我接待他参观运 10 之后，在会议室对他说：“牛先生这次回国，因为时间关系，原定去苏州、杭州的计划没有能实现，我们表示遗憾。”不料他立刻非常激动地说：“这次看到中国研制的运 10 飞机，是我这次回国的最大收获，比去什么人间天堂都强！我深感荣幸！”

韩国航空科学代表团的 10 位成员，全部为美国博士。接待他们的时候，有一位朝鲜族的翻译在场。当他们问到关于运 10 的问题时，那位朝鲜族翻译说：“关于运 10，程教授最清楚了，就请程教授直接回答吧。”我问：“我可以讲英语吗？”这些博士们都点点头。于是我用英语讲起来。我讲完后他们都点头表示满意，但没有一个人用英语与我对话。散会后在等电梯的时候，有一位成员走到我面前用英语问：“你也是从美国学习回来的吧？”他大概是从我的解说中听到了他们熟悉的美国口音。我说，不是，我是从清华大学毕业的。他连忙说：“啊，中国的 MIT（美国著名的‘麻省理工学院’）”。

我带他们来到运 10 面前，站在巨大的机翼下面查看机翼的下表面及强壮的起落架。有一个成员突然跑到我跟前，伸手向上指了指，用英语说：“你们有了运 10，还怕什么波音、麦道！”

台湾航空界的 10 位教授访问上海飞机研究所，由我接待。事后他们提出要拍一张集体照。我们便来到会议室外。手执照相机的一位教授左右看了看，说：“这里没有一块‘上海飞机研究所’的铭牌……”他们领队的是一位原来的美国大学航空教授，拉着我站在队伍中说：“不要紧，照片里有运 10 的设计师，便什么纪念意义都有了！”

运 10 试飞期间，东南亚各种报纸频繁报道消息，为中国的喷气运输机胜利试飞大声欢呼。欧美报刊也发表新闻及评述，高度评价中国研制运 10 的成就。

美国《航空航天周刊》发表美国国家航空航天局访华团考察中国航空技术的报告中，将运 10 列为当时中国与国际航空技术接轨的唯一工程。

这些是外界新闻报道和来访宾客反映的沧海之一粟，也只是我个人接触的一部分，但已经说明我国自主研制有完全知识产权的运 10 在全世界引起了巨大的反响，成为 20 世纪我国航空工业的一个突出事件。

（此文写作于 1992 年 8 月）

二、运10研制中的人和事

运10是我国在20世纪下半叶自行研制的一种喷气客机。1970年8月，国家以（国发）77号文件下达研制任务，初期曾以任务下达的年月称为“708”工程。运10的设计方案经过全国专家会议评审，研制中进行过166项大型地面试验，工程耗资约3.5亿元人民币（包括修建厂房、翻修跑道及其他技术改造费用），这个耗资与类似工程相比是低的。该机由上海飞机研究所承担总设计，上海飞机制造厂承担总装配、总协调、总试验及总试飞，经全国航空科研部门协作攻关，全国有200多个单位协作配套。试制后经原航空工业部副部长何文治率领的全国专家组审定，批准进入试飞，并于1980年9月首次飞行，以后试航到了全国包括西藏拉萨在内的许多大城市。它是20世纪内我国唯一自行研制并飞抵世界屋脊西藏的飞机。

1986年，运10由于“非技术原因”停止飞行。

本文不细说运10研制的全过程，只就个人所见，对其中的一些人和事作一些回顾。

1. 群星璀璨，一代风流

(1) 远大的技术眼光

1972年8月5日，由“708”设计组负责人熊焰、技术牵头人马凤山与总体设计人员一同向全国专家审定会议提出的运10设计总体方案，极具技术眼光，并经受了历史的检验。此方案采用150~180人载客量的规模、一排六座的客舱布置、大展弦比后掠的机翼、翼吊式发动机布局、多轮车架式起落架、比较先进的翼型、马鞍形翼根整形、可调式平尾，采用国际通用的先进适航标准作为设计的基本规范（当时国内通用中苏关系破裂前、落后十几年的过期前苏联强度规范），采用破损安全的结构设计原则、软式飞行操纵、缝外密封式大吨位整体油箱、大容量密封客舱的密封技术与先进高空系统、先进的构件及管道连接形式等。这个布局和技术战略，使我国的飞机设计事业在20世纪跃上了一个很高的台阶。

最后运10成功飞行，证明该方案技术无误。虽然该方案曾受到怀疑论者的反对，但纵观全球旅客机发展形势，可以说直到21世纪其仍是合理的布局和正确的选择。

运10的技术方案，是对民族航空在20世纪内的发展历史、对新世纪发展奠基的一个不容回避的重大贡献。

(2) 对民用飞机设计技术的大面积突破

在运10对我国航空技术有所突破的各个方面，都有全国性的合作。运10的设计队伍在攻克难关中进行了大量资料收集、理论分析、计算、试验、协作组织等工作，从而取得了大范围的突破，最后由上海飞机设计所总成、落实在设计上。这些工作是“艰苦”的，也是“有成效”的。

（3）为民族的腾飞，忘我地投入

运10研制初期，处在“文化大革命”的浩劫时期，不仅文化凋零，生活也十分艰苦。从全国“借调”来上海支援此项国家工程的广大技术人员，更是经受了极大的生活与工作的不便。在生活上，夫妻长期两地分居、多次推迟婚期等情况比比皆是。机翼设计员徐炳谦结婚时，夫妻的岁数之和超过了当时访问中国的非洲高龄皇帝“赛拉西”，被人冠以“赛拉西”的外号。

当时许多人员借住在卫生学校的宿舍。有的人一家祖孙三代6口人挤住在一间11平方米的小房间，家属在走廊里做饭。因为没有当地户口，甚至连补衣的缝线也因为没有票证而得不到供应。

就是在这种情况下，全体科技人员仍然废寝忘食地为祖国工作，攻克了一个又一个技术难关，胜利完成了国家交给的任务。原航空工业部部长莫文祥曾在干部会议上，就长期没有能够改善科技人员们的生活和工作条件，当面对全体科技人员表示歉意，并对这个群体所表现的拼搏奉献精神表示慰问。

参与运10研制的人们，首先是一个英雄群体，是一支艰苦卓绝而又有成效的队伍。

（4）艰苦的工作条件

运10设计初期没有工作场所，设计工作在食堂进行，设计问题讨论会也在食堂进行。后面阶段，运10设计队伍在借用的机场候机楼内工作，大厅用木质层板简单隔开成为各个设计室，楼上的一个小间则挤放多张计算桌，许多人在走廊上作研究和设计。直到运10在全国各地飞行，运10的设计队伍仍然还在借用的候机楼内工作。这样的工作条件，丝毫没有阻碍这支队伍的拼搏精神和卓有成效的工作。

（5）昼伏夜行、日夜颠倒的计算工作者

运10研制期间，上海飞机研究所的计算机不能完全满足型号设计的需要，许多计算在“上海计算中心”及上海郊区嘉定的上海科技大学的计算机上运行。由于计算量大，计算时间常安排在夜间进行。运10研制中许多气动力设计、强度分析人员及专业计算人员，长期在夜间通宵工作。

（6）夺人心魄的噪声轰击

噪声问题是在运10研制中首次进入的技术领域。为取得第一手实测数据，高空组设计人员雷世豪，在发动机运转时手持带拾音器的长杆进入发动机后方的“噪声锥”中，为防止受噪声的强大轰击而昏倒在地、不能及时撤出而发生危险，他在腰间系上一根粗绳，把绳头交给同伴说：“如果我倒下，你们把我拉出来！”他事后形容进入“噪声锥”的感受时说：“噪声振动是如此可怕，当时唯一的冲动是想抛下一切回头就跑，快快离开！”但是他仍然用坚强的意志克服了这种本能的冲动，坚持完成了任务。

(7) 前所未有的在静力试验中进入满负荷机体

运10第一次采用了“柔性机翼”的设计技术及软操纵。在静力试验大纲中规定要在飞机处在67%使用载荷时，在驾驶舱内实际感受操纵系统的灵活度。操纵系统设计人员顾谨，在试验前进入驾驶舱，在机体逐级加载过程中一直留在驾驶舱内观察系统的灵活度，直至达到飞机使用的最大载荷。由于巨大的机体结构在大载荷下被充注了强大的能量，逐级加载过程中连安全距离之外的观察人员都紧张万分，而顾谨沉着镇静地留在驾驶舱岗位上，直至顺利完成测试。

这样大的机体结构静力试验，准备工作复杂，试验项目多，试验周期长。为配合试验，强度组的司国钧从试验准备开始就出差在试验地，在试验地待的时间长达两年半。

(8) 参加早期试飞及青藏高原的首飞

运10由试飞机组负责飞行驾驶。机组组长王金大是新中国第一批任命的大型飞机机长之一，曾驾驶过许多大型客机。他在运10研制早期就参加到设计部门中来，参加了一系列重要的技术决策讨论，亲自参观了运10的一些重要试验，如静力试验等。他把接受运10试飞的任务视为终身莫大的光荣，所以在试飞中与工程设计人员很容易沟通，试飞任务完成得很积极主动。以后，他曾被选为第六届全国人民代表大会的代表。

上海航空办公室负责运10试飞组织领导的是办公室副主任王永祥。他是在抗日战争时期投奔延安参加抗日的知识分子，在延安时曾任中央军委的秘书。新中国成立后，选派有知识的老干部去学习飞行时，他是新中国的第一批飞行员之一，早期曾多次驾机飞向世界屋脊青藏高原，以后曾负责组建中国民航局上海分局。

航空工厂试飞地面技术工作的负责人周正，是曾参加“两航起义”，从香港返回内地的航空技术人员。当工厂通知他负责运10的试飞技术工作时，他视为对他莫大的信任而激动得热泪盈眶。他领导运10的地面维护工作十分认真负责。以后，他曾就任上海航空公司的总工程师。

由于空调系统的重要性，高空组设计人员倪景慈、田如珍在运10试飞的第二次飞行就随机升空，连续六次飞行进行空中测试。当运10首次试飞拉萨时，上海飞机设计所试飞技术组的王维翰及液压组设计人员赵仪随机试航，高高飞翔在青藏高原如玉砌冰雕般的冰川雪峰之上，飞抵海拔高度达到3250米的拉萨贡嘎机场，很好地配合了驾驶机组胜利完成试航任务。

2. 硕果累累，为民用飞机发展奠基

运10的研制，取得了大量的成果，历史文献《中国航空工业四十年》中说：运10的研制为以后中国大型民用飞机的研制奠定了良好基础。在这里仅就一些较明显的部分，列出一些梗概。

（1）运10性能上的超越

在“更快、更高、更远”的性能指标上，运10取得20世纪内我国民用飞机（含仿制的外国型号）从未有过的超越。

1）速度：最大速度大于马赫数0.8，远远超过其他国产民用飞机。

2）高度：巡航高度大于1.2万米，超过其他民用飞机巡航的、气象多变的对流层，并飞行平稳。

3）航程：按远航配置航程大于8000公里，比我国生产的一种中型客机航程约大10倍。可以从北京直航欧洲、非洲及美洲。

4）起飞重量110吨（飞机总重是判定飞机总体技术规模的最直观的指标）：约为此前我国自行设计的飞机的10倍。

5）如此巨大而且重量大的飞机，却具有出色的起飞着陆性能，可以在一般的民用飞机机场起降。

（2）运10的飞行实践

通常大型客机执行任务的方式是“转场飞行”——飞机从A地起飞、在B地着陆、再飞到C地。各机场的地理条件、气候情况、机场特点各不相同，因此民用飞机的试航常包括对一些典型机场的适应性试航。如2006年，欧洲空客公司的A380尚未取得适航证便作环球的适应性试航，飞抵了我国的北京、上海、香港等地。

而一般军用飞机的飞行大都采用“本场飞行”的方式。战斗机、轰炸机往往是从基地出发，执行作战任务之后，再返回基地着陆。

为此，运10在试飞中曾试航以下航线：上海直飞北京、上海直飞哈尔滨、上海直飞广州、广州直飞昆明（高原机场）、上海直飞乌鲁木齐、上海直飞成都、从成都飞西藏拉萨。它是20世纪内我国自行设计的唯一飞抵西藏机场的飞机。运10试航中飞越过的航线，有如一个手掌中的五指一样，覆盖了我国陆上版图的东西南北各个主要城市。

（3）运10在气动力上的成就

运10是我国首次设计的在空气动力学上属于高亚音速领域的飞机。

运10采用当时先进的“尖峰机型”是成功的，风洞试验证明运10的阻力系数小于当时的波音707飞机。波音707机翼上安装了许多“涡轮发生器”，运10的机翼性能优越，经试验和设计研究决定不采用这种装置。与波音707在对比试飞观察中，在波音707的机翼上已经可以观察到出现激波的马赫数上，运10的机翼上并无激波迹象。波音707安装了“马赫数配平”装置来克服高亚音速时压力中心的急剧移动，而运10不安装这种装置，实际试飞达到马赫数0.8为止仍无异常现象出现。

运10采用了可调平尾而达到了我国任何飞机前所未有的重心允许范围。

运10在我国首次采用前缘襟翼、后缘双缝襟翼而获得我国任何其他飞机都没有达到的增升系数。

运10在操纵面上首次使用平衡板及调整片配平，使飞机不用助力器而能灵活操纵的面积远大于过去飞机的操纵面积。

运10在机翼上首次使用有三种复合功能的“扰流片”，使飞机在空中有灵活的横向操纵性能，在着陆时能迅速减小升力，有效防止飞机回跳。

运10首次在民用飞机上采用“偏航阻尼器”，使飞机的总体布局能结合采用后掠机翼与上反角，降低飞机总高度，同时具有理想的“防荷兰滚”品质，经过试飞验证设计合理。

(4) 运10在结构上的成就

在全机结构上采用“破损安全”设计原则是我国飞机结构设计上的一个最显著突破。

在结构分析上首次采用电子计算机有限元法的“整体解”，是对过去的“手册法”的一个重要突破。采用这种方法使运10在静力试验中的实际破坏载荷是理论载荷的100.2%，即多余材料仅为0.2%（正余量），达到了前所未有的精度。

载客量达到180人的大容量气密客舱，其承力结构形式、防疲劳措施、隔声和隔热方法（大部分面积采用玻璃棉隔热，起落架舱等少数部位采用电热地板）均为我国首次使用。

结构分析中的颤振分析（颤振是航空技术中涉及固体弹性力学及空气动力学交叉的复杂学科，在我国过去设计的小飞机上，机翼上只有4个活动面（一对副翼、一对襟翼），而运10机翼上有50片活动面，这极大地增加了颤振设计的难度。运10成功地解决了复杂机翼的颤振计算、试验和设计问题。

在运10上首次使用的车架式主起落架，克服了一系列如缓冲形式是支柱式与摇臂式复合型、缓冲时油针面积可变、放下后舱门恢复机体流线等新的设计问题。运10的机场适应载荷，反而比载客量较小的进口飞机还要低。掌握了这种起落架形式，可适用于以后更大、更重的飞机。

运10结构中大量使用的“虎克铆钉”“高抗剪铆钉”等，以后上升为标准。

(5) 运10在系统设计上的成就

超大容量的空调系统设计成功。过去我国自行设计的空调系统只供应两个人的高空需要（教练机），仿制的中型支线客机则可供应约50人（但保证的高度较低）；运10的空调系统可供150~180人的高空需要，在国内各城市间试飞，包括客舱满载记者飞新疆长途及飞越世界屋脊青藏高原，都证明空调系统性能良好。

运10的燃油系统总载油量达到51吨，除中翼内有4个软油箱外，其余约40吨全部储存在机翼内整体油箱。在此以前，我国获奖的整体油箱设计项目是储油40千克。在高空、高原、长途的试飞中，都证明运10机翼整体油箱密封性能良好。此外，运10的燃油系统首次采用电容式多位测定油量，测量精度大为提高，并随后向其他很多单位推广。

运10首次在国内开发客舱布置及生活系统（包括应急救生系统），整架干线客机的客舱全部由国内产品装备，达到国外类似飞机的水平。

运10采用国内空前的大功率电源及电气系统，客舱照明按照国际适航标准的要求，在驾驶舱的仪表照明则首次采用“绿豆灯泡”的导光板照明方式。

在系统的管道上，运 10 首次使用“无扩口接头”，以后上升为标准，并转移到船舶及其他工业领域中。

运 10 空调系统首次使用的大容量气体冷却技术，以后转移到石油工业中。大庆油田采用此技术后，本来“点天灯”燃烧掉的大量无效排放油气，得以凝成油液有效利用。

（6）运 10 在试验技术上的成就

运 10 的结构静力试验达到了前所未有的尺寸与载荷规模，试验项目多达数十项。

操纵与液压系统全尺寸试验的“铁鸟”，达到国内从未有过的尺寸与规模。

燃油系统全尺寸试验的“铁鸟”，达到国内从未有过的容量和规模；由黄希圣、张吕泉及王淞泉等人设计的“三点差动”支撑系统具有独创性，得到了原航空工业部何文治副部长的高度赞扬。

运 10 电气系统采用的地面全尺寸和全功率模拟试验是国内首次，得到了美国麦道公司副总裁杜比尔的赞赏。

（7）运 10 研制在电子计算机应用方面的成就

运 10 设计中首次在外形设计中打破过去用圆弧和直线（最多加上二次曲线）构形的局限，在运 10 的外形设计中首次使用计算机光顺。

此外，在气动力、强度分析及各专业上广泛使用计算机，在运 10 研制中开发的各类软件达 138 个；其中全机总体参数优化程序为国内首创，获部二等奖。气动力及强度等软件也多次获奖。以后上海飞机研究所拥有包括联合国国际民航组织在内的许多专用程序，成为全国民用飞机程序最集中的部门，并成为我国航空工业内开展计算机应用研究的主要部门之一。

（8）运 10 在设计标准上的成就

运 10 是我国首次使用国际适航标准作为设计根据的机型。为学习、掌握和比较世界民用飞机设计的规范，上海飞机研究所翻译了几百万字的各国及联合国有关民用飞机的设计规范。

由于对适航技术的掌握较深，中国民航总局委托上海飞机研究所为我国第一部适航标准的起草单位，并参与其余适航标准的编制与审定。在我国第一架获民用飞机适航证的飞机运 12 的研制中，原航空工业部与中国民航总局委任的适航代表中有半数以上为运 10 设计队伍中的人员，技术审定负责人也选自运 10 设计人员。

……

这个回顾是很不完全的，挂一漏万，谨记下供以后的航空史研究者参阅。

（此文发表在《航空史研究》2000 年第 1 期）

三、从航空史看大飞机的发展

从航空史看大飞机的发展，我主要谈四点。

1. 百年世界航空的两个里程碑和两个发展目标

百年世界航空的两个里程碑是全金属化和喷气化，20 世纪前 50 年的发展目标是提高飞行速度，后 50 年的发展目标是大型化。

20 世纪内世界航空技术经历了三次飞跃。

世界第一架飞机试飞成功是 1903 年。到现在已经有 100 多年的时间。突出的带有里程碑性质的技术阶跃有两次，一次是飞机结构的全金属化，另一次是 20 世纪 50 年代的喷气化。在 20 世纪下半叶，还有不少方面的进步，如随着电子计算机技术发展而带来的自动化。

金属化从 1917 年开始。结构的金属化使阻力更小的单翼机出现，结构强度提高使飞机的速度加快和载荷加大。喷气技术是第二次世界大战出现的人类三大技术之一，这三大技术分别是喷气技术、原子核技术和电子技术。

20 世纪前 50 年飞机发展的主要目标是提高飞行速度。你追我赶地从最初时速几十公里，100 公里到 500 公里左右。到喷气技术出现后，在 20 世纪 50 年代初出现了速度的飞跃，在技术上突破了音障，达到了超音速（音速大约为时速 1000 公里）。

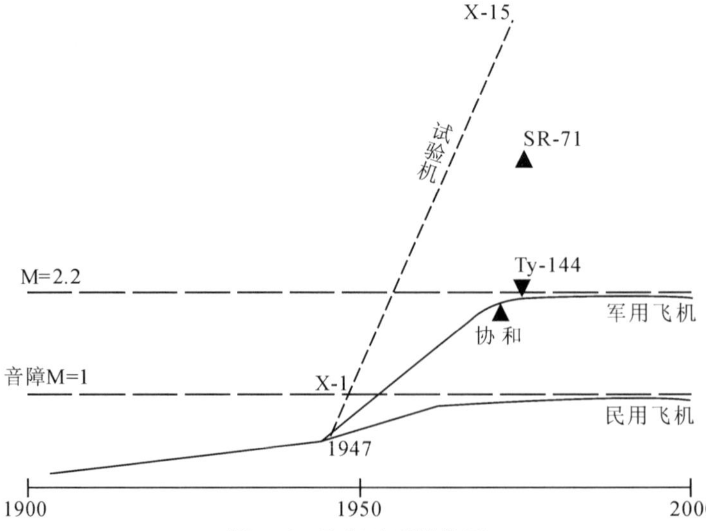

图 1-9　飞行速度的发展

但是在 20 世纪 50 年代以后，传统的对速度的追逐几乎停止了。50 多年民用喷气客机的速度稳定在音障前的“高亚音速区”，时速约为 900 公里。而军用飞机的速度稳定在热障前，即超音速的 2.2 倍。有个别型号的飞机曾经继续 20 世纪前半叶的势头超过这两条稳定线，如 20 世纪 60 年代出现的超音速客机协和号和图 144 达到军用飞机的稳定线，20 世纪 70 年代初出现的美国军用飞机 SR-71 达到 3 倍音速。

但是由于噪声和经济性问题，使经济收益和技术代价不能取得平衡而停止了发展。SR-71 也因为进入热障，结构形式和材料要全部更换，由于在总体效能和代价之间不能取得平衡而不得不中止发展。总之，军用飞机和民用飞机突破这两条稳定线都不是纯技术问题，而是社会效能与付出代价的平衡上出现的新问题。所以这两条稳定线到了 21 世纪初还将延续，继续起作用。因此，飞机速度已经稳定了半个世纪。

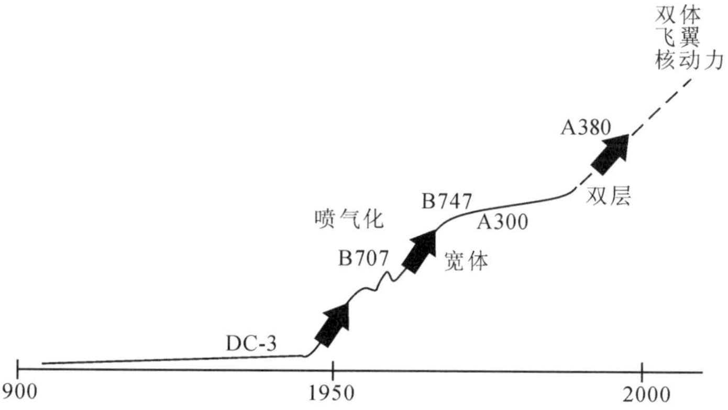

图 1-10　20 世纪飞机的大型化发展

20 世纪后 50 年飞机总体上的一个新目标是大型化。螺旋桨时代世界上最典型的运输机是 DC-3，标准乘客量是 26 人。第一种取得成功的喷气客机波音 707 乘客量是 180 人，欧洲空客第一种飞机 A300 的乘客量为 220 人。这是一个不小的飞跃。

目前大型飞机的平均座级是 158 人。销售量最大的也是 150~180 座的范围。大型化的促进因素是因为喷气客机较高的技术代价需要用较多的票款收入来补偿，这样才能到得经济上和技术上的平衡。这是美国研制波音 707 的切入点，也是欧洲研制 A300 的切入点。这两种飞机研制后在社会效益上进入了良性循环，所以后来成为成长为大树的基础。在美国波音 707 之前，其实还有两种喷气客机更早问世，一种是英国的彗星号，另一种是前苏联的图 104。

图 1-11　英国的彗星号

这两种飞机除了技术上的问题之外，客座量也较小，所以在技术上和经济上都没有取得成功。昙花一现没有能发展下去。

图 1-12　前苏联的图 104

后来出现双过道的宽体客机，乘客量到 200~300 多人。到 20 世纪末，欧洲空客正研制双层客舱的 A380，乘客量为 600 人。大型化的趋势到 20 世纪末并未终止，人们在讨论更大的飞机可能是双身或者飞翼型。

DC-3 也就是美国军方的 C-47，前苏联按合同生产的里 2。它是 20 世纪前半叶世界上使用得最广泛的运输机，在 20 多年中有 70~80 种改型。如图 1-13 所示。

图 1-13　DC-3

美国第一种取得成功的喷气客机波音 707，除广泛用于世界航线之外，它的军用加油机 KC-135 有数百架，此外还有空中预警机的改型，并作为美国总统的专机空军一号使用了 20 多年。

总结：百年航空技术的发展，到 20 世纪末的两大前沿是高性能超音速军用飞机和大型喷气客机。

图 1-14　波音 707

2. 社会对大型飞机的需要

社会对大型飞机的需要这里主要有两点，一是物流与信息流，二是军事需要。喷气客机的大型化，是从飞机本身运营中技术上和经济上平衡引发的。但大型喷气客机出现之后，快速、舒适及强大的运输能力又极大地促进了社会经济的发展。美国有关方面总结说：空运是促进美国战后经济起飞的两大因素之一。

图 1-15　欧洲空中客车公司的巨型客机 A380

我国的民航运输业，也是在航线上使用了喷气客机以后才有了飞跃发展的。社会经济的发展反过来又促进了航空运输能力的进一步提高，就是常说的世界变成“地球村”。全球经济走向一体化，这种经济的发展，归根到底需要物流和信息流两个手段来支持。物流（包括人员的交流）中航空是一大支柱，而信息流则靠“因特网”。目前世界许多重要的航空港已经禁止 100 座以下的飞机起降，我国重点机场也作了相应规定。现在世界航空的热点是欧洲研制的超大型客机 A380，它采用双层客舱设计，计划载客量 600 人。

在军事上，近代战争有三次大的改观，一次是拿破仑集中使用炮兵，横扫了欧洲；第二次是希特勒集中使用坦克，进行闪电战；第三次是 1990 年海湾战争集中使用空中进攻。在海湾战争中首次出现了超视距空战、天空地海一体化战法及激光制导精确炸弹，其中前两项都是出于在大型的空中预警指挥机，英国在马尔维纳斯战争中使用的飞机是从英国本土起飞的，沿途靠空中加油飞抵战场。

在和平时期，大型喷气客机是所有飞机中社会效益最高的一种，最初是从军事需要发展来的。美国波音公司在战略轰炸机 B-52 的基础上研制了波音 707，但最早作为军用加油机 KC135 投入使用数百架，还改装为预警机。前苏联在喷气轰炸机图 6 的基础上研制了第一种喷气客机图 104。

大型飞机不是飞机小一点和大一点的问题，而是大载量、大航程及大续航时间的一种装备，一个在空中飞行的平台，一个战略领域，不论在军用上和民用上，都有着不可代替的作用。我们要不要登上这个台阶，占领这个领域，我认为对国家的综合国力的提升是一个很重要的问题。

3. 大飞机的技术

（1）相似律概念

航空初期有人将一种成功的小飞机放大尺寸后制造出一架大飞机，结果放大了的飞机却飞不起来，所以有人甚至断言设计大飞机是不可能的。从莱特兄弟第一架飞机到第一架成熟的大飞机B-29的过程用了40年。

图1-16　美国二战时的战略轰炸机B-29，被称为超级空中堡垒

大飞机不能靠小飞机简单放大，主要因为客观上受相似律的制约。飞机的气动力现象和结构力学有很多特性，不是都随着特征线性尺度成线性变化的。

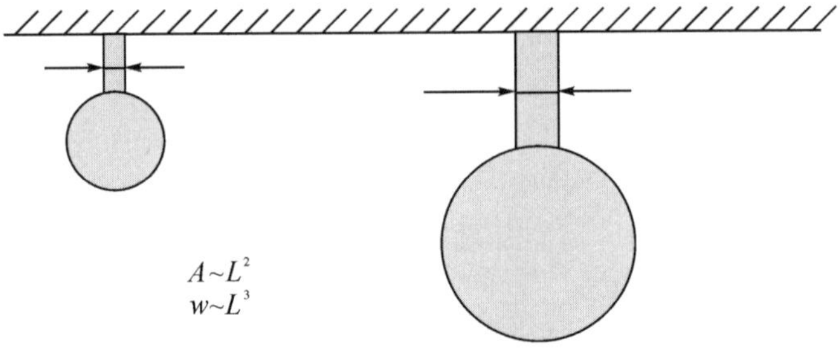

图1-17　结构放大的相似律

比如在结构上，一根杆挂一只球，如果尺寸放大一倍，承力杆的面积放大的是线性尺寸的平方，面积大了4倍。但球体的体积和重量却是半径的3次方，重量大了8倍。同样的结构形式，放大以后杆的承力就是用4倍的面积去承受8倍的载荷，应力增加。所以放大到一定程度，这个结构就要崩溃，这就是结构放大时应力增加的规律。结构放大到一定程度，就必须更换材料或改变结构形式。实际上大飞机和小飞机的材料都是使用铝合金，并没有根本的变化，所以大飞机必须使用不同的形式。除了结构上以外，还有气动上的大雷诺数问题会影响到大飞机的设计。

（2）大飞机的技术特点

这里只是列出与小飞机部分明显的差别。

比如在高亚音速巡航，需要采用大展弦比后掠机翼。这种机翼在大尺寸下不能再保持刚性，必须使用柔性机翼的原则来设计，在设计中必须考虑气动弹性影响，估计出制造的型架外形与飞机外形的差异。机翼的承力形式也必须使用整体壁板等结构技术。

在气动布局方面，这样长的载重舱的重量分布，飞机必须使用空中可调平尾来平衡飞机。一般小型飞机的机翼上是4个片，两片襟翼和两片副翼。而大型飞机机翼上多达50个控制面，这带来结构设计、操纵机构、颤振分析和设计等新的问题。为了吸收这样重的飞机的着陆冲击，起落架要设计成带车架的多轮式，甚至多个主起落架支柱、缓冲机构的支柱和摇臂混合式及缓冲过程中油针变剖面式等。为了解决后掠机翼的下反问题，要求采用人工增稳装置等。

大型客机面临的设计问题有：机身要采用气密舱设计、机翼内几十吨油的油箱要采用整体设计、大功率液力系统和电气系统的能源及系统的设计、大容量增压空调系统的设计、防结构疲劳、防雷击、迫降安全、各种安全措施以及客舱设施和生活设备的设计等。

总之，针对大型飞机有一大类特有的设计问题是一个特定的技术领域，它不是小型飞机技术的自然延伸，而是需要专门的研究去掌握，并精心设计的。

（3）发展大型飞机的三种道路

从世界经验看，发展大型飞机有三种道路：第一种是自行摸索。这是美国的道路，美国凭借其经济和技术实力，在二战中处于战略后方的地位，其大型飞机是从小到大，慢慢积累，从错误和挫折中吸取经验教训，走过了漫长的发展道路。例如，迄今为止最大的飞机，也是最大的失败飞机是美国休斯研制的大力神号。

大力神号飞机装有 8 台发动机，预计可载 700 人，可以飞越大西洋，结果却只在第一次水面滑行中拉起过一米高，从此就停止了飞行。在洛杉矶的一座特制机库中保存了几十年，后来作为旅游参观点，转到沙漠中去保存了。

第二种是前苏联的测绘道路。前苏联也曾独立摸索过，设计出一种当时最大的高尔基号飞机，后坠毁在西伯利亚森林中。在二战中前苏联还只有中型轰炸机图 2。但二战末期美国一架 B-29 在前苏联境内迫降。前苏联扣留了这架飞机，并进行测绘仿制，制造出来的就是前苏联的图 4。

图 1-18 美国研制失败的大力神号水上飞机

在这架飞机的基础上，前苏联登上了大飞机技术的台阶，以后发展了自己的大型飞机系列。但此后在技术上，逐渐向美国飞机的技术体系靠拢，如适航体系和飞机布局等。应该指出，这种测绘的道路在今天开放的世界环境已经行不通，这要牵涉到知识产权。例如我国装配美国的 MD-90，在工程结束后美国特地派人来督促中方销毁有关资料，就是一种对知识产权的维护。

图 1-19　欧洲空客 A300

欧洲走的是吸取先行国家的经验，独立研制的道路。20 世纪 60 年代末，欧洲研制的 A300，就吸取了美国波音 707 的很多技术特点，而没有沿欧洲在此前摸索过的彗星号、VC-10、三叉戟或者快帆的布局走下去，而接过波音 707 的布局特点，比如发动机的布置、机翼的上反等，以一个新的起点开始了欧洲空客成长的道路。

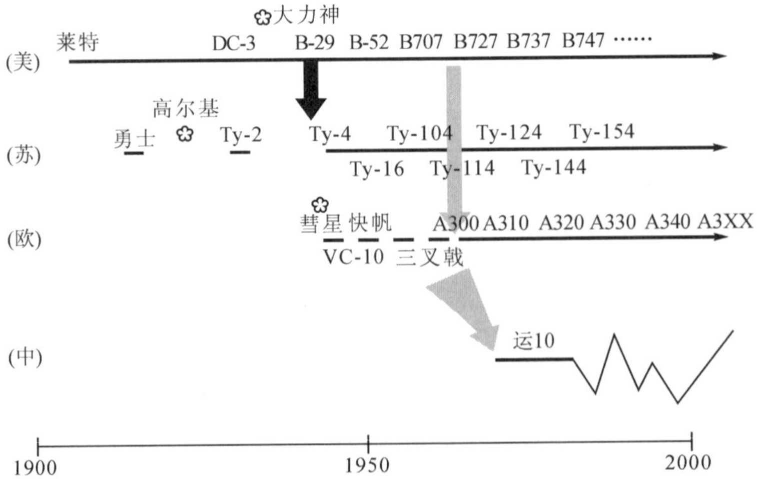

图 1-20　三种发展大型客机的道路

我国已经用类似欧洲空客的道路，在相近的时间，研制了自己的运 10。所以全国专家评议时提出三个“不能”，即“队伍不能散、型号不能停、成果不能丢”。后来运 10 还是被搁置了。但是国家还是需要这类飞机，从全国科学大会以及以后几届政府都提出要研制大型飞机，但在长达十几年的讨论中，主张这三种道路的人都有。

有人主张走独立摸索的路，先做小一点的，从小到大，最初几个人，十几个人，飞机哪怕是蒙布的也行，看能不能飞起来，然后再做大一点的，一点点来。也就是人家走了四五十年的路，我们从头再来。

赞成第二条路的人，主张从全世界挑，哪种飞机最好，就弄来，自己关起门来把它测绘了。不用动脑筋又不担技术风险，飞机就有了。后来又提出我们买一种飞机的生产权，能生产了，稍作改进就是我们的飞机。这些办法都试过了，路都没有走通。

4. 我国的大型飞机

（1）工程综合与知识产权

20 世纪 80 年代 我国试飞的大型喷气客机运 10，在试航中飞抵过我国东西南北的十个边远城市，七次飞上世界屋脊青藏高原，是 20 世纪内我国自行研制的唯一飞抵拉萨的飞机。

运 10 的研制，走的是类似欧洲空客的路，即吸取世界先进经验，经过中国人的独立综合，自行开发的拥有充分自主知识产权的中国型号飞机。

（2）基础与改进

对于飞机最重要的空气动力部件机翼的设计，运 10 在风洞试验中对比过三种大型飞机使用的翼型，分别来自前苏联、欧洲和美国这三个先于中国开展大型飞机研制的国家和地区。最后选定了最适合我们型号使用的一种。而机翼的设计参数，是用七副机翼模型经过风洞试验比较挑选出来的。

对于发动机的布局，曾对两种不同的布局分别做出 1∶1 的木质样机进行比较，分析其优缺点，最后选定了一种。

对于设计规范，当时国内盛行前苏联的过时“强度规范”，运 10 对比了苏式、美国 FAR、欧洲 JAR 和联合国国际民航组织的规定，翻译比较了数百万字的规范资料，在中国航空界破天荒地选用 FAR 作为设计依据。以后 20 世纪末的经历证明了这个选择是正确的，前苏联、欧洲或联合国的都向这个规范靠拢。20 世纪 80 年代我国民航正式颁布的我国的适航标准也是以此为基础。

对起落架的型式，结合我国经验，吸取了国际上先进的型式来设计。

还有其他各种设计决策，都是中国人根据中国的特定情况，从世界一些现有技术中作出型式选择、参数匹配和工程综合，并独立地解决设计进程中出现的矛盾和问题的。

运 10 的设计，遵循的是工程设计最正常的思路。有人认为这是一个“大杂烩”。他们认为只有仿制、模仿现有的某种名牌产品才算“正宗”。这是因为不了解工程设计的本质思维特点就是“综合”。在英文里，飞机设计又叫“飞机综合”（Aircraft

Synthesis = Aircraft Design）。

美国的飞机使用了欧洲的发动机，登月阿波罗火箭上还使用了日本的电子设备。20 世纪 50 年代我国设计万吨水压机的时候，就是把世界 40 种水压机摊开，然后选择我们的支柱用哪一种，我们的平台用哪一种。我国从设计第一架飞机开始，就形成了广泛研究世界同类产品的正确传统。我国第一架投入批量生产的飞机初教六时，研究过的同类飞机的照片整整贴了一个图板。最后设计出的飞机既不是前苏联的，也不是美国的、捷克的，被当时飞机局的领导赞扬为“具有中国风格的设计”，后来这种机型持续生产了 40 多年，生产了几千架，出口到世界很多国家，到如今，还有 140 架在美国国土上飞行。

而运 10 经过中国人独立进行的工程综合，试飞证明运 10 机翼的高速性能比波音 707 的还好。运 10 起落架的机场适应性优于当时由我国总装的外国机型。运 10 具有可飞达欧洲、非洲的 8000 公里航程的能力，用在国内航线，它的经济性也比大部分进口飞机还好，仅略逊于当时最新的进口飞机。更重要的是，中国对运 10 拥有无可争议的知识产权。美国波音公司的总裁看过运 10 后，说：“你们毕业了，我们不过比你们早毕业几年”。韩国的美国航空博士代表团站在运 10 的机翼下说：“你们有了运 10，还怕什么波音、麦道！”

知识产权进入知识经济时代成为无价之宝。我国在 20 世纪八九十年代想要分享国外的知识产权，还以为只要出钱就可以称老大，结果在长期的谈判中守不住阵脚节节后退，经过代价极大的长期谈判，最后外方却告诉中方说，你们那点钱，要想分享知识产权，买入场券都不够，最后使这项计划遭到颠覆性的失败。

我国在 20 世纪 80 年代，就已经在世界的众目睽睽之下，并继欧洲、美国、前苏之后，成为第四个进入到大型喷气飞机俱乐部的国家。一架飞机包含的技术是一个金字塔，制造飞机零件的厂家需要几百家，装配成组件部件的可能需要几十家，越到总体成形的部门越少。而处在金字塔顶端的是整机的开发能力。

我国在改革开放前，由于长期的封闭，形成了一种“大而全”的思维定势，当时什么都必须自己解决，不解决每一层的砖石问题就无从竖起塔尖。到今天还不断有人在问，中国发动机不行，材料不行，怎么设计自己的飞机？

其实在改革开放的今天，应该换一种“从上到下”的思维，占领型号知识产权的制高点。“金字塔”以下各层，可以全球配套。运 10 就是使用的美国发动机，运 12 使用的是加拿大发动机。机载设备就更不用说了，我国许多独立的型号都是全球配套，各国的供应商还主动找上门来。我国的优势正好是占领型号的知识产权制高点，做老大。我国自行研制飞机已经有将近半个世纪的历史，对于全机的航空理论和实验设施都有相当基础。我国自行设计出的许多高性能军用机和运 10 大型喷气飞机都证明了我们具有这个能力。

运 10 是在 1980 年首飞的，但是运 10 的技术在总体上到如今仍然没有落后。它的总体形式选择到如今仍是 21 世纪初正在开发的世界新型号选用的最优形式。至于

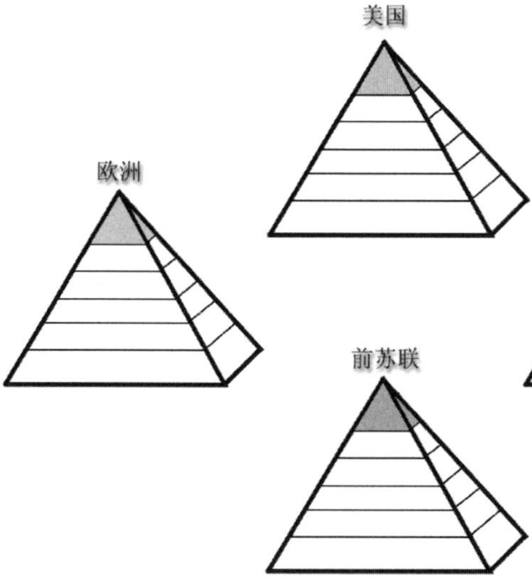

图 1-21　世界大型客机“俱乐部”

它的局部技术，都可以陆续更新，比如根据当时民航的要求驾驶舱按五人制设计，可以改为现在通用的两人制，甚至现在材料进步了，可以改用新材料提高使用寿命。哪种设备有更好的了，换上去就是了。运 10 提供了一个很好的总体框架和发展基础。

设想我们如果简单地放弃，则在 20 世纪后半叶的大型化过程中，我们将会彻底回到零位，在历史进程中回到 20 世纪中叶去。也就是中国对 20 世纪后半叶的航空进展不介入。

20 世纪后半叶的形势改观，我国如果拥有一种大载重量、长航程的空中平台，对增强我国的综合国力是很有好处的。也是作为不断更新、改进来满足我国 21 世纪对大型喷气飞机的需求，并衍生出更多大型型号的平台。

（此文是 2000 年 5 月 7 日为北京召开大飞机座谈会所作的大会报告，会后讲稿被印发很多部门）

四、大飞机的发展

2009年是人类第一架飞机出现106年、新中国航空工业成立58周年及中国航空诞生100周年。航空技术对20世纪人类社会的发展产生了巨大的影响。

1. 大飞机成为航空技术发展的前沿

100年中，航空技术发展经历了三个技术性阶段：结构上全金属材料的使用、喷气技术使飞机在高速化和大型化上产生飞跃及电子计算机对航空技术的推进。

航空百年中一直在追寻的两个发展目标是：速度和载重量。

对速度的追求在20世纪50年代已经趋于稳定。飞机却在近五六年中越做越大，大飞机成为世界航空技术的前沿阵地。变成具有巨大经济和军事作用的战略性产品。

2. 运10是我国历史上研制的最大飞机

我国航空百年的三大技术事件：

1）1903年冯如研制出我国第一架飞机。这是我国航空的纪元，也是我国实际进入到20世纪新兴的航空技术领域的第一件标志性事件。

2）1958年我国研制出第一架喷气式飞机。由于“喷气化”是整个航空技术发展史上一个最大的发展阶梯，我国在20世纪中叶自行研制出喷气飞机，就意味着已经登上了这个阶梯，这有着重大的意义。这件事发生在我国研制出第一架飞机后的50年。

3）1980年我国自行研制的第一架大型喷气运输机运10飞上了天空。在世界航空史中，20世纪的后半叶大型喷气飞机成为航空技术的前沿阵地。运10在试航中，胜利飞抵了我国东西南北中的许多重要城市。这件事发生在我国第一架自行研制的喷气飞机之后的20年。

以上中国航空技术发展中的三件大事所隔的时间，从50年缩短为20年。这种发展，是符合世界科技发展渐次加快的节奏的。

3. 博采众长，为我所用

进入世界大飞机俱乐部的，我国是第四家。运10综合世界先进技术手段，博采众长，为我所用，形成了我国具有知识产权的设计。运10的创新性体现在全机总体设计、空气动力学布局、材料结构及系统等众多的方面。运10是我国自行研制的机型，我国享有完全的知识产权。国外对此有崇高的评价，充分肯定了中国航空技术的进步。运10的研制在很多方面突破了我国航空发展的原有格局，社会上有一些疑问，大部分反映了长期站在原有认识上的人们的怀疑和误解。比如：

1）研制运10的工程曾被称为“708工程”，是不是意味着“707加1”？

这个问题实际是问：运10是不是美国波音707的仿制品或衍生品？不是的。研制运10工程的编号，按照20世纪70年代我国对重大工程的编号，是取国家正式下达工程任务的年份和月份。运10工程的任务是1970年8月正式下达的。因此曾称为“708”工程，指国家正式任务下达的时间是1970年8月。运10是我国独立研制的型号，在这一点，连美国波音公司的技术负责人布莱恩都在世界发行的《航空与宇航技术》刊物上向世界宣布：运10不是对波音产品的仿制，而是中国独立研制的成果。

图1-22 运10在夜间测试灯光系统

2）使用欧洲翼型是怎么回事？运10在研制中，在风洞试验中对比过很多候选的翼型，包括前苏联、美国和欧洲的翼型，最后选择了一种最适合运10的欧洲翼型。按照飞机的飞行任务来选择最适合的翼型，是飞机设计的正常程序。

翼型是飞机设计的一种基础科研，我国至今没有本土的翼型产品。全世界的飞机设计并非必须使用本国翼型。甚至美国和前苏联曾发展大量翼型并公布其数据，供全世界各种飞机设计时选用。至今中国设计的飞机没有一种使用本国研发出来的翼型系列，不存在“李时珍翼型”或“祖冲之翼型”等纯本土型的翼型。对世界航空技术情况不太了解的人们对运10的翼型多次提出疑问，是因为有的人认为前苏联在一个时期曾被尊为是“老大哥”，因此理所当然应该选用前苏联翼型，不选前苏联翼型必然有问题。

另一种怀疑论点是因为运10采用的是发动机“翼吊布局”，这种布局被一些人认为是“美国式”。既然发动机的悬挂方法是“美国式”，他们认为那么翼型也应该选“美国式”，这样才是技术“同出一门”。但是这两种简单化的推论，都是不理解飞机设计具有“工程综合”的特点。运10选用了一种最适合它的翼型，最后通过风洞试验，以及试飞中飞遍大江南北、飞越平

图1-23 我坐进运10的驾驶舱

原和高山，证明它的性能良好。

3）运10的研制脱离从前苏联引进陈旧的军用飞机技术体系，而与世界先进航空技术接轨，采用国际通行的民用飞机“适航标准”作为设计规范，是否是一种“洋奴”道路？

从运10开始研制以来，经过30多年的航空发展证明，“适航标准”已经成为国际采纳的民用飞机安全标准，为美国、欧洲及中国政府所采用，为联合国民用航空委员会所采用，前苏联的民用飞机也向这个标准靠拢。所以，并不是采用世界通用的标准就是“洋奴”道路，而采用前苏联标准就是“自然合理”。

这些问题已经在国内航空界反复讨论了几十年，大部分人已经取得了一致的认识。

4. 新世纪研制大型飞机的任务

2006年我国全国人大通过了重大项目的发展规划，其中包括我国将研制大型飞机的规划。

在21世纪新的起点上，我们的面前摆出了新的课题，有待于全国人民奋发起精神，来攻克新的征程中的各种困难、攀登新的高度和取得新的胜利！

（此文为2006年我在上海图书馆作公开讲座时的提纲）

五、对发展我国干线客机的几点意见

国家从民族的利益出发，决心发展干线客机来作为我国发展民用飞机的突破口。对如何发展我国干线客机，我有以下几点看法：

1）研制干线客机不能单纯视为一种一般商品的开发，而应作为一项高科技工程；不能用狭义的商业利润来作为根本的出发点，而要考虑其巨大的社会效益。

首先，研制生产我国干线客机可以节约国内民航部门向国外大量购买客机的外汇。其次，自行发展干线客机还可改为有国防价值的改型机种。第三，干线客机工程还有保存、发展我国四十多年建立起来的航空工业队伍的技术和能力的战略作用。第四，更有振国威的政治影响。

为此，对干线客机应有政策保护、投资优惠和强有力并有效的组织措施，确保“国内航线使用国产飞机”的国策得以贯彻实施。

2）发展干线客机的国际合作，要“以我为主”吸收国外技术，而不能指望国外用资金和技术来“扶植”我国民用飞机工业。

美国、欧洲等航空技术先进国家和地区，对于其他国家可能打破他们对民用飞机的垄断是十分警惕的，甚至美国向日本输出 FSX 战斗机技术也因“日本可能将获得的技术用于民用飞机”而遭到美国众、参两院及美共和党、民主党两党的激烈反对。航空技术先进的美国、欧洲都对他们已经取得的客机研制和生产的优势千方百计加以维护。这已是近年来在航空工业对外合作实践中再三证明了的。因此，指望采用“当好小学生”的姿态，外国人就会手把手地把这些技术教给我们，我们就能学到核心技术的想法只是一种幻想。

另一方面，近年来我国航空技术已吸收了很多国外的技术，如飞机制造图纸、资料、计算机软件和管理等，使我国目前水平已大大高于 20 世纪 70 年代首次研制大型客机的时期。此外，我们还派了多批次的专业性技术岗位人员出国工作或培训，提高了我国分科性技术人员的素质。

但发展我国干线客机的高层次技术人员，即综合性工作人才，必须是具有开发民族航空工业意识的人员。

3）干线客机必须发展独立的型号，植根于国外型号的改型途径存在许多隐患。我国发展干线客机应该引进国外的“成熟技术”，但并不意味着必须引进“成熟型号”。有的人认为中国“设计”国外的“型号”，可继承其已建立的信誉，但没有考虑到为此需要负担的经济或政治代价会使我国不能承受。如果我国“设计和生产”国外的型号是在外方同意下，则必须付出经济补偿的代价可能我国承受不了；如果不经外方同意，而采用仿制或自行改型，则要冒国际法律和政治方面的很大风险。

这两方面的隐患，都必须认真考虑。

而我国现有的技术力量及已获取得的国外先进技术的资料，完全可以自行研制一个中国型号而避免国际政治、法律及经济上的风险，研制进程也将更为顺利。

4）发展干线客机应以机体设计为突破口。我国在整机机体的总体、气动、结构、强度及系统综合设计方面比较有基础，而具有型号总体的设计权就占有制高点。这是我国造船工业发展的经验，也是美国波音、麦道，欧洲空中客车以及前苏联的图波列夫、伊留申、安东诺夫等设计局得以存在与发展的办法。应抓住飞机发展中有带领性的主要矛盾方面，即飞机型号。初期发动机和辅机在世界市场选购时可引起供应方的竞争，而不易受个别公司限制。

5）研制开发干线客机的组织系统必须强调系统内部的紧密高效。航天部开发型号的经验是加强总设计师系统的技术责任制，而发挥行政系统的指挥作用在于保证技术系统决策的顺利执行，其成就显著，并开始取得世界声誉。干线客机工程也应吸取我国多种型号飞机工程的经验，将责、权、利赋予真正对型号负责的总设计部门，以设计为核心组织型号的研制，这是美国成功的飞机设计师约翰逊所强调，并为世界承认的成功体制。

6）干线客机成败的一个最大隐患在国外，而根源则在国内的决策准则。干线客机今后的命运，最大危机之一是在完成80%以上工作量时，外方又放松对我国的限制，表示愿意以某种形式合作或给中国引进某一机种，使国内干线客机的工作功亏一篑。

国外具有这种干扰我国干线客机工程的主动权，根本原因在于国内对干线客机的决策准则不明确。

到目前为止，国内对决策准则仍在重要的一点上有不同看法。即：建立干线客机产业与国际合作，这两者究竟谁是目的，谁是手段？

一种看法，认为建立我国的干线客机产业是目的，因为只有建立产业，才能独立地发展，才能取得经济、科技、国防及政治的效益。为了达到此目的，应尽量使用一切可能的国际合作手段，包括引进技术、引进专家及其他可能的形式。

另一种看法，认为国际合作是目的，发展干线客机产业是为得到国际合作的手段。如今开展干线客机的工程，有人认为这是为了显示力量，迫使国外加强合作而使用的筹码。

如果合作是发展干线客机的指导思想，那么就会使国外干扰我干线客机的主动权大为增加。国内为干线客机投入的人力、资金和时间将在发展到80%以上时，国外认为最有利于摧毁我国民用飞机产业的时机，使我国干线客机的研制毁于一旦。

归根到底，现在需要的是下最少十年的决心（而不是下一年或二年的决心），以我为主，立足国内，发展我国干线客机的型号，要决心干出来，并投入使用，不能观望等待，要立即组织有效的班子去从事实质性的工作。

目前，发展干线客机受到国家的关心和重视。这对我国民用飞机产业今后的发展是一个极好的机遇。相信在国家正确方针指导下，我国航空工业的广大从业人员团结一致定能战胜主、客观上的各种困难，在20世纪的最后几年，为21世纪我国民用飞机产业的腾飞打下良好的基础。

（此文发表于《民用飞机设计与研究》1993第3期。当时在航空工业的管理部门引起广泛的反响。该管理部门的学术刊物本准备转载，后因行政上的干预，约请我另写一篇文章。

后来的历史进展表明，本文提出的意见遭到当时的管理部门反对。我国的民用飞机产业继续对依靠外国“扶植”我国民用飞机产业存在幻想，而终于在20世纪末自我扼杀了自行研制的运10飞机，并转向全面依靠外国扶植而终于一无所获，错过了一个历史性的发展时机）

六、关于大型客机的问答

问：最近我国对研制大型客机立项，引起了广大读者广泛的关注，希望了解关于大型客机的一些构造知识。请能否首先谈一谈，为什么我国要研制大型客机？

答：飞机出现刚100多年，却表征了人类社会进入“技术时代”。除了在军事上有重大价值之外，在经济上也被称作“科学技术之花”，人类社会许多科学技术成果，都聚集在飞机之上。同时，航空技术又被称为“工业技术的火车头”。航空技术的发展，会带动社会很多方面一同向前发展。因此，20世纪下半叶，美国经济的飞速发展，有人认为如果举出两个重要因素，其中一个就应该归功于航空技术的发展（另一个是教育的发展）。

图1-24　我在运10的驾驶舱内

飞机工业是一种知识高度集约的、低能耗、低材料消耗和高附加值的工业。飞机和发动机的单位重量价格为电子计算机的3~5倍，是彩色电视机的10~30倍，是轿车的近100倍。而在消耗方面，飞机工业平均每人使用的原材料（包括燃料在内）是钢铁工业的1/3、汽车工业的1/2。

因此，民用航空工业是一个在经济上有很大价值的行业。

问：大型客机是航空器中的一种，为什么要发展大型客机呢？

答：在百年航空的发展中，曾经追逐过各式各样的技术指标，如速度、高度、航程和续航时间等。但是在过去50年中，各项指标逐渐趋于稳定。比如1980起飞、翱翔在祖国领空的运10，它的飞行速度与高度，就与当今还在试飞中的最新航空产品空客A380以及波音尚未开始研制的波音787是一样的。

而航空技术发展的前沿阵地转到大型客机上，主要是因为大型客机带来的巨大经济效益，对提高国家的综合国力和国际声望有极大的影响。

因此，发展大型客机，是一种战略安排，而不是根据眼前需要的一个临时性安排。

问：为什么日本、新加坡和韩国都不发展大型客机，而我国要发展大型客机？

答：国际上有人认为：世界有四个国家或地区最应该发展大型客机。第一是美国，因为他最富，至今民用客机确实成了他的“战略产品”。第二是俄罗斯，因为他的国土面积最大。第三是欧洲联合体，虽然他们每个国家的面积都不大，但是加起来共同发展空客飞机还是很成功的。第四就是中国了，我国已经多年位居世界航空运量的第二名。并且中国的人口最多，当中国的经济进一步上升之后，人口中坐飞机出行的总人数就会上升，所需要的大型客机将是个巨大的市场。美国波音公司的总裁估计：中国在今后 20 年中将需要 3000 架大型客机。这样浩大的国内市场需要，是日本、新加坡和韩国所不具备的。

在 20 世纪 80 年代，我国研制的大型客机运 10，让我国进入到世界“大飞机俱乐部”，成为其中四个成员之一，引起世界各国的刮目相看。后来由于种种原因改为装配外国飞机。在新世纪，我国为自行研制大型客机立项，在全国人民面前展现了一个宏大的发展远景。

问：大型客机的机翼有什么特点？

答：大型客机需要在 9000 到 1 万米的高空上以高亚音速作长时间巡航。因此机翼一般采用大展弦比的后掠机翼，后掠角约为 35°。此外，为了提高机翼在起降阶段的“增升”效能，大型客机通常使用全翼展前缘襟翼或缝翼。而在后缘采用双缝和三缝襟翼。机翼上还采用可操纵的扰流板。这种扰流板有多种功能，可以协助副翼作飞机横滚的操纵，也可以在飞机减速时作阻力板用。此外，也可以在飞机着陆时，在机轮子触地后作为“减升板”打开，使飞机结实地稳落在跑道上，防止飞机反跳。

所以，大型客机机翼上的辅助面，不像小飞机一样只有四块（两块襟翼、两块副翼），而可以达到 50 块之多。这 50 块辅助面，都要解决它们的功能、构造、操纵和振动问题，这是大型飞机设计的特殊领域。这些结构特点在我国研制的第一架大型客机运 10 上都得以实现，通过了各项试验，并且成功试飞。

问：请问大型客机的机身设计的特点？

答：大型客机机身的主要特点是在高空飞行时，机身的绝大部分是一个内部加压的压力容器。这决定了机身的剖面最好是圆形，因为圆形剖面的容器承受内部压力最有利。有时为了加大客舱的容积而采用双圆构成的“8”字形剖面，这样上下两部分都是由圆形组成，而中间由地板的横梁拉住，在受力上也很理想。

在客舱的后端，框的腹板承受很大的向外压力。如果设计成一个结实的平板硬顶住压力，结构将变得很重。因此，客舱的后端往往因势利导地设计为球形，这样用料较少还利于承受压力。这就要求机身的基本剖面，不论是按圆形或非圆形设计，到客舱后端的部位，都应该收缩为了一个整圆形，才便于安装球面框。

问：那么客舱上的门和窗都成了压力容器上的开口啦？

答：是的。因此，门框和窗框的设计，要使开口造成的应力集中很好地分散。大型客机有百扇左右的舷窗，应按加强形式设计出基本一致的统一窗框。而客舱的门，在形式上必须是无门槛的。这是为了避免飞机如果在地面滑行中万一冲出跑道，旅客们能够顺利地通过舱门用应急滑梯在最短时间内离开机舱。在高空时舱门应该能安全地抵住客舱内的压力，而绝对不能像开瓶塞时那样被内部的压力弹出去。所以舱门的锁闭机构应该非常安全可靠。而且在门内印有清楚的标志，提醒旅客在飞行中千万不能乱动开门的手柄。

我国30多年前在运10的设计上，已经成功地实现了窗框的分散应力设计和舱门的安全开闭设计，完美地达到了大型客机的要求。

问：客舱内的座椅的安排，是固定在客舱地板上吗？还是很容易变动的？

答：客舱内的旅客座椅，是纵向固定在地板梁的滑轨上的。因此飞机飞行在空中时，座椅的位置是十分固定的，可以承受各种着陆情况下的冲击，并保护旅客的人身安全。但是在每次飞行之间，如果要调整座椅的位置，比如调整一等舱的大小，只要将座椅在滑轨上移动便可以了。这样既满足了飞行时的灵活调整的需要，又保证了每次飞行中的安全。我国研制的运10就是采用了这种设计，在试飞中曾经根据不同需要，在各次飞行之间调整客舱内座椅布置，安排试验仪器的安装等，而作这种调整很方便。

问：听说您给大学生们谈过“飞机穿棉袄”的事，可不可以请你再谈一谈？

答：哦，是这么回事——人冷了需要穿棉袄。大型客机的巡航高度，一般在9 000到1万米的高空。大气平流层内的平均温度在零下50℃以下。由于大型客机的整个机身基本上就是一个客舱，所以在设计上，就给机身穿上一件“棉袄”，给客舱保暖。

问：这种棉袄是用什么做的？放在什么地方？

答：飞机机身的棉袄并不是用真正的棉花做的，因为棉花经过岁月容易吸水长霉，老旧生虫。而是用无机玻璃抽成丝所制成的“玻璃棉”，因为无机物性态很稳定，并且绝热防振性能很好，同时重量很轻。因此，飞机的机身采用的是塞着“玻璃棉”的棉袄，铺放在机身的蒙皮和舱内装饰板之间的空间里。整个机身的客舱段和货舱段都用这种玻璃棉被包裹着，起着隔声和保暖的作用。客舱的地板，因为下面是货舱，同样处在加压保温区，所以不用特别绝热。但是在起落架舱的部位，客舱地板下是通大气的，在高空时处在低温下。因此，在起落架舱处的客舱地板，里面铺着电阻加热丝，在空中通电保暖，以防旅客冻脚。

问：大飞机的防噪声设计是不是我国设计的空白，是我国不能克服的技术雷区？

答：不是。我国在20世纪80年代研制的首架大型客机运10，在飞机的总体布局上，采用了发动机的翼吊布局，使飞机上的最大噪声源——发动机喷流所喷出的“噪声锥”远离客舱，避免了噪声源对客舱的直接冲击。同时在整个客舱采用了“玻璃棉袄”的隔声保暖办法，使运10在飞行中的舱内噪声达到国际先进飞机的水平。旅客们在飞行中感受的噪声很低，可以随意相互谈话。这一点我在乘坐运10试飞时有亲身体会。感觉与我乘坐各种外国客机绕地球飞行的感受是一样的。

问：大型客机的起落架设计有什么特点？

答：当大型客机的起飞、着陆的重量增加的时候，需要增加机轮的数量，以分散飞机对跑道的压力，使大型客机不必要求跑道的铺层特别厚也可以安全起降。

人们熟悉的小型飞机上，往往在每支起落架支柱下面安装一个机轮。载客稍多的客机，将机轮数量增加一倍，在主起落架支柱下安装双轮。当飞机的起飞总重到达百吨以上时，机轮的数量需要进一步加倍。在构造上，则是在起落架支柱下安装一个“车架”，再在车架上装上四个机轮。

像波音 747 和空客 380 这样的巨型客机上，不仅需要增加机轮来分散地面压力，还需要增加缓冲器的支柱来吸收机体着陆时的撞击能量。这时采用的办法是增加主起落架的支柱数量——不仅在机翼下表面安装一对主起落架，并且在机身腹部增加一对起落架支柱。而在机翼起落架和机腹起落架的缓冲支柱下方，都用车架安装多个机轮。

图 1-25　运 10 的车架式起落架

问：车架式起落架是大型客机一种重要的基本设计形式。它是不是我国研制大型客机的技术障碍，是不是中国技术上的“盲区”或“空白”?

答：不是盲区。在 20 世纪 80 年代试飞的我国首架自行设计的大型客机上，已经成功地实现了车架式起落架设计。运 10 在试飞中已经通过从零海拔机场（上海）到世界最高的高原机场（西藏贡嘎机场）以及北国和南疆不同条件下的机场实际起降的考验。在以后的国际交往中，我国还承担过国外的机型进行改装“四轮起落架”的设计任务，成果得到外国飞机部门的赞许。因此，大型客机的车架式起落架，对我国航空设计事业是一门已经掌握的技术，是一个已经攻占的阵地。

（此文于 2007 年 4 月应《航空知识》之约而作，后刊出在该刊上）

七、大飞机的横空出世

1. 飞机的键盘

有的人认为，飞机的发展大概就像小女孩在钢琴上练习音阶一样，从低音一个一个音符向上移，慢慢就弹到了高音。飞机的发展也一定是小飞机一点一点变大，逐渐便有了大飞机。总之，他们认为由小到大是一个渐进的过程。

实际上飞机的“键盘”有许多键是不响的。小飞机这头许多键可以弹响，大飞机那一头也有许多键是响的。但在大飞机和小飞机中间，有许多键是哑键。或者说不大不小的飞机，比小飞机和大飞机少得多，甚至有的吨位上不存在飞机型号。飞机机型的分布形态像一头双峰骆驼。

或者说，飞机机型成岛状分布。在小飞机和大飞机的岛之间是不连着的。飞机发展进行曲，是在小飞机领域弹过一阵之后，跳过中间一大堆音符，在大飞机的音域重新奏响，另外奏出一个乐章，成就了另一番新天地。

世间事物的基本规律中，有一条量变和质变的规律，就是指事物发展有渐进式和阶跃式两种形式。自然界里山势风景的走向、气候的变化、物种的演化、人类社会历史的推进、思维的展开、学习能力的提高及音乐的进行，都存在既有缓慢的渐变，也有急骤的突变节律，称为 1/f 节律。并不是一切事物都永远只用渐变方式发展。

而航空技术中的大飞机诞生，正是通过“阶跃式”的发展而横空出世的。

2. 大飞机是如何浮出水面的

1903 年，美国的莱特兄弟研制出人类第一架动力飞机之后，到了 1913 年，由俄国的西科斯基研制了与前 10 年各国研制的飞机迥然不同的第一架大飞机勇士号。这架飞机采用多发动机和多轮起落架，并具有与以前的飞机不同的布局，也给飞机带来了前所未有的载重性能和长航程性能，成为第一次世界大战中俄国空军令人胆寒的轰炸机。勇士号是阶跃式发展出现的，是飞机发展中另起一个头（勇士号的设计者就是后来到美国研制出第一架实用直升机的西科斯基。这位设计者，看来比较善于“另起一个头”，阶跃式地另外开辟一个新局面）。

在第一次和第二次世界大战之间，美国研制了重轰炸机 B-17“空中堡垒”。由于这架飞机空前巨大，一出现就遭到很多指责和抵制。但不久爆发了第二次世界大战。美国在战时调动国内飞机生产能力大量生产这种机型，才挽救了这个遭到冷遇的机型的命运。美国的波音公司在 B-17“空中堡垒”之后，陆续研制了 B-29“超级空中堡垒”，以及至今使用的 B-52 喷气轰炸机。

前苏联在第二次世界大战中，只有中型轰炸机图 2。前苏联的大型飞机发展是在二战末期，1945 年美国 B-29“超级空中堡垒”在前苏联境内迫降，飞机被前苏联扣留，并加以测绘仿制，从此开始了前苏联大型飞机发展的进程，成为前苏联的图 4。所以前苏联大飞机发展的源头，是从外部引进火种开始的。这虽然是一种侵犯知识产权的不光彩方式，但是对前苏联大飞机产业也算实现了一个阶跃式的突进。

欧洲在二战后抢先研制出喷气式客机，但都是较小的机型，比如当时英国的彗星号、三叉戟，法国的快帆号等，他们期望慢慢从小到大地发展。但是喷气客机的技术先进，技术代价比过去的螺旋桨客机加大，而载客量却并不比螺旋桨客机大很多，运输的票款回收增加得并不多，技术代价与经济收益不能平衡。所以欧洲研制的彗星号、三叉戟及快帆号等型号到后来都消失了。到今天这些飞机都没有后继机。

美国看到喷气客机的技术已经成熟，可以研制出载量更大的飞机，因此在 20 世纪 50 年代一开局便研制喷气客机波音 707，载客量达到 180 座，比螺旋桨时代世界最风行的客机 DC-3（即军用型 C-47）的标准载客量猛然增加了 5~6 倍。就是说，面对隔开“大飞机”和“小飞机”的海峡，波音并不打算采用一点一点泅渡过去的渐变策略，而是用跨越的办法，像打炮一样打一炮过去，一步就设计足够大的机型。不料这一炮落地开花，轰开了一片新天地。波音 707 成为世界第一种成功的机型（指技术和商业上的双重成功），波音 707 被民用运输采用了 1 000 架。而军用预警机及美国总统专机“空军一号”，以及其军用型 KC-135 加油机等，军方订货 880 架。军用与民用的比例，几乎达到了相当的份额。

所以说，美国大型民用飞机的产生，也是用阶跃式的方式开始的。在波音 707 建立的良好基础上，波音公司以后陆续推出波音 727、737、747、757、767、777、787 等一系列民用飞机的型号。占领了 20 世纪世界民用飞机的首要地位。

在美国波音飞机成功的启发下，欧洲四国联合起来，于 20 世纪 60 年代末也开始了新的大型民用飞机的征程。他们没有采取前苏联曾采用的“仿制、测绘”现成机种的办法，因为这种方法违反保护知识产权的原则，为国际通行的文明所不允许。但是欧洲吸取了美国飞机的优点，自行设计空客 A300 作为新的起点。

可以注意到：A300 吸取了波音 707 翼吊发动机的布局，而没有采用欧洲品牌的彗星号的翼根布局。也没有采用欧洲三叉戟或快帆号的尾吊式布局。在横侧安定性的设计上，也采用了波音飞机相同的原则——即采用上反的下单翼，而不用下反机翼。但是空客的载客量比波音 707 更大，采用了客舱双过道的宽体机身，是一架由欧洲四国自行研制的新型号。欧洲空客此后成功地发展，到 21 世纪初，已成为可以向美国波音公司挑战的民用客机研发中心。

所以，欧洲的大型客机也是通过阶跃式的突变，跳上一个台阶发展出来的，而不是渐进的产物。

3. “空中堡垒”出炉经过的挫折

美国波音公司研制大型飞机的首战，是在二战前夕研制重型轰炸机 B-17“空中堡垒”。但这个机型刚出炉就受到保守观念的揶揄和指责，今天看来挺可笑，也是挺有教益的。

1934 年 8 月 6 日，美国陆军航空兵发放了采购标书，要求开发多发动机轰炸机，以一年的时间提出原型机供选型竞标。

当时参加竞标有波音公司、道格拉斯公司和马丁公司。波音公司经过分析认为：竞争对手马丁公司和道格拉斯公司很可能用他们已有的“双发”飞机，通过改型来投标。为此波音公司应该开发出一个“四发”的新型设计来作为自己的主攻方向。当时美国正处于经济萧条的“大破产年”，波音公司资金短缺。要在 12 个月内，从构思、设计、风洞试验、试制和试飞，研制出这样一架大型飞机，充满了挑战性。

在三个星期内，飞机的总体设计便定型了。

这真是一架大飞机！飞机上有 25 万个铆钉，数万个焊点，成千上万个螺栓和螺母。设计人员绘出 6.5 万个零部件的图纸，如果铺在地上，约占 60 公顷的土地。

当时波音公司没有能容纳这钢铁巨人的大型机库，所以飞机各部件送到机场边缘的马路上进行总装。波音公司实际在 11 个月拿出了原型机，比军方的要求还提前一个月。当时的报纸形容说：“这将是世界上时速最快的超级轰炸机。”

图 1-26　B-17“空中堡垒”

“空中堡垒”有 15 吨重——这在当时是一个超出了许多人想象的巨大数字。人们说：“这是一艘空中无畏级战舰！”

在试飞中，B-17 打破了多项世界纪录：如航程、速度及飞行高度。试飞中显示出飞机的总体性能大大超过竞争对手，即道格拉斯双发的 DC-2 改型机和马丁公司B-10的改型机。

但是反对这种大飞机的论调开始出现。

美国的《空军新闻报》发表一篇文章，出于对小型飞机传统的偏爱，文章对“空中堡垒”进行嘲笑说：“这种飞机的发动机之间距离之大，因此在发动机之间只好用无线电来联系了。对天气的监测一刻也不能停止，因为当负责一台发动机的空勤人员认为天气晴朗的时候，负责相邻发动机的空勤人员正在破口大骂满天风雪。超级飞机上的工作人员都要配备指南针和 10 天的应急干粮，以防找不到工作位置而迷路。一般市民不得登机参观，因为已经有一位参观者在飞机上失踪好几天了……”

这样的文章当然是在开玩笑。但在国会的严肃场合，也有人大声疾呼说：“一旦出现这种大型轰炸机，将会把美国拖入战争泥潭！”仿佛排除这种飞机，就可以给美国带来和平。

还有人断言：“这种四个发动机的钢铁巨人实在太大，只有超级飞行员才能驾驶它。”

“空中堡垒”被认为是一种“过于庞大的飞机，过分巨大、过分昂贵和过分复杂”。竞标的结果，美航空兵部门建议购买 65 架的意见遭到否决，波音公司只得到 13 架“空中堡垒”及一架用于静力试验飞机的订单。至于轰炸机的选型，改订了 350 架道格拉斯的 B-18S。在以后一年中，“空中堡垒”通过数千小时的各种气象的飞行，人们开始了解它的价值。对它的正式结论是：“这种四个发动机、超大载荷的高性能飞机是很有价值的，航空兵要想在战争中发挥应有的作用，它是必不可少的。”

美国军方马上宣布再订 39 架，紧接着又续订 39 架。在整个二战中，美国没有在任一个战区使用过一架 B-18。相反却大量需要当时输了竞标的 B-17“空中堡垒”。反对者还在批评说：“空中堡垒”实际上是“空中靶子”。但美国决定加紧生产这种巨型轰炸机，向波音公司提出了 512 架的订单。

在二战中，对“飞行堡垒”的需要量迅速加大，由波音公司、洛克希德-维加公司和道格拉斯公司三家组成联合集团来生产波音专利的 B-17“空中堡垒”，波音公司自己生产了 6 981 架，洛克希德-维加公司生产了 2 750 架，而道格拉斯公司生产了 2 995 架，三家公司总共生产了 12 726 架。美国军事史上杰出的空军司令、五星上将斯帕茨曾断言说：“假如没有 B-17‘空中堡垒’轰炸机，我们也许会输掉第二次世界大战。”

最初被认为“过分庞大”而不被看好的 B-17“空中堡垒”，开创了波音公司研制大型飞机的先河，奠定了波音公司在 20 世纪世界大型飞机领域称雄的霸主地位。

八、知识经济中的设计与开发

——关于我国民用航空工业发展的思考

1. 引言

知识经济并不是指“需要知识的经济”，因为任何产业都需要知识。强调产业需要知识，只不过指出了不能违反规律，反对蛮干的起码要求，与如今提出“知识经济”是两回事。客观规律一旦为人们所认识，变成了知识，它对人类活动的指导作用就是长远的。比如牛顿对力学规律的归纳，已经有300多年，只要涉及力学的产业都不能违背牛顿力学原理。但不能说知识经济已经存在了300多年。因此用一般对知识作用的理解，不能突出当前世界进入知识经济的时代特点。

知识经济的真实含义，特指“智力劳动”在产品经济中的作用日益突出。当前世界首富盖茨的微软公司，公司的产品是计算机软件，完全是智力劳动的产品，并没有硬件，或者说他的产品中的硬件成分（光盘）占所创造的价值比率极小，可以忽略不计。微软“视窗”软件第一盘的开发费用是5 000万美元，而第二盘只需材料费10美元。但这样的产品却创造了世界第一的财富。

这种现象不仅在信息产业中十分突出，在其他产业中也日益显著。在高科技产业中固然很明显，甚至在一些日用品产业中，如汽车、服装及食品，人们也已日益看到“品牌”创造的价值。

知识经济的概念突出了知识产权、品牌、专利及创新的经济价值，在人类创造价值的劳动中，把智力劳动所创造的份额比率提高了。相形之下，过去认为经济活动（甚至人类的进步）主要反映在产品数量的增加，有意无意地把智力劳动视为数量生产的辅助功能，甚至提出“设计为生产服务”等口号。而知识经济的提出，则是对人的各种劳动创造的价值的一个全新估计，在认识上有了一个新的飞跃。

2. 航空产品中的知识产权

20世纪50年代，英国曾对航空工业的投入作过统计，当时认为设计开发约占20%，而制造生产约占80%。但是后来认识到，占20%投入的设计开发，却决定了产品80%以上的价值。而制造生产部分只能增加数量，却不能大幅度改变已有的产品价值。后来对设计开发的投入比例倒了过来。比如，美国B2轰炸机的研制费用是210亿美元，而后每架飞机的制造成本只需5亿美元。

由于新型飞机首次开发所需的费用很大，在我国曾出现一种观点，认为我们就做第二架以后的便宜部分好了，并推荐以此作为我国飞机产业的发展道路。但是没有第一就不会有后来的第二。在某种程度上，这有些像有人绕过开发光盘所需的5 000万美元，专做复制所需的10美元的工作，从而与进行盗版走私有相似之处。在一个开放的、与国际接轨的社会环境中，这显然不能作为一个正当的发展道路来提倡。

到20世纪末，世界航空大国对知识产权的维护越来越坚定，而对于复制生产的把持却肯于放松，用这样的办法来利用第三世界的廉价劳动力，并占有其市场。他们把飞机的零部件分散到其他国家制造，甚至让出飞机的总装权。但对型号的知识产权，却作为产品中最有价值的部分，坚决把持不放。美国波音公司不惜吞并麦道公司以勾销其发展型号的权力。欧洲空中客车公司在与亚洲国家联合开发新型号时，要求该国仅为分享部分型号知识产权，就必须付出该国原拟用于型号研制的全部经费作为“技术转让费”，而其他费用还需另计。

目前世界民用航空工业的分布呈“金字塔”形。生产航空零件的国家有几十个，生产航空部件的国家也有十几个，担任飞机总装的国家只有几个，但价值最大的型号知识产权，却垄断在极少数国家手中。

人类的认识过程总体是先有实践，然后有认识，最后才运用已获得的认识去能动地改造世界。但就一个新产品的诞生顺序而言，是先有设计（能动地改造客观的意图，这种智力活动是在过去知识的基础上的），而后有物质生产活动，通过制造使之变为实物。20世纪70年代以后，由于人类进行大型工程能力的发展，设计这种智力产业导致了新学科“系统工程”的发展，并且产生了设计学。这些事实，为知识经济概念的兴起作了很好的佐证。

3. 在民用飞机产业上知识产权日益重要

我国在20世纪后20年发展民用航空工业，曾经打算从“参加国外联合生产”中学习制造技术，经过逐渐积累的渐变而获得开发新机型的“设计能力”。20年的实践证明，我国实现了生产国外机型的若干部件，甚至总装了外国机型，但仍然没有得到拥有知识产权的型号设计能力。当国外的型号停止发展以后，这种生产能力便陷入困境。因此，型号研制是一个必须通过有意识地攀登的高地，而不是通过长期大数量的制造活动，就能绕过“智力劳动”这一环而自然而然获得的技能。

我国有关部门也曾公开发布过打算利用国外资金、国外技术和国外市场，以可以承受的经济代价使我国得以参与新飞机型号的设计研制，分享部分知识产权。经过长达数年的谈判，终于了解到拥有知识产权的国家对既得利益的极度维护、不容染指，而证明此路不通。

不理解知识产权在经济活动中的作用，有一定的历史根源。前苏联在封闭时期就曾不顾世界对知识产权的保护，而在其疆域内复制或仿制国外产权的产品，这样靠仿制而形成的飞机型号，可以列出很长的名单。其中引起世界震动的，如二战末，前苏联扣留当时美国的战略轰炸机B-29，而复制出第一架大型飞机的成功型号图4，以及在英法联合研制超音速客机协和号时出现的驱逐前苏联数百名“技术间谍”的事件（前苏联从此得益而抢先推出超音速客机图 144，在国际上被戏称为“协和斯基”）。

这样大规模出现的技术模仿道路，曾被错误地认为是一种正常的发展方针。在我国的飞机行业中，甚至长期盛行一种称为“原准设计法”的设计理论，认为飞机设计最有效的方法是找一架飞机来照抄不误地“复现”，并提出“凡有不同处就是有问题处”的警告。还创造了“反设计”的名词。正常程序应是有了设计才有产品，“反设计”是指先拿来一个现成的产品，再反其道而绘出形成这个产品所需的图纸，便可以据此生产出同样的产品。

显然，这些在封闭历史条件下形成的思潮，并不反映人类工程世界发展的真谛，并且也不适用于今天的世界形势。开发创新的能力，不但对工程发展是必需的，并且已经被提高到了一个民族是否能存在的高度来认识。

4. 积极攻占设计开发的阵地

20 世纪中我国民用航空工业最大的一次在智力产业上的冲刺，是载客量为 150~180 人的喷气客机运 10 的自行设计，其成就使我国许多技术领域获得大面积丰收，对科研和教育战线都起到很大促进作用。该机在 20 世纪 80 年代曾试航我国许多重要城市，并 7 次沿过去称为“死亡航线”的喜马拉雅山麓上空飞上“世界屋脊”，到达西藏拉萨，成为 20 世纪内飞进青藏高原的我国唯一自行设计的飞机，得到世界的尊重。我国对该机拥有完全的知识产权。

世界进入知识经济时代，应提高我们对智力产业的认识，加大对设计开发的重视和投入，提高创新意识，鼓励和培养更多具有创造性的人才，积极采取进攻的姿态去攻占这块阵地。

（此文写作于 1998 年 9 月，是我在当时的上海航空学会上所作的报告，随即被《上海航空报》刊出，后被《中国航空报》转载）

九、论掌握飞机型号的知识产权

1. 飞机型号是航空工业发展的火车头

一架飞机是很多技术的综合体，其中有些技术本身就是高科技。全世界从事与航空技术有关的科研单位和企业有成千上万家，但是在综合成一架飞机型号的各个层次上，综合层次越高数量就越少。比如生产各种附件产品的厂家就少于供应原材料的厂家，进行飞机总装的厂家就少于制造零件及组装部件的配套厂家。而处于金字塔顶端的，则是掌握全机总体知识产权的新机型号设计。而飞机也被称为“工业技术之花。”

在航空技术金字塔的各个层次都可能产生技术进步。处于相对下层中的进步，常是支持既定产品的，其主要功能是提高生产效率或提高产品质量，但很难从根本上改进既定产品的总体性能和功能。第二次世界大战末期出现了喷气发动机，美国曾用来安装在一种原来的螺旋桨式 P-59 飞机上，结果飞机的性能并没有显著提高，这种改型没有可取的优点。而美国重新设计出第一种喷气飞机 F-80，集中各个层次中的新进展形成一个新的型号，才将喷气技术带来的革命性进步展现出来。

飞机的演进过程，总的说来有渐进和突进两种形式。渐进是在原来型号框架内吸取所采用技术的点滴进步，也就是对已有型号的改进和改型。而突进则是设计新的型号。从飞机演进的历史过程来看，新型号的进步更明显。比如 20 世纪前 50 年中，飞机的时速以百公里计到以千公里计的 10 倍发展，后 50 年飞机的载量从 50 人到 500 人的 10 倍发展，都是通过新的型号来实现的。这种进步使飞机的社会功能有了大幅度的改观。

在航空庞大的技术家族中，各种先进技术首先在飞机上采用来实现其社会价值（其中有些后来也可推广用在其他产品上）。社会的需求通过型号演变带动了一大批相关技术的前进，社会要求是推进技术发展的动力。在航空百年历史中，飞机型号的演变是机械产品中改变最激烈的现象之一。因此，飞机又被称为“技术发展的火车头”。

2. 20 世纪我国忽视飞机型号发展的根源

航空技术百年历史中的前一半时间，处在 20 世纪的前半叶。从社会环境来说，我国尚处在半封建半殖民地时期，旧中国没有像样的航空工业。

当时我国航空技术中一些较有影响的代表人物，大都在技术先进的西方国家学习或工作。他们表现出的聪明才智和工作能力，一种反映在掌握飞机型号总体的工程能力上（如华人曾担任美国波音公司的总工程师），但是这类人物在当时的中国国土上无法效仿。另一种则是在航空技术的某一专业中作出被认可的贡献。后一种成就便成了我国航空人员的努力目标，长期将对某单一学科的钻研作为奋斗目标、满足于学术性收获的心理追求。

航空历史的后一半，处在第二次世界大战之后。在20世纪后半叶中，航空技术本身经历了喷气化、大型化和电子化等一系列台阶性的飞跃。这时的中国航空工业也正逢巨大的社会变革，获得外援而得以建立仿制外国飞机的强大生产能力。这种历史机遇将我国的航空技术提升到一个新的阶段。但是这种形势也带来一种负面的影响，在一些人心目中形成了“外国的就是好的”的崇洋思潮，否定中国自己的工程综合能力。

当时的外援并没有支持中国建立自主发展航空工业的意愿。国家仅仅看到了自外引进制造技术的局限性，早在1956年全国科学规划会议之后，就建立了我国自己的飞机设计机构。

但是，建立有自主发展能力、具有自主知识产权的航空产品的意识，并没有形成许多人的共识。新中国第一次自行设计飞机，就遇到各个层次人员的百般挑剔和阻挠，飞机设计出来，进行了试飞，却遭夭折的命运。我国自行设计的能力也被称为“不自量力”，并以此为理由反对我国自主设计的发展，这种情形一直延续到20世纪末。

在20世纪的最后10年，某些航空“资深人士”还在说，中国的航空工业的主要经验就是仿制，断言“凡是仿制的都是成功的，凡是自行设计的都不成功”，并且把中国的各种独立飞机型号都称为是“仿制法”的例证。这种论调受到我国航空界领导和工程技术人员的批评更正。

应该看到，20世纪后半叶我国航空产品的仿制历史在工程思想上造成的扭曲，其影响是相当深远而沉重的。

如何重视自己的产品开发能力、创立有独立知识产权的型号，仍然是我国航空工业发展的一个重要的课题。

3. 对型号认识的误区

如今对于如何发展我国的飞机型号设计事业，仍然有很多争论的问题，并且仍然存在一些认识上的误区。

误区之一：认为各种产品都是反映组成产品的客观规律的结果，而忽视人的认识对各种矛盾的判断取舍，看不到设计主体的设计意图反映在对全系统的综合上对所形成的产品的作用。

从这种认识出发，比如他对某产品比较满意，就认为此产品代表了世界技术的最先进水平，不具体分析这个产品中哪些是成功的、哪些是常规的，而把全局和局部都当作一个囫囵的整体来接受。

这些人认为，掌握了科学规律必然导致新的技术装备出现。反过来说，则新的技术产品不出现就是因为没有掌握到足够的新规律。他们认为一种新产品必然是超过过去所有产品才有可能诞生。只有“最好”的产品才有存在的权利。要研制新产品，基础就在于加深对某些规律的研究。认为我国只要在任何专业领域还有不如世界最新的水平，就无从设计自己的产品，需要永无止境地不断追赶，而将独立的产品开发无限期地推到遥远的未来。这种认识使得有些人在“科研先行”的口号下，无休止地投入“课题研究”“技术攻关”，而迟迟不把工程型号设计的任务摆上日程，致使许多科技活动陷入无目的地空转。

事实上人类了解气体压力规律的“巴斯葛原理”与发明出蒸汽机之间，隔了几百年，而从中国古代发明火箭原理到现代的宇宙飞船则经过了上千年，说明掌握原理并不直接意味着出产品。人类的许多产品，并不是只有唯一的形式，相反有很多不同的形式和品牌。并不是只有“最好”的产品是唯一有权利存在的产品。设计主体对于相关各种规律的应用和综合，组成了极为丰富的产品世界。

尽管有些目前看不到实用前景的基础性研究，在未来有可能开拓出更广泛的园地，但是就围绕产品开发的某些实用性“课题研究”而言，脱离型号牵引的纯粹“课题攻关”，往往难以取得有效成果。第一，这种研究的成果没有型号作为载体来发挥其社会功能，不能取得社会回报就难以进入良性循环；第二，这个研究也难有实践来检验其质量、真伪及价值，不少陷入单纯的文字游戏。

“搞学问而不搞飞机”，使航空技术队伍不断扩大、经费不断增加而收效甚微，形成航空科研“投入”和“产出”的日益不平衡。“课题”与“型号”争夺人才、争夺经费的事时有发生。事实上，我国航空史上则有多次由型号牵引而带动大面积科研成果，造成学术繁荣的雄辩的实例。

误区之二：认为我国现有的学术水平，只在20世纪50年代引入工业化操作方法时，学到一些看得见、摸得着的纯技艺类的东西。而飞机设计牵涉到空气动力学、结构力学、热机热力学、系统理论、控制论及电子学等很多学科，对于这样抽象的学科，中国人目前是绝对无法掌握的。

占领飞机型号高地的飞机主体设计，主要需要掌握空气动力学、飞行力学和结构力学。这些学科经过百年的发展已经相当成熟，我国航空工作者是能够掌握的，而不应该视为畏途，更不应列入中国人的禁区。在理论分析方面20世纪末这些学科与电子计算机结合形成的“计算流体力学”与固体力学中的“有限元分析”等分析法，中国人甚至在这些方面表现出一定的特长，在世界航空界这些阵地上常常有大量中国人在工作。

在试验能力上，我国已经建立的空气动力试验基地、结构试验基地和飞行试验基地，其规模与能力在世界上都数得上，并且远远超过了世界航空大国在开始发展他们的型号设计时的水平。如果一味强调在某些局部方面我国与世界最新水平还有某些差距，而把发展有自主知识产权的航空工业无限期地推迟下去，是很不利的。

误区之三：是延续了改革开放前的“大而全”的思路。在当时封闭的形势下，我国不得不争取在全系统每一环节的“自力更生”。这样形成了一种“自下而上”的思维定势。觉得不把金字塔的底部每一块砖石都垒好，无从竖立塔尖。有人认为中国在航空上的最大出息，只能是在某些局部砖石上争取被外人承认，用来建起外国大厦，鼓吹所谓的“意大利道路”（意大利为很多国家的飞机供应零配件）。希望中国如能造出优良的烟灰缸，被外国装上他们的客机座椅，就是很大的荣幸。

实际上在今天改革开放的世界形势下，飞机上的许多技术项目可以从世界市场上得到。美国的飞机就常常采用欧洲的发动机或设备，连美国“登月”的阿波罗宇宙飞船上都采用了日本的设备。

发展我国的航空工业需要建立一个“从上而下”的思维，即争取占领航空工业的高地，首先从设计出拥有自主知识产权的飞机型号来入手。

4. 我国航空工业的根本出路

对于21世纪我国航空工业的发展，应该继续利用开放的条件，尽可能争取对外合作，采用合同生产及联合研制等各种方式引进技术和资金。但是另一方面应该看到，航空先进国家在知识经济时代对飞机型号产权的极端垄断。要使我国的航空工业走向良性循环，根本出路在于攻占航空技术的制高点，努力开展我国有知识产权的飞机型号设计。这对提高我国航空工业的声誉，争取更有利的合作条件也有极大影响。

我国对飞机型号的工程综合已有一定的能力，并不是如有些人宣称的那样：“中国只有草鞋、草帽可以作为工艺品而进入世界，在高技术方面是没有能力与国际对话的。”在半个世纪的新中国飞机设计工作中，我国已经设计过从小型螺旋桨式低速飞机到大型喷气式客机、超音速军用机、水上飞机、直升机等多种型号。不应对此一叶障目。

以我国在20世纪50年代自行设计教练机初教六为例，当时世界上很多国家都有自己的教练机，如前苏联、美国、捷克、波兰和印度等国。一方面我国设计人员深入地研究了世界上已有飞机的特点，另一方面并不认为已有型号便是仅有的合理形式，在设计中有意识地不把初教六作为任何一架外国型号的翻版，而独立进行工程综合，为获得知识产权进行自主设计。从设计程序的第一步起，自行进行了使用单位的调查，建立了自己的设计思想，独立进行了自己的空气动力、形式选择（概念设计）、总体布局及结构与系统设计。

但是设计中最初就遇到“为什么不按某某国家的飞机设计？”的指责，甚至一度用行政手段布置模仿一架外国飞机设计的另一个方案。幸好当时的领导人坚持了独立设计的方针。但飞机设计出来并试飞之后，再次面临夭折的威胁。由于十分幸运的历史巧合，才使这架飞机投入了生产和使用。这样一来，反而连续生产出数千架飞机，成功地使用了40年，输出到很多国家，被航空工业领导人称赞为“具有中国风格的设计。”直到20世纪末，这种飞机还以“散装件”的形式进入美国市场，受到许多用户称赞和欢迎，并还有140余架在美国飞行。可见，一味贬低中国人的独立“工程综合”能力是毫无根据的。

我国自行设计的一种通用飞机运12，不但通过了严格的技术考核而获得了我国的适航证，还获得了国际适航证，在国际市场很受欢迎，销往14个国家。但这种飞机在国内却很少使用。这种“墙内开花墙外红”的现象，一方面反映了我们体制上的某些缺陷，另一方面不能不说也与受到广泛流行的崇洋思潮有关。

我国研制的高性能军用机和大型喷气客机的工程综合能力，可以说进入了20世纪末的世界前沿，受到了国际同行的尊重。

中国航空工业的优势，正是在飞机的型号设计上，即进行飞机的总体设计、气动力、结构和系统设计以及电子系统综合上。

有人把这贬为“机壳子设计”，但正是这种设计使我们拥有了型号的知识产权。以我国的综合国力，以将近一个世纪来我国对航空技术所掌握的知识、所积累的经验，以我国地广人多的国情所蕴藏着对航空产品潜在的巨大社会需要，我们有充分的理由建立起我国有自主发展能力的航空工业，并且应该努力去占领这个高地。

为研制飞机型号，我国已经建立了相当规模的基本试验手段，拥有了理论分析的能力，并且在型号总体综合方面积累了一定的经验。至于飞机的某些局部，包括动力装置和机载设备，可以引进国外配套产品，或者可以用经济和技术合作等各种形式引进国外的智力。改革开放后我国的造船工业的再度振兴，正是从船体入手逐步扩大机载设备的国产化率的。

我国的强5改型、运12、教8及运10等多种型号都是采用自主设计、全球配套的办法，不仅获得了技术上的成功，并且极大地提高了我国航空工业在世界的声誉。

为了开展我国自己的飞机型号设计事业，应该停止自我约束在“仿制”框架内的思路。应该提倡并尊重中国的独立综合。知识经济的最根本含义是智力劳动在产品价值中的比重空前地增长，不能既要知识产权又不对智力放权。另一方面，则应正确总结我国在型号开发上的经验，使之达到一定的系统化，并能对新的设计工作有所裨益。应该加强对总体综合性工程人才的培养，用正确的工程理论武装他们，给他们以实际锻炼的机会，促进他们更快、更健康地成长。

（此文写于2000年3月19日）

十、运10在技术上的建树

有网友在我博客的“留言”中评论说：

“发现一件很奇怪的事：最近网上搜索大飞机进展情况，却再也找不到有关对运10的说法，难道这曾令我国民族工业在世界航空领域能有话语权的产品也成为牺牲品了？历史是不容篡改的，运10和运10人所创造的功绩是不容抹杀的！”

对这样的提问，谨按我对问题的理解在这里回复，写出“运10在技术上的建树”短文，谈一下运10在技术上的四个方面建树。

1. “自主创新”的研制路线

在技术路线上，运10研制遵循的是“博采众长，为我所用”的自主创新技术发展路线。

运10所遵循的独立自主开发的路线，明显地不同于此前某螺旋桨支线客机的“测绘仿制”路线，也不同于AE-100的“期望由外国人牵头来领导我国设计”的路线，更不同于MD系列的干线客机从“国外购买生产权”的路线。这是运10研制最重要的技术建树，它所遵循的技术路线，正是今后我国大型客机将要采用的发展路线。

从运10被搁置到今天为止的20多年来，中国民用航空工业发展的根本性战略问题，就是要不要走自主设计的道路。正是在这个问题上国家明确了方向，才使国人对我国大客机项目燃起了新的希望。

2. 建立大型民用客机设计的现代化平台

在技术方法上，运10首次在由国际上适用的“适航标准”和“计算机辅助设计”等基础所建立的平台上开展的“正流程”设计，而不是基于我国过去航空工业惯用的“前苏联强度规范”，也不是在测绘仿制的基础上进行的“反设计”。

从技术能力发展的角度看，运10是中国第一个大型民用飞机的产品开发平台。也就是说，运10不仅是一个机型，而且是一个技术平台，更是当时提高了的中国航空技术能力的体现。此后我国的民用客机工业，也只能在这样新的平台上开展工作。

3. 总体设计选择的合理型式

在飞机的总体型式上，经运10研制中160多项地面试验和对我国东西南北中各大城市（包括七次飞达西藏拉萨）的试飞，以及从1970年运10项目立项至今世界航空技术演变的历史证明，运10所作的选择是正确的，应当仍然为后继的干线客机设计所采用。其中最主要的原因有：

1）150 座级左右的总体规模选择。否认运 10 道路的人们曾经千方百计想要回避运 10 走过的路，曾先后提出过小于 100 座或大于 200 座的规模作为下一步我国大客机的设想。其用意就是有意提得比运 10 的技术规模小一半或大一倍，使运 10 的技术无法继承。但是小于 100 座不是干线客机（不仅从载客量或起飞吨位上不是大型客机，连总体设计的主要技术形式，也都不是大型客机）。大于 200 座则超过了我国在 20 世纪 90 年代已经应航空工业部的要求扩建了的生产能力。而 150 座级正是全世界及我国需要量最多的座级，也正是运 10 的规模，这自然是一个“既有能力、又有市场”的方案。

2）高速低阻翼型和大展弦比后掠机翼，装备前后缘增升装置。这正是运 10 使用的技术。

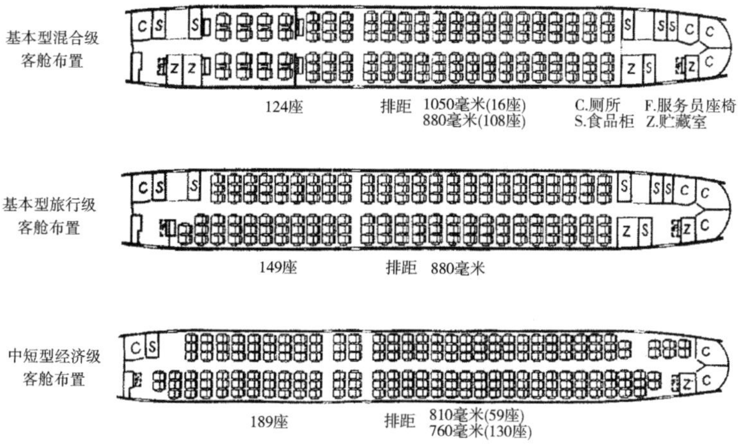

图 1-27　运 10 飞机客舱布置图

3）翼吊发动机的动力装置布局，即运 10 选择的基本布局。

4）一排 6 座的机舱基本剖面，即运 10 的基本剖面。

5）车架式起落架，即运 10 的起落架形式。20 世纪 90 年代我国购入 MD 客机，曾被民航总局要求改为运 10 式车架起落架。

2007 年末，国务院领导在实地视察运 10 飞机后，说：“从今天来看，运 10 仍然是一架好飞机。”说明运 10 在总体上体现了“具有前瞻性，并可持续发展”的方案选择。

我认为，我国发展大型客机，在总体型式上应继承和发展“可持续发展”的技术方案。有意去“回避运 10”实在大可不必，可能还会在技术上误入死胡同。

4. 在部件和分系统层面的技术形式

运 10 在各个部件和系统上还有许多重要的技术方式选择，都不可回避的仍然要为今后的干线客机所采用。

例如客舱结构的抗疲劳设计、机翼整体箱的缝外密封形式、驾驶舱结构的多路应力传递方式、反弯度平尾、飞行稳定系统中偏航阻尼器的应用、软式飞行操纵系统、防撞风窗的加温防裂设计、燃油系统的精确测量系统的设计、便于客舱布置调整的地板梁设计、安全的增压客舱的舱门设计、加温舱的绝热隔声层设计、气密舱的球面框设计以及“导光板式”仪表照明系统的设计等，都是在未来的干线客机中必然要采用，而无法回避运 10 的设计特点。

在进一步细化的设计各个层面上，运 10 中所使用过的设计细节及标准，如高抗剪螺钉、虎克铆钉、导管无扩口接头以及变厚度蒙皮、蜂窝结构等，也都必然将在新的干线客机上得到应用。应该说，如果将运 10 拆开来看，每一个局部都是干线客机的典型技术，都值得在今后的设计中得到应用。

（此文写于 2008 年 4 月 28 日）

十一、运 10 研制中的四大精神

历史研究部门的一位研究者问我：“运 10 的研制，除了在技术方面的建树之外，在精神方面，有什么可供今后工作继承的收获吗?”

这个问题，使我在脑海上浮现出运 10 研制时的许多实况，回忆起全国参与此项工程的许多工程技术人员的卓越表现，不禁思潮澎湃。有的人可能认为，谈精神干什么。只要用物质刺激的引诱加上纪律的整肃，便可以办成任何事情。但是，我还是相信“人是要有点精神的”这样的论断。

因此，我回答说：运 10 的研制，值得后人参考借鉴或更加发扬光大的，至少有以下四大精神。

1. 昂扬的爱国热情和一心为公的奉献精神

1970 年，国家正式下达文件在上海开始运 10 的研制。运 10 的设计队伍是从全国“借调”集中到研制基地上海来的。当时生活艰苦，全国普遍物资匮乏，连缝扣子的缝衣线都要凭票证供应。科技人员借住在卫生学校的宿舍里，有的人三代挤住在一间十几平方米的小房间里，有的人家属不能调进上海而不得不长期分居，有的人一年接一年地推迟婚期。但大家本着一心为公的奉献精神，毫无怨言，一心扑在研制工作上。

当时的工作条件同样也很差。设计的工作场地不够，有的设计组就在运送飞机的大型木质包装箱里放几把桌椅，技术人员就在“木箱设计室”里做设计。并且大家经常要在食堂里开技术大会，吃完饭赶紧收拾饭桌，再把图纸铺开，工程师们就讨论起技术方案。在龙华机场晚上加班设计时，机场的草地蚊虫成群肆虐，设计人员只能用报纸把手脚包住。研究所的计算机不够多，大家常常到嘉定的上海科技大学及上海计算中心使用那里的计算机，但由于飞机设计所需的计算量大，因此计算时间总是被计算机单位排在夜晚通宵。但科技工作者们在研制中完全不顾及种种困难，真正做到夜以继日、昼夜颠倒地投入到繁重的计算中。

当时的情况，突现出工程初期的艰苦。今天我国再开展类似的工程，在物质上会比运 10 研制开始时的条件优越很多。但是任何创业，在初期难免还会有这样或那样的不尽如人意。因此高昂的奋斗精神应该是我们始终具有的一种精神。

2. 坚定认真的科学精神

运 10 研制过程中充斥着科学求实的精神。20 世纪 70 年代前期，还处在“文革”的政治环境中，当时存在浓重的意识形态氛围和政治高压。有的人不尊重科学，只提倡蛮干。他们甚至派"工人作家"驻厂来写出反映研制飞机情况的小说，还排了一出《顶风飞》的话剧，用文艺形式把来自全国的科技精英群体描绘成"保守和迂腐"的"资产阶级技术路线的执行者"。工程师们在研制过程中一些技术性的讨论，动辄被扣上政治帽子来批判。

在这样的历史氛围下，运 10 的研制者们顶着巨大的政治压力，坚持了科学求实的精神，决不做违背科学的事。

运 10 在试飞前，当时的航天部派新上任的副部长何文治来上海作试飞前的技术审查。何文治本人是清华大学航空系毕业生，在第一个五年计划期间就参与过我国一些新的飞机型号的研制工作。他这次来上海之前听到不少关于运 10 飞机的不实之词。他从全国各地集中了大批专家组成了一个庞大的技术审查团到上海集中。在连续听了一个星期的汇报，全面了解了飞机的设计情况后，何文治在会上说：与我来前的印象完全不一样。该做的试验都做了，试飞的准备工作比我国过去研制的所有飞机的首飞还要充分。后来又按审查团的要求补做了飞机灭火系统的试验（之前曾分段做过试验），最后指定补做的试验几秒钟就做完了，情况良好。何文治当即表态签字放飞。

此后运 10 试航到我国版图的东西南北有代表性的机场作适应性试飞，飞向了我国的平原和高原，经受了北方的严寒及南方的酷热，飞过河流湖泊和沙漠戈壁上空，都表现良好，没有出现任何严重的故障。

在艰难条件下研制出的运 10，从工程立项至今已经 38 年过去了，虽经历史变迁、大浪淘沙，但由于研制中坚持了科学态度，在 21 世纪的今天，还被高层领导在实地考察后，誉为"从今天看，这仍是一架不错的飞机。"

3. 勇于开拓的创新精神

上面谈的两种精神，即爱国奋斗的意志和坚持科学的态度，是任何大型工程取得成功都必须具备的。至于这第三种精神，如果任务只是一种常规的重复性工程，也许不需要着重强调创新性。但对于开拓性的工程，创新精神则是必需的。

运 10 的设计任务无论在飞行高度、载重还是航程上都创造了新纪录，如起飞总重是以前自行研制飞机的 10 倍。因此从总体设计到各个细节都需要有开拓创新的精神。运 10 研制排除了前苏联的"强度规范"，而采用了国际"适航标准"；大量利用计算机，编制了 138 个自编程序；从联合国的"国际民航组织"引进了民用飞机的机场适应性计算程序。还开发了很多新的设计方法，对飞机基本设计方法做了开创性工作。我在国内首先提倡"参数优化方法"使飞机设计从经验设计转向参数设计。运 10 还有很多细节上的革新：如仪表盘使用导光板照明，里面安装绿豆灯泡，灯光从刻度上射出；还自行研制出机舱打开后使用的充气滑梯；大飞机空调的容量可承担 180 人，而过去自行设计的教练机只能承担 2 个人等。

运 10 工程在飞机设计上冲破了过去的许多禁区，极大地扩展了我国航空设计能力，开拓了许多新的领地。如果企图用“因循守旧”“不逾常规一步”“前人没有涉足过的水域就绝对不许湿鞋”等禁忌来约束工程技术人员，是作不出这样开拓性的成果的。

4. 兼容并包的团队合作精神

运10研制中所发扬的上述三项精神，是我国一切开拓性工程所必然共有的。如西气东输、南水北调、铁路修进西藏及长桥修进海洋，这些工程中必然贯穿了上述三项精神，包括大力开拓的创新精神。但是运10研制中还有一个特殊情况，就是当时是从全国集中力量组建成的大飞机设计队伍。

运10项目集中了来自全国几十个单位的几百名科技精英。不少人来自原航空部各个研究所和工厂、还有人来自科学院、有人来自部队、也有人来自学校。凡是我国研制过型号的单位，都派了人来参加运10的研制，其中有研制军用机的、研制民用运输机的、研制水上飞机的、研制无人飞机的、研制直升机的、研制卫星的……也有的人原来是从事教学的或从事飞机维护的。每个人的经历不同，积累的经验不同，思维方式和工作习惯都有不同。原来大家互相并不认识，相聚在这里后打破了原来的等级关系，平等相待，有问题放在桌面上谈，不排斥不同意见，经过集体讨论来对技术决策问题取得共识，决不“因人废言”。这样一来，这支由各地来的队伍中，反而形成了很有利于吸收新观点的和谐而活跃的技术气氛，取得了在知识和智力创新上的“杂交优势”。

记得当时我刚从沈阳飞机工厂来到上海，发现运10飞机起落架的位置太靠前，应向后移，便提出自己的意见。这种牵涉到很大更改面的变动，一般很难被大家接受，但在运10工程中，在讲清理由和必要性之后，更改的意见很快就被采纳。如果大家都从本位出发来考虑问题，工作就要受很大影响。

干事业不能党同伐异，偏听偏信，而应兼容并包，有容乃大，才能形成一种包容和谐的文化。如果用狭隘的经验基础上形成的有局限性的“文化”来强行要求其他经历的人无条件地服从，会扼杀一些有益的思维，并形成越来越僵化的文化氛围。

今后我国的大飞机项目，也必然在某种程度上由全国集中力量来形成队伍，甚至还会有一些国外的力量参与进来。在这样的集体中，更应该加强团结合作的精神，对各种不同的“文化”能够兼容并包，广泛吸取多方优点，不断求实求新来吸收新事物新思维，而避免用不求上进的僵化文化造成“万马齐喑”的局面。

（此文写于2008年5月12日）

十二、运 10 的出现说明了什么

20 世纪 80 年代，在中国的天空起飞了一架喷气式客机运 10，这是我国历史上研制的空前巨大的一架飞机。运 10 的研制成功不仅是中国航空史上的一件大事，也是世界航空史上一个触目的事件。但是运 10 的研制并没有继续下去。那么人们要问，运 10 的出现与工程的被搁置，究竟说明了什么？

我认为，这件事至少说明了两个问题：第一，说明我国的航空技术队伍有很高的素质和很强的创造能力，能够克服很多困难，把这样一个高技术的制高点攻克下来。第二，说明我国当时的管理处在走向成熟的过渡期中，一时还不能适应自我创新的进步理念。

现在就来谈一谈这两方面当时的情况。

1. 中国航空技术力量

在有些人的心目中，我国的航空技术力量是非常薄弱而不堪一用的，对于像大型喷气客机这种高科技的产品，更是可望而不可及的。典型的如当时民用飞机管理机关一位官员针对国内有人呼吁发展大型客机的发言，他说：“中国，只有草鞋、草帽可以打入世界工艺品市场，在高科技问题上，是不能企望与世界先进国家争什么发言权的。”

但是，航空发展百年历史表明，中华民族对 20 世纪新兴的航空技术有很敏锐的吸收能力，并且表现出很高的才能，也作出了很多成就，并不是一个只能承认无知和无能的民族。

isco Examiner
HINESE LEAVES WHITES BEHIND IN AVIATION
ORIENTAL WRIGHT SOARS BIPLANE HOMEMADE CRAFT

图 1-28　1909 年 9 月 23 日美国《旧金山观察报》头版报道冯如的飞机飞行成功

1909 年，中国的航空先驱冯如，就造出了中国的第一架飞机，飞行良好。这时距离美国莱特兄弟研制的人类第一架飞机出现才 6 年。我们知道，6 年的时光，在世纪的尺标上，几乎可以忽略不计。当时美国政府还刚刚注意到莱特兄弟的飞机出现，可是中国的飞机已经腾空飞起了。美国的《旧金山观察报》在头版头条作了报导，刊登了冯如和他的飞机的照片，报纸还发表了社论，标题是：“在航空上，中国人把西方人抛在了脑后。”

冯如埋葬在广州“黄花岗烈士墓”，他墓前的碑文上刻着“飞行大将军冯如之墓”。因为他后来参加了北伐革命，孙中山先生任命他为将军。

世界航空的初期，飞机是用木材制成的。美国有一家木材公司的老板，他想何不用木材来造飞机呢。于是他开了一家飞机公司。他名叫波音，他开的公司就是今天名震全球的波音飞机公司。波音自己只懂木材，不懂飞机，他需要聘请一位懂飞机的工程师来主持技术工作。他聘请的是一位中国人，名叫王助。许多人不知道，也许还觉得不可思议：波音公司的第一任总工程师是一位中国人。王助后来回到国内，在马尾飞机工厂担任副厂长。

在 20 世纪前半叶，有许多中国人在国外从事航空科研、航空工程和航空教学方面的工作，有的作出了非常突出的成就。比如钱学森提出的被称为“钱学森公式”的超音速空气动力学公式，吴仲华提出的计算流体力学的方法，都是享誉世界的成就。不少从国外学习航空专业的学者回国来任教，将世界科学发展茁壮的输液管道接进了我国，在我国培养出了大批用先进的科学思想武装起来的一代又一代的科技人员队伍。

从这个观点来说，我国的科技队伍的“辈分”是相当高的。比如德国有一个空气动力学权威学者，叫普朗陀，他在世界航空史上是一个顶尖级的人物。普朗陀有一个匈牙利学生，名叫冯・卡门。这个冯・卡门后来去了美国，成为美国航空届的“祖师爷”。冯・卡门在美国有一个学生，名叫钱学森，回国后成为中国航天的“开山鼻祖”。我们都可以看到，我国的航天科学，在短短的半个世纪之内，从原来一无所有，实现了飞向外太空的伟绩。这是中国的航天科学一直昂扬着开拓前进和严格严谨的科学精神结下的硕果。

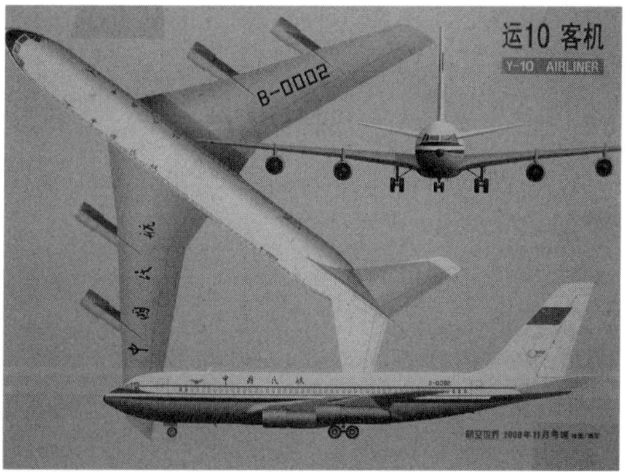

图 1-29　运 10 大型喷气客机

但是世界最大的祖师爷普朗陀还有一个学生，是他唯一的中国学生和唯一的女学生，回国后在清华大学和北京航空航天大学任教，她就是陆士嘉教授。所以我国很多清华大学和北京航空航天大学的毕业生，实际上是普朗陀的第三代传人。这个辈分可不算低吧。

当然，在科学技术里，单算辈分是没有用的，还要看实际的能力和真实的表现。表现怎么样呢？新中国的飞机设计事业，始于 1956 年，在半个世纪的实践中，设计出了很多型号的军用机、民用机、直升机、水上飞机及无人机等，效果都挺好。就像运 10 这样处于世界航空技术前沿的大型客机，我国要设计出来当然遇到了很大困难，但是集中全国的力量，经过艰苦奋斗，还是设计出来了，飞行验证证明效果良好。

但是应该看到，运10研制的成果，是在摆脱了我国航空界曾经漫延的“仿制文化”的约束才取得的。可见，免除了“仿制文化”影响的中国航空技术队伍，是一支不可轻侮的力量，并不如某些悲观论者所认为的，是“一无所能，只会胡思乱想，只配在生产车间里记记工时、画画黑板报的知识分子队伍。”而是一支很有底气、很有出息、很有创新能力、很能战斗的队伍。

2. 在管理理念上

但是，运10毕竟没有进行下去。这是因为有第二个方面的原因，即在管理上，当时在管理理念上尚不成熟。在这方面，与世界先进国家存在着差距。差距有多大呢？至少100年。有人说，这岂不是相当于清初和现代的差别了！

西方的现代专利制度起源于14世纪的威尼斯。在西方国家，保护知识产权的思想已经在社会生活中存在了约600年，可以说成为社会的共识。而在中国，1859年才有在康有为、梁启超的建议下，光绪皇帝颁布了第一个鼓励技术、工艺的专利制度，但是在实际的社会生活中，直到今天也只是在继续推行中。人们在日常生活中，很少领会到知识产权的意义。这一点，在改革开放之后，我们的许多乡镇企业生产的“假名牌”“伪劣产品”“盗版”等产品充斥市面，人们不仅不以为怪，反而以为是正常的现象。

不懂得在现代世界秩序中知识产权的价值，认为什么都可以理直气壮地“仿制”，不但是一部分乡镇企业的老板们这样认为，甚至一些在管理层的“仿制文化”的信奉者也这样认为。

因此，当20世纪80年代我国用自己的力量研制的运10飞了起来，成功地飞向我国边远城市，表现良好的时候，美国一家飞机公司向我国伸出“橄榄枝”，表示可以把该公司出品的MD-82飞机到中国来装配。对此一部分管理人员认为是极大的好事。他们认为，运10是中国飞机，MD-82是美国飞机。要问他们愿意生产中国飞机还是生产外国飞机，他们觉得生产美国飞机大大提高了他们的工作档次（且不论具体参加工作的人员还有出国培训、派驻国外等实际的好处），而不顾他们只是把自己沦为美国公司的一个车间，而为此却放弃了本国对世界航空技术的前沿、具有战略意义的大型喷气飞机的研制成果。为此丢掉的不是一个飞机型号，而是丢弃了民族工业非常重要的一种能力。

在1984年5月，有173位航空研究员和高级工程师联名签字写了一个意见，呼吁不要放弃有中国知识产权的运10飞机而去从事中国不拥有知识产权的外国MD-82的生产。这个意见通过“科技工作者协会”向上传递。意见传递上去了，但是，没有被采纳。很明显，当时在我国的管理层中，不重视知识产权，不认真地保护本国拥有知识产权产品的观点占了上风。

3. 令人振奋的远景

我国与世界先进国家在管理理念上的巨大差异，从国家的高度早有察觉，并且一直在努力纠正。邓小平同志明确地提出“科技是生产力”“科技是第一生产力”。江泽民同志提出“创新是民族的灵魂”。胡锦涛同志提出要遵照“科学的发展观”“以崇尚科技为荣，以愚昧无知为耻”。这些号召，在各个不同的行业，得到或快或慢的响应，总的趋式是逐渐走向科学的发展道路。

我们发展大飞机的问题，经过20世纪80年代以来将近20年的热烈讨论，终于在新世纪到来以后，由国家组织了对国计民生和社会发展有重要影响的重大项目进行专题论证，并于2008年得到确认，由全国人民代表大会通过了对大型客机的项目“正式立项”。同时在体制上作了调整，以国务院领导，以公司体制成立了“中国商业飞机公司”来进行这个项目。研制大型客机的任务，已经不再是一项“行业行为”，而成为一种“国家意志”来进行。

大型客机在全民面前呈现令人振奋的前景。纵然在前进的途中，还会出现这样或那样的困难。但是我们谨以极大的热忱，祝愿大型客机的规划在全国人民的团结奋斗之下，终能克服前进途中的一切障碍，取得全面的胜利！

（此文是我在2008年12月，在北京几所大学对研究生所作报告的一部分）

十三、飞机还能造得更大吗

2006年11月，欧洲空客公司的A380在航线验证飞行中飞抵中国的广州、北京、上海和香港，引起社会各界一定程度的注意，开始谈论由此引发的话题。我收到一位航空结构专家发来的电子邮件，询问“飞机做大的极限是什么？比如说，可不可以设计出乘坐几千人的飞机？”报社的记者则打电话前来询问：“是什么条件促使超大型旅客机出现的？A380的出现会不会引发一场超大型飞机涌现的热潮？”

1. 飞机做大的结构限制

飞机要做得更大，在技术上需要解决三个方面的问题。结构材料问题、动力问题及操纵与运作方面的问题。

在结构材料方面，结构的尺寸放大，受到“尺度效应”的控制。在客观规律上存在“平方和立方规律”的约束：当结构的线性尺寸增加时，其构件的承力面积与线性尺寸成平方地增加，但是结构的重量却随尺寸成立方地增加。因此结构越放大就使得应力越大，放大有一定的限度，要超过这个限度，只有改变材料或者改变结构形式。

在20世纪50年代，第一种成功的喷气客机波音707与过去的小型喷气式飞机相比较，在结构上使用整体壁板、变厚度蒙皮、整体油箱、蜂窝结构及高抗剪联接件等一系列的新工艺和新技术，使传统的铝合金材料使用到了100吨以上的大型飞机上。

图1-30　欧洲空客A380于2006年11月首次试航中国

新世纪出现的起飞总重达到590吨的A380，在主体结构上仍然采用了大量的传统铝合金。但是结构上采用复合材料比以往的飞机有了大幅度的增加。

复合材料由树脂和强度很高的碳纤维或玻璃纤维的编织物组成。这些增强的基质织体一层一层用树脂粘在一起，得出的材料，比硬铝合金轻40%，而强度高20%。飞机设计师在民用飞机上越来越多地采用复合材料，并且用量稳步上升。

在1975年出现的MD80上，采用复合材料占整机总重的比例还微不足道，约在2%，在1980~1985年出现的波音757/767以及空客A300-600占到了4%，而空客

A310 上达到 10%。1995 年前后出现的波音 777 上复合材料的用量约在 10%，而空客在复合材料的使用上比波音公司激进，在 1990 前后出现的 A320、A321、A330 及 A340 上的复合材料用量在 12%至 16%。而在 A380 超大型客机上，复合材料的用量按重量比例将达到 25%。

欧洲空客 A380 比以往的任何飞机更加大范围地使用复合材料。很多构件，如机身上的上壳、雷达罩、地板梁、后承压框、龙骨梁、发动机短舱部件、机尾罩、机翼上的中央翼匣、翼肋、固定前缘、机翼固定后缘、起落架舱门、副翼、扰流片、襟翼、水平安定面、升降舵、垂直安定面、方向舵等。

在军用飞机以及一些小型的公务机上，复合材料已经作为主要的结构材料。但在民用旅客机上，如何用有效的质量检查来保证飞行安全，还正在航线上积累使用经验，所以对使用复合材料的步骤比较审慎。

飞机向更大发展的道路上，采用新的更轻、更强材料的同时，在结构上也可能会同时考虑选择新的形式。比如采用双身结构，以降低机翼根部的弯矩。

世界航空界曾提出的一种“飞翼”的布局设想，这个设想最早由美国麦道公司提出，后由波音公司继承。这种设想认为飞机做大到一定程度，机翼内的空间便可以容下全部旅客，而可以省去机身了，飞机的全部装载都装在机翼内。

但是民用客机的尺寸不断加大的过程中，从空客公司最先出现的 A300 到新出现的最大的 A380，以及从美国波音公司的 707 到波音最大的 747，当我们注意它们的外形布局的演变，可以看到飞机的尺度变大以后，飞机的各个部件似乎仍然保持了与原来的飞机相似的比例，并没有显示出飞机越大机身在总体中占的比例越小的趋势。

这是因为现代旅客机机翼增升机构效率提高，可以使机翼做得比预计的面积更小。如果在机翼内装载所有旅客，还有应急状态下如何迅速撤离飞机的通道问题，成为“飞翼”布局很难解决的一个障碍。

2. 大推力发动机

人类首次出现的大飞机，并不是从小飞机经过“演变”而来，而是在莱特兄弟的飞机出现后的第 10 年，在 1913 年由俄国的西科尔斯基设计制造的“俄罗斯勇士号”所出现的一次“突变”，该机安装了 4 台发动机。

在二次世界大战期间，英美两国建立起来飞越大西洋的航空运输。在二次世界大战以后，英美曾想继续发展这种越洋飞行，先后设计了好几种大型飞机（一个有意思的史实是：考虑到当时的机场的限制，当时设计的这些“最大的飞机”都是从海面起降的水上飞机）。

其实当时条件对大飞机不只机场跑道造成限制，另一个限制是没有足够大动力的发动机。1952 年 8 月试飞的英国桑德斯罗公司的公主号可以运载 105 名旅客。为了让飞机以 620 公里/时的速度飞越大西洋，该机安装了 10 台发动机。

另外，美国有一个名叫休斯的富豪，于 1947 年研制的大力神号水上飞机，计划可运载700名士兵飞越大西洋，是迄今为止人类研制过的最大飞机，其机翼面积比以后出现的波音747大一倍还多。该机使用了8台发动机，而后来的波音747只安装了4台发动机，其中每一台比大力神号的8台发动机的总动力之和还要大出一倍多。自然大力神号由于动力不足，只在一次水面滑行时跃出水面飞行不到一分钟，便永远地被送进了博物馆内保存展览。

飞机上安装的发动机数量越多，将使得动力系统增加重量，并提高动力系统的复杂性。有意思的是，大飞机的发展装上越来越多的发动机之后，似乎仍然回到最初的大飞机俄罗斯勇士号的动力装置布局，表现为安装4台发动机为宜。这样飞机做得越大，对单台发动机要求提供的推力便越高。

A380使用的4台涡轮风扇式的大型发动机，推力达到1210~1450千牛，使这样大的飞机能够重载远航。

3. 操纵和运作方面的问题

我曾操纵过大型军用运输机的工程模拟器，体验过驾驶大型飞机的感受。

模拟器用电子计算机模仿飞机的动态。实际模拟器安装在地面试验室中，人操纵它时有驾驶飞机的感觉而无实际飞上天空的危险。

我操纵大型飞机时留下一个突出的印象，即它巨大的质量造成的惯性。比如拉杆使飞机抬头。我拉了杆，但飞机不动。因为它实在太重了，动不起来。等了好一会儿，飞机才有所反应，但它一旦动起来，却又止不住。我推杆去消除刚才给它的指令，但它不听，仍然继续抬头。直到它因惯性而冲过头了，才感受到新的操纵指令。这种现象，称为由于惯性而产生的“过调现象”。飞机越重、越大，这种“过调现象”就越突出。

我操纵的这种大型军用运输机是一架由人工操纵的飞机，虽然有液压系统对人的操纵力量作了加强，但并没有用计算机的人工智能来辅助飞机驾驶。而现代的大型飞机，可以使用一种“电传操纵”来解决这个问题（或“光传操纵”，即由光缆来代替电缆传递操纵信息），飞行员的操纵信息进入计算机后，由计算机根据不同的情况对飞行员的信号作加强或改造处理，使飞机最后的反映恰如飞行员所需要的。

对待这种电传操纵系统的态度，欧洲空客公司比较激进，很早便在民用客机上使用。而美国的波音公司由于过去稳占了民用飞机销售的鳌头，并不急于采用带有一定风险的新技术，而采取了一种比较保守的态度。在空客A380之前最大的飞机波音747上，仍然没有使用电传操纵技术。但后来为空客新技术进展所迫，才开始在777等新型飞机上使用。

民用客机要求满足适航标准上的规定，飞机在地面滑行中发生事故时，全体旅客必须在90秒钟内全部撤离飞机。空客的A380采用双层客舱之后，在两层客舱的每个正常出口和应急出口处，都安装了应急时用压缩空气充填的折叠式滑梯，全机共16个滑梯，经过实际组织人员进行的撤离演练，证明全体旅客在75秒钟可以撤离机舱，通过了旅客应急撤离的考验。据说，对于计划在机翼内部密集设置旅客舱的“飞翼式”客舱方案，旅客的应急撤离是一个难以满足的要求。

4. A380 是否会引发超大客机的竞争热潮

A380 以载客多、运送距离长而取得航空运输中的规模效应，可以导致每名旅客平均座公里的耗油率下降。大容量远航运输被波音 747 独占的市场，现在随着 A380 的出现而产生分割。

欧洲空客公司研制 A380 的消息传出后，美国的波音公司最初的反应是奋起应战。波音公司进行了同样硕大吨位远航程方案的研究。但是很快得到结论认为：大载量远航程的运输在目前还属一个有待开辟的市场。虽然欧洲和美国都看好中国人口总数巨大的潜力，在中国的经济和文化各方面与世界进一步交流所展示的运输前景是诱人的。但除了已有的波音 747 外，在出现 A380 之后是否还能容下另一种新的超大型客机的进入，有待市场实践去证实。

波音后来调整战略方向，转向一种航速更略为提高、进一步接近音速的“音速巡航客机”。但进一步的技术论证说明，目前客机所使用的“高亚音速”速度正是技术与经济结合得最佳的区域。如果将速度略为提高，在技术上付出的代价很大，而经济收益不能补偿技术上所付出的代价。

因此，波音将战略转向使用现有可行的技术，最大可能地提高飞机效率的方向上。计划推出“最有效”的飞机，以后又提出“梦幻机型”。总的打算是放开超大飞机的一头，让 A380 去闯开市场，而将目光集中在发展适合中小城市联络的飞机上。

一方面从近期来说，A380 不大会引起对超大飞机激烈竞争的局面。

另一方面，A380 绝对不是超大型飞机的极限。社会对于大宗运输的需要并没有终止，相反以后只会进一步加强。从研制出超大型飞机的技术要素来说，A380 没有表明遇到了进一步发展的瓶颈，没有遭遇到不可逾越的困难。

因此，从长远来说，A380 不会是超大型飞机的极限。

十四、大型客机与军用运输机的异同

曾有人说，在民用大飞机和军用运坦克的飞机之间，有70%的技术是相通的。我认为这两者的技术异同并没有经过严格的统计，因此这个数字是一个模糊概念。很可能主要指在生产技术上使用的“床子、炉子、槽子和锤子”在尺寸上相近。

至于在设计技术和机型开发的技术上，首先技术标准是不同的。大型客机的设计和研制，依据的是世界通行的、各国大体等价的民用运输类飞机（指旅客机）的“适航标准”，必须与世界接轨。而运坦克的军用飞机根据的是军方标准，只要军方同意便可以通过，在我国运用的实际是经过本地化后的、来源于前苏联的军用飞机技术体系。

在设计目标上，大型客机追求的是巡航经济性，设计中为降低阻力挖空心思。而军用运输机以提高升力、追求举重能力为主。所以两种飞机的机翼面积和后掠角选择不同、大型客机采用下单翼，运坦克的飞机采用上单翼。机身的外形不同，大型客机机身基本轴对称减小阻力，军用运输机机尾上翘，后端开有大舱门，或者前后两端都开大舱门，使整个机身成为一个大的通舱。两者起落架的类型也不相同。大型民用客机因采用“下单翼”布局，主起落架装在机翼下翼面，起落架的减振支柱下方是车架式轮座装有多个轮胎。巨型飞机则在机身下部再加上附加的主起落架支柱。而军用运输机由于采用上单翼布局，起落架主要置于机身两侧的鼓包内，起降时放出“蜈蚣形”多轮起落架。

在承重能力上，大型客机的客舱地板的设计刚度要求，是必须能承受女士们高跟鞋的压力而不出现凹坑。而军用运输机的货舱地板却必须像天安门前花岗岩般的坚硬，经得起坦克开进去碾压。军用运输机有这样沉重的结构，在和平时期运苹果、运棉花等一般货物都是很不合算的。所以在世界上蓬勃发展的航空货运业，使用的都是由客机改装的货机型或客货两用型，而不使用军用运坦克的运输机。

我国已经支付大量外汇购买的，以及美国波音公司总裁预计中国在今后20年将要增加3000架的是大型客机。美国的波音公司和欧洲空客公司称霸全球的也是大型客机。

美国军事基地遍布世界各地，俄罗斯疆土扁长从欧洲延伸到西伯利亚，他们在危机时需要将重型军事装备运往热点地区。美国发展大型军用运输机的公司是洛克希德公司。在20世纪70年代该公司因和平时期军用运输机滞销，改而研制了L-1011大型客机想打入民机市场，但没有成功。乌克兰是世界发展最大型军用运输机的国家。由于运重型军事装备的军用运输机，在和平时期的使用率有限，因此美国并不大量装备这种机型，在急需的情况下甚至向俄罗斯租用大型军用运输机。

在我国这次大飞机项目中，国家在决定研制大型客机的同时，也决定了研制大型军用运输机，但军民分线。大型客机按新的体制，由国家组织力量来开发一个新的领域。而军用运输机则作为一项装备，由原来的军用飞机研制基地在军用飞机体制下来完成。

（此文是 2007 年 12 月为《航空知识》所写）

第二部分

航空知识

本部分收集了作者在航空教学和科普中比较有特色的一些科普文章。

一、飞翔与鸟瞰

纵观世界航空运输几十年发展的历史，可以预见我国民航有着极大的潜在发展前景。实力雄厚的我国航空工业，怎样才能为解决社会交通运输问题作出贡献呢?

当飞机飞离地面，逐渐爬高时，坐在飞机里的人从窗口向下看，往往会发现过去他所熟悉的城市、大地呈现出一幅从未感觉过的广袤清新的图景。这种从高空向下的俯视，称为“鸟瞰”，就是以飞鸟的高度来看大地。

现在，让我们对航空领域作一番飞翔吧。上下几十年，纵横三万里，看看从鸟瞰图中能得到一些什么收获。

1. 重大的转折

让我们先逆着时间的标尺，倒飞回第二次世界大战时的天空看一看。

纳粹德国在欧洲发动“闪电战”，是以俯冲轰炸机为前导的；日本发动太平洋战争，也是以出动350架飞机偷袭珍珠港揭开序幕；而英伦三岛上的空战以及第二次世界大战末期冲击柏林等战役，则已经到了动辄出动上千架飞机的程度，天空中战机像受惊的蜂群一样遮天蔽日。飞机在第二次世界大战中自始至终发挥了相当重要的作用。

因此，在第二次世界大战中，军用飞机生产发展规模很大。当时前苏联的航空工业拥有100多万人，达到年产4.3万架飞机的能力。美国则不论航空工业的人数和年产量都超过两倍于此。

而当第二次世界大战的战火正炽，炮声震地的时候，世界上一些国家已经着手研究战后航空转为民用飞机生产的问题了。

1943年年底，正当战争处于高潮，前苏联的航空工业正全力以赴地为前线生产军用飞机的时候，克里姆林宫就在考虑发展民用飞机。1946年前苏联最高苏维埃通过决议，要求向民航运输提供更多的飞机。这些及早的安排，使战后前苏联共设计研制了 37 种民用运输机（按世界通用的飞机分类，运输机包括并主要指旅客机）。许多战时著名的军用飞机设计部门转为民用飞机设计的支柱。至今俄罗斯的民航是世界上最大的民航企事业机构。

图 2-1　二战中，当英国尚处在德机疯狂的轰炸下，伦敦硝烟四起、一片断壁残垣的时刻，英国已经开始研究战后发展民用航空业的计划

1942 年，正当英国本土处在德国残酷空袭的时候，英国就制定了战后发展民用运输机的计划。1945 年政府召开了专门的会议，成立了民用飞机发展委员会。这样，使英国在战后曾一度处于民用飞机研制的领先地位，先后大约设计了 32 种民用飞机机型。美国的军用飞机与民用飞机的比例，在 1946 年时军用飞机占 70%、民用飞机占 30%，到 1973 年这个比例倒转过来了，民用飞机占 70%、军用飞机占 30%。

现在让我们飞到美国来看一看。美国的情况有所不同，美国的工业发展不由政府规划，而是由各个飞机公司自谋生路。战时以设计轰炸机闻名的波音公司，战后自筹资金、自担风险地设计了美国第一种喷气式旅客机（即后来的波音 707）。结果促进了民航运输的“喷气时代”的诞生，也奠定了美国在国际民航机市场中的优势地位。

美国凭借着雄厚的技术和财力，似乎在国际竞争中不用担心比不过别人。但美国并不因此而采取高枕无忧的态度，相反却用政府的力量保护本国的民航市场不被外国飞机染指。英法在 20 世纪 60 年代联合研制的超音速民航机协和号，在当时技术上处于领先地位，美国有一些航空公司订购了30架这种飞机。但最终由于美国政府出面，迫使这几家航空公司取消全部对协和号的订货。法国总统曾为此亲自向美国总统交涉，但美国仍然毫不妥协。

美国有一家公司曾认为前苏联设计的雅克40型飞机在美国国内可能有某些用途，打算购买设计，在美国来生产，美国政府拒绝批准。

美国在二战时曾是一个强大的军用飞机生产国，但目前美国每年生产的飞机中有95%是民用飞机，美国的民航运输业半个世纪来增长了一千倍。目前美国民用航空所使用的飞机中，98%的飞机是本国设计的。

以一定的视角来鸟瞰二战后十多年世界航空工业的发展，可以发现在此期间经历了从军用飞机转向民用飞机研制生产的历史性转折。这个时期不但保存了原来的航空工业队伍、发展了技术，并且对社会产生了深远的影响。美国有人认为，二战后美国经济迅速发展，贡献最大的促进因素中，民用航空运输的贡献占第二位，仅次于教育。

2. 巨大的市场

现在，我们飞到20世纪末，来看一看未来情况的发展。

据预计，到20世纪末，全世界的旅客流通量（以人公里计）大约将增长一倍。为了满足这样大的运输量，各航空公司除了已订购的飞机之外，约需再购买7000架飞机。折合2200亿美元。

这意味着对民用飞机有着巨大的市场需要。日本对航空工业的特点作过一个分析，认为飞机产业是一个附加价值率高、技术性强、经济效果大的典型知识集约型产业。例如，飞机和发动机的单位重量价格，为电子计算机的3~5倍，是彩色电视机的十几倍到30倍，是小轿车的100倍。飞机工业平均每人使用的原材料（包括燃料在内）是钢铁工业的1/3、汽车工业的1/2。飞机产业技术性强，吸收劳力多，是一种省资源、省能源的产业，并且可以带动原材料、电子仪器和加工机床等许多产业的发展。

看来，航空工业不仅与民航运输业的发展紧密相连，并且还关系着国民经济发展的大局！

3. 广阔的远景

看过了世界共同的发展趋势和动向，再飞回我们祖国的上空，来看一看家里的情况。

我国幅员广大、人口众多，自古就注意发展交通运输，以把各地连接在一起。修驿道、修运河，都是历史上著名的例子。由于交通运输对国民经济发展的重大作用，新中国成立后30年间修建铁路里程约为新中国成立前的一倍。再加上修了6000公里的复线，客车数为解放前的2.8倍。但是铁道的客运量却增加了8~10倍，因此铁道运输普遍紧张。京沪、胶济、沪杭、浙赣、鹰厦、京广、陇海、京山、沈大、京包、成渝等线，一般都超员 50%，某些地段甚至超员 100%（1982 年情况）。

这并不是因为我国人民特别喜欢外出旅行。我国每人每年平均乘坐火车的次数是印度的 1/5，苏联的 1/15。按经济学上的计算公式，以国土面积和人口为基础来计算铁路密集度，我国只有英、法、德等国家的 1/10 量级。

另一方面，修建铁路费时长、投资大。新修一条 1500 公里的铁路，仅铁路本身占地就达六七千亩（不包括车站、附属工厂等占地面积），需投资约 30 亿，周期约 10 年。在我国靠短期内兴建大量铁路来改善交通是耗费很大的。非洲一个国家，打算从首都到 1400 公里外的一个城市之间建立一条运输线。由一个国际机构研究比较了几种方案之后，结论是修一条公路，用卡车运输所需的投资，比修建机场用飞机运输贵 47 倍。

亚洲国家中，印度的领土面积不到我国的 1/3，但根据联合国统计资料，20 世纪 70 年代末的民航客运量（以人公里计）是我国的两倍。我们的近邻日本，领土面积约为我国的 1/25，但民航客运量却为我国的 7 倍。欧洲国家中，英、法、德等国面积比我国小得多，但民航客运量都比我国大 5~10 倍。前苏联面积倒是比我国大，为我国的 2 倍多，但民航客运量比我国大 30 多倍。

在地理上与我国最相似的国家是美国，它的面积与我国大致相等（为我国的 98%），所处的纬度基本相同，国土的形状也都接近矩形。但人口仅为我国的 1/5~1/4。然而美国的民航客运量比我国大 100 倍。

我国建立民用航空的航线，始于 20 世纪 20 年代末期，恰恰与美国建立航线处于同一时期。但由于历史原因，我国民用航空一直发展缓慢。解放后特别是最近几年才有较明显的增长。

我国的民航运输业有着极大的发展前景。同时我国也有了一定规模的航空工业。从这里，人们是否可以看到解决我国交通运输问题的一个可能的途径呢？客观上，我国航空业有着巨大的需求和巨大的可能。当这个可能性实现的时候，将会对国民经济的发展做出巨大的贡献。

经过一番飞翔，我们的飞机要着陆了。正如一次真正的游览飞行一样，每个人都会得到各自不同的印象。

（此文以首篇位置发表于《航空知识》1982 年 11 期。文中呼吁我国应大力发展航空运输业及相应的民用航空工业。两年后的 1984 年 3 月，当时我国销量最大的航空杂志——《航空知识》在北京召开读者座谈会，邀请我到会聆听读者反应。会上第一个发言的读者认为《航空知识》发表过的最重要的文章就是这篇“飞翔与鸟瞰”。27 年后重新整理这篇文章，感到欣慰的是，文中大声呼吁的我国民用航空运输业，果然得到很大发展，已经持续多年位居世界第二。而发展我国的民用飞机工业，则在 2008 年已经用国家意志作了体制调整，正在走上快步发展的康庄大道）

二、世纪作证

——飞机在20世纪中所起的作用

21世纪已经在望。世界上一些新闻社、著名报刊、历史研究部门，已经开始总结20世纪内的“十大事件”“十大新闻”“十大发明”等条目。不同的观察角度，总结出的最重要事情不尽相同。但是无独有偶，许多部门在他们的“十大”中都列进了“飞机的发明”这一条。

人类的第一架飞机安全升空是在1903年。在有些人看来，飞机不过是人类的车船后的另一种载运器，不过是工业中的另一部门而已。今天每分钟出现的发明都不计其数，难道发生在世纪初的飞机发明就这么重要，值得到了世纪末还不忘给它以殊荣？

人类的车船已经存在了几千年。但出现不到一百年的飞机，改变了人们的战争观，改变了人们的时空观，成为技术发展的领头羊，成为国际事务中政治经济的重要筹码。这四大类贡献是其他发明所无法比拟的。

1. 战争新貌

飞机使战争从平面推向了立体。在20世纪中有三次集中的显示，一次比一次惊心动魄，直至改变了人们的战争观。

飞机一出现，立刻引起政治家的注意。在二战时担任英国首相的丘吉尔，在飞机的襁褓期就用原始的飞机学会了飞行。中国民主革命的先驱孙中山，曾在美国鼓励摸索飞机技术的华侨青年，指出这种技术对国防有重大作用。

1914年，第一次世界大战爆发，飞机还处在婴儿期，就被匆忙推上了战场。虽然流传下不少传奇故事，但对规模巨大的战争全局来说（平均每月有13.7万平民死亡），飞机的作用还只能说是一种点缀。

第二次世界大战，可以说是以飞机开始、以飞机结束的。纳粹德国在欧洲发动“闪电战”，以轰炸机的俯冲代替炮兵开路，于1939年9月1日凌晨攻击了波兰特切夫桥周围的部队，揭开了欧洲战场的序幕。1941年6月22日德国对前苏联的突然袭击，以1200多架飞机在凌晨大规模空袭开始。在太平洋，则是日本于1941年12月7日凌晨以353架飞机偷袭美国海军基地珍珠港点燃战火。

希特勒为了进攻英国，曾制定了战略轰炸的“鹰计划”和登陆占领的“海狮计划”两阶段。但“鹰计划”受到英国空军的顽强抗击，双方都有数千架飞机参战。“鹰计划”受挫，使登陆占领的“海狮计划”根本无法执行。飞机挽救了英国，使英国得以在二战中免受德军铁蹄践踏。丘吉尔说：从来没有这样，多数人的安全，寄托在少数人的英勇上。

到 1945 年 8 月上旬，美国的 B-29“超级空中堡垒”在日本的广岛和长崎投下两颗原子弹，紧接着前苏联在中国的东北出兵击溃日本的关东军，日本天皇宣布无条件投降，从而为这次战争画上句号。

第二次世界大战中飞机的作用已经从“点缀性”发展成“至关重要”。在这次大战中，人类科学技术出现了三项重要突破，即喷气技术、原子能和电子技术。大战展示了技术的力量，而新技术的摧毁力更是人们难以接受的。因此，尽管大战刚结束就不断有人念叨即将爆发“第三次世界大战”，但终于拖延了半个世纪也没有发生。人们预计，由于和平力量的制约，和平状况还会延续下去。

然而，在 20 世纪下半叶发生的几次局部战争中，尤其是在 1991 年联合国多国部队对伊拉克的“海湾战争”中，飞机的作用又得到进一步的显示。

伊拉克拥有百万大军，5000 辆坦克，修建了坚固的地下掩体，出动 10 万大军一举侵占了邻国科威特。联合国组成多国部队，以“沙漠风暴”和“沙漠军刀”两个战役迫使伊拉克全面接受了停战条件。其中“沙漠风暴”是空袭战役，共使用了各种飞机 1500 余架，使用“天、空、地、海”一体化战术、激光制导炸弹、隐形飞机、超视距空战战术、巡航导弹及空空导弹等新技术手段，第一个攻击波就摧毁了伊拉克的通信联络中心，并使坚固的地下室和水泥掩体失出摒护作用。每天以平均二三千架次的强度，经过 37 天的空袭后，“沙漠军刀”地面战役只进行了 100 个小时，就使伊拉克的强大地面武力全面崩溃。在这 100 小时中仍然使用了 1000 架直升机，出动 4000 架次的飞机空中配合，使伊拉克投入战斗的 42 个师中的 40 个师被摧毁，2 个师遭重创。海湾战争中，空中打击起了决定性的作用。

飞机的作用在 20 世纪，从“点缀性”演变为“至关重要”，最后发展成“决定性”，造就了战场新貌。

2. 时空观的改变

飞机在和平用途上的运输功能，使世界变成“地球村”，加大了社会运转的速度，改变了人们的时空观，显著改变了今天人类活动的风貌。

第一次世界大战结束后，人们开始将一些轰炸机改装成旅客机开辟航线。美国建立第一条航线是在 1926 年，而中国的第一条航线则建立在 1929 年，只比美国晚三年。从世纪的尺度来衡量，可以说中国的航空运输事业与美国同时开始。

航空运输的历史到 20 世纪后半叶，即第二次世界大战后才真正振兴。原因在于二战中出现的“喷气技术”使民用运输机对社会的贡献极大地改观，被称为将社会带入了“喷气时代”。

喷气化带来三个突出的进步，一是快、二是高、三是大。

喷气客机比螺旋桨客机的飞行速度提高了两三倍，达到了“高亚音速”，为地面车辆运行速度的 10 倍。在 20 世纪 80 年代，上海飞机研究所曾有一项课题研究我国民用航空运输事业在国民经济发展中的作用，结论是应发展航空运输事业，这项研究获得了国家科技进步一等奖。

喷气式“高”的特点比“快”的特点作用更显著。螺旋桨式飞机一般只能在有着风、雨、雷、电等复杂大气现象的对流层内飞行，坐飞机难免遭受颠簸之苦。因此那时空中旅行实际只有社会少数成员由于特殊需要才采用。旅客机在 20 世纪 50 年代采用喷气技术之后，喷气旅客机的巡航高度可以进入平流层（又称同温层），这里气流稳定，旅途舒适安全。喷气技术使飞机成为被社会广泛接受的旅行方式，得到巨大的发展。我国民航事业，也是在引进喷气客机之后才高速发展的。

第三是“大”。大型旅客机是和喷气技术相联的。在第二次世界大战前后全世界使用最多的 DC-3 型螺旋桨运输机可载客 28 人，少数改装型可载 36 人。只要旅客流量充分，大型客机在经济上更合算，这一点不论计算或者常识都能说明。而旅客机一旦喷气化便可以造得很大，充分体现出技术给运输事业带来的经济效益。例如美国第一种喷气旅客机波音 707 便可载运 180 人。欧洲国家联合的空中客车公司研制的第一种机型 A300 可载运 220~320 人。全世界实际使用的干线旅客机的平均载客量超过 150 座，并在逐年提高。目前最大旅客机的载客量是 300~500 人。

随着航空运输旅客流量不断增长，繁忙的机场已经密集到每四五分钟就有一架飞机起降，用载客量小的飞机增加航班次数来适应旅客流量的增长已经达到极限。我国即将在 6 大城市的机场禁止 100 座及以下的飞机起降。目前世界民用飞机发展的热点是研制更大型的客机，人们预计到 20 世纪末 21 世纪初将需要载客 600~1000 人的超大型客机。

美国有人总结美国经济在二战后飞速发展的原因，得出的结论有两条，第一是因为发展了教育，提高了人的素质。第二就是喷气航空运输的发展，缩小了时间和空间上的距离，使社会的经济文化运转速度加快，并带来了社会一系列的根本变化。

美国曾有人指出，世界上有三个国家最应当发展民用空运事业，一是美国，因为它最富。二是俄罗斯，因为它面积最大。三是中国，因为它人口最多。我国的航空运输事业虽然历史与美国差不多长，但有一段时间发展较慢。到改革开放以前，美国几乎全部中、远程的旅行都已经采用空运的时候，我国的民航空运量仅为美国的百分之一。在我国主要航线使用的飞机喷气化之后，更由于改革开放形势的推进，我国连续几年都成为民航运输量增长最快的国家，增长率为世界平均增长率的 4.3 倍。但是目前总运量的绝对数字并不大，说明我国的民用航空事业有着广阔的发展前景。

3. 技术发展的火车头

美国首都华盛顿的国会大厦，巨大的圆顶内部画着一圈大幅壁画，表现美国历史上一系列最重大的事件。第一幅是哥伦布发现新大陆，后面还有美国的独立宣言等，这些事件在美国历史上的作用是不言而喻的。而最后一幅是 1903 年莱特兄弟发明飞机，这是因为飞机的发明，意味着科技时代的诞生。

飞机以飞行来执行社会功能，在技术上是一个综合体。飞机上所使用的各个门类的技术，必须在有限的重量、空间和能耗的范围内可靠地发挥功能。这就决定了航空产品必须是高标准、严要求和高性能的。社会对飞行的需求，迫使飞机的性能不断提高，连锁带动了一大批相关技术不断更新。因此，飞机被称为“工业之花”“技术发展的火车头”。

今天许多为飞机而发展的技术在非航空领域得到推广。如燃气轮机和铝合金结构用于高速船舶，旅客机的空调系统用于高速列车，为高空飞行而发展的先进氧气系统用于潜艇或宇宙飞船，飞机座椅用于旅游车，高压力液压系统用于各种船舶车辆及机床设备，复杂的电子设备用于各种器械，流体力学的成果用到新型水翼船及船用螺旋桨的设计，为培训飞行员而开发出的模拟机技术用于汽车驾驶人培训甚至游戏机，计算机视景技术用于各种设计和动画制作以及广告设计和电影摄制，铝合金大步进入建筑装潢，复合材料（包括玻璃钢及碳纤维）用于轻质建筑及器皿甚至自行车和钓鱼竿等，真是不胜枚举。通常如果称采用了航空技术，便意味着采用了先进技术。

有的人看到既然飞机上所使用的技术都是先进的，那么不妨先“优先发展”某些局部来“作为基础”，以达到工业的振兴。这种主张忽略了以飞行来满足社会需要这个最大的目的，犹如放弃火车头而企图依靠车厢前进，便始终得不到社会的回报而不能进入良性循环。这种只见树木不见森林的主张，违背了“社会需要比几百所大学和研究所更大地推进生产力前进”的原理，进入了误区。发展航空应该抓住飞机这个龙头，用飞行作为社会服务的首要目的，才能带动其他相关产业的发展。

4. 重要的政治经济筹码

飞机工业是一种知识高度集约的、低能耗、低材料消耗、高附加值的工业。飞机和发动机的单位重量价格，为电子计算机的 3~5 倍，是彩色电视机的十几倍到三十倍，是小轿车的近百倍。而在消耗方面，飞机工业平均每人使用的原材料（包括燃料在内）是钢铁工业的 1/3、汽车工业的 1/2。

为此，先进国家将飞机工业视为国家经济的战略支柱。对美国而言，理论界认为飞机工业是美国在国际竞争中的两大“传统优势项目”之一（另一项是电子工业）。目前美国对华的最大宗贸易是出售民用飞机。

当他们在飞机上的垄断地位受到威胁时，甚至由总统出面保护。欧洲协和号超音速客机进入美国所受到的阻碍，连法国总统亲自向美国总统本人提出严正交涉也没有成功。美国向我国台湾地区输出 FSX 战斗机技术，遭到美国共和党、民主党、参议院、众议院的一致反对，理由是输出的战斗机技术可能被用来发展民用飞机。从这里可以看到，武器的领先往往只有临时性的战术作用（如响尾蛇导弹的出现），而民用飞机工业的兴起则可能是国力的增强，可能带有战略性后果。最近，传出美国波音公司和麦道公司谈判合并来对付欧洲的竞争消息，以及美国波音公司工会控诉波音公司向中国转让民用飞机技术。从这里可以看出，美国政界、企业界、学术界甚至工会，都由于根本利益而对民用飞机技术表示出高度敏感和强烈的保护意识。

飞机在美国的经济甚至外交活动中都是重要的筹码。难怪美国把飞机的发明列为美国发展史上的重大事件，它也是 20 世纪中列入的唯一事件。

所以，民用飞机的技术，不像一般技术那样可以方便地得到国外的援助。这自然是由这种技术的性质和作用决定的。即便出资购买，所需要的付出也可能超过发展中国家所能承担的数额。美国航空界人士曾向中国有关人员讲述水管工只敲一下就修好了水管，却要收费 11 美元的故事，其中敲一榔头的劳务费只收 1 美元，但知道这一榔头向哪里敲值 10 美元。就是说，他们可能会愿意出让利润较低的劳务部分，但知识产权部分是不会轻易放手的。

总起来看，飞机确实给今天的人类社会带来崭新的局面，它不是一般的产品。在 20 世纪末对飞机的作用给以重要的评价是有道理的。从世纪的角度来审视这门产业的性质，有利于更好地规划我们的发展策略。

（此文写作于 20 世纪 90 年代。当时我国的航空工业尚未被列为高技术工业，而作为一般工业对待。在管理层内发展航空工业的思路，还常有采用“发展电视机和洗衣机的道路”的提法。我写作此文的原意，是指出航空工业的发展对国家具有重要的战略意义。此文于 1996 年发表于《中国软科学》杂志第 3 期上）

三、飞行的世纪

1903年，人类的第一架飞机飞离了地面。航空技术的发生与发展，凑巧与20世纪的进程同步。经过将近一百年的发展，到20世纪末来回顾，航空技术仍是20世纪中最重要的科技事件之一。值得我们对这个领域的发展来作一番审视。

1. 20世纪内的重大发明

初看之下，飞机不过是继汽车和轮船之后的另一种运输器。但是与已有数千年历史的汽车和轮船相比，飞机在20世纪内对人类生活带来的变化显然是十分巨大的。

（1）飞机使战争从平面发展到立体，改变了几千年来的战争面貌，甚至改变了传统的战争观念

当1914年第一次世界大战爆发时，飞机还处在婴儿期，便匆忙投入战场。在人类有史以来规模空前的这场冲突中，飞机的作用还只能说是一种点缀。但在约30年后的1941年爆发的规模更大的第二次世界大战中，飞机可以说已经起了重大的作用，几个重要的战役的序幕，都是由飞机来揭开，并由飞机来落幕的。二次大战显示出人类已经掌握的巨大破坏力，致使人们对于大规模战争改变了传统的观点，尽管从大战结束就不断有人在念叨着“第三次世界大战”将要发生，但终于拖延了半个多世纪也没有发生。人们预计，由于和平力量的制约，总体上和平的局面还将保持下去。

但是，20世纪后半个世纪内还是发生了几次局部战争。特别在1991年爆发的以美国为主的联合国多国部队对伊拉克的“海湾战争”中，空中打击起了“决定性作用”，造就了战争新貌。

面向21世纪，可以看出，飞机在人类社会最高的冲突形式——战争活动中，仍将扮演极为重要的角色。军用航空始终会是加强国防不可松懈的方面。

（2）飞机使地球变成“地球村”

20世纪初，美国的莱特兄弟首次发明飞机的时候，他们的原意是将飞机用于民用。比如说，他们曾设想可以用飞机快速运送邮件，但是他们接到的第一架飞机的订单，却是来自军方。直至第一次世界大战期间，飞机的发展几乎完全围绕着战争需要。

20世纪20年代，飞机以它可以腾空飞翔的奇妙性能即刻被投入到了民用。至今飞机的民用用途已经非常广泛，包括农林种植、水土保持、地质勘探、人工气象和紧急救护等服务。但是在经济效益和社会效益上的最大服务，是飞机的运输功能。

航空运输加快了社会运转的速度，改变了人们的时空观，显著改变了今天人类活动的节奏。到20世纪90年代中期，全球每年的客运载客量已达到约15亿人次。航空成为现代人类社会发展不可或缺的运输方式。

面向新世纪世界经济发展进一步一体化的前景，人们认为这个进程需要“信息流”与“物资流”两个流动来支持。其中“信息流”主要依靠电子信息的网络化，而世界范围的物资流（包括人员的交流）则主要依靠航空运输来提供。

(3) 飞机成为技术发展的火车头

美国华盛顿国会大厦顶部的巨型历史壁画中，将飞机的发明作为20世纪进入“技术时代”的里程碑。

飞机在空中飞行，依靠的是空气在运动中所产生的动力变化。空气在流动中产生的动力，不像车船所使用的地面的反作用力、摩擦力以及水的浮力等那样直观，而需要通过精巧的试验安排或高深的理论分析计算才能揭示内在的规律。所以在人类文明发展史上，飞机的发明比车船晚了几千年，而它的出现和发展，蕴含了更多人类的智慧，更大地体现了技术的进步。

在空中飞行的飞机，是一个相对“自足”的技术系统。在这个系统中所使用的各门类的技术装置，都必须在有限的重量、空间和能耗的范围内可靠地发挥出高性能。因此，航空的发展带动了一大批相关技术的不断更新。而许多为飞机而发展的技术，在非航空领域内也得到广泛的推广应用。通常如果称采用了航空技术，就意味着采用了先进技术。因此，飞机被称为“工业之花”“技术发展的火车头”。

在二战临近结束时，许多国家（如前苏联及英国）就都制定了相应的法规或成立了特别的机构，来研究和主持和平时期如何使战时发展起来的航空技术得以保持和发展。美国著名的军用飞机公司也纷纷大力转向民用飞机的开发。这些造就了20世纪后半叶内民用航空的繁荣，也有力地促进了战后半个世纪世界经济的“腾飞”。

(4) 飞机工业成为具有经济收益的现代工业，甚至成为国际政治的重要筹码

航空先进国家将飞机工业视为国家经济的战略支柱。美国在国际竞争中的两大“传统优势”项目，其中一个就是民用飞机（另一个是电子计算机）。在20世纪的后半叶，欧洲七国联合开发空中客车系列喷气旅客机，美国为了增强竞争实力而实行了波音公司对麦道公司的兼并，说明这种高技术工业已经成为国际斗争中一个重要的经济政治筹码。

从以上飞机对20世纪人类社会生活所起的作用来看，飞机出现的意义不只是简单的一项技术装备的发明，而是对社会的发展造成了范围广大而意义深远的影响。

2. 飞机是一个多学科交叉的复杂系统

飞机在技术上是一个综合体，使用了很多不同门类的知识和技术。比如从学科上说，要维持最起码的飞行，就需要在飞机的外形设计上使用空气动力学，在结构上使用固体力学，在动力上使用热力学，在操纵、通信、导航方面使用电子学及控制论等学科的知识。

众多不同门类的学科与技术在飞机上的交汇融合，需要一种统筹和协同的处理。20 世纪内工程科学的发展，一方面继承了过去延续下来的传统学科不断深入的势头，形成了一个呈上升趋势的斜坡，另一方面在这个斜坡上又增加了两个高耸的冠盖。一个是在 20 世纪 40 年代第二次世界大战中产生的“运筹学”，另一个则是在 20 世纪 60 年代末期人类进行大型复杂工程中建立起来的“系统工程”。传统学科继续发展的高坡加上这两个冠盖之后，形成了一个更加陡峭的上升梯度，造成 20 世纪后半叶空前技术的进步，几十年的进步超过了过去 2000 年的进步。而系统工程作为一门专门研究大型复杂工程的学科，在航空工业中得到最大的应用。飞机设计中需要解决的多目标、多约束及多参数的优化和决策，是现有优化理论中的多维非线性规划，属于最复杂的优化情况。

20 世纪后半叶迅速发展的计算机技术，被认为是人类自产业革命后经历的最大一次技术革命。如果说产业革命的特点是利用矿物中的能量来辅助人的体力劳动，那么计算机技术则以电子信息来辅助人的智力劳动。但是计算机比人类快亿万倍的信息处理能力，并不是在所有的行业都能得到充分发挥。在世界范围内，计算机的潜力发挥得最充分的领域是航空工业。计算机辅助设计、计算机辅助制造、计算机辅助管理、计算机辅助技术以及计算机景象系统、计算机灵境技术和大规模计算机实时自动控制都首先发源于航空。一些国际上著名的已经通用化的软件，如绘图软件 CADAM、CATIA，结构分析软件 NASTRAN 等，都是首先为航空工业的需要而开发的。

临近 20 世纪末时，出现了由电子计算机控制飞行的“主动控制”飞机（A320）。在工程设计上出现一种先进的设计方法“并行工程”，大大提高了工程设计的质量，缩短了开发周期。第一个用这种先进方法设计的所谓“无纸设计”的产品，即全部设计信息由计算机生成、保存和传递，取消了传统设计中沿用千年的图纸和技术文件，是 1997 年推出的一架大型喷气客机——波音 777。

航空技术成为一种高技术（尤其是高性能军用飞机和大型喷气客机），有两个根本原因。一是因为它在众多的局部上使用了尖端技术，从航空材料到飞机精细的结构分析、所使用的大推力动力装置和各种设备，几乎都代表了当代的最高水平。二是在系统的总体综合上，飞机工业使用了先进的工程思想和技术装备，使各项有关技术经过统筹规划，错综复杂而又十分协调地组合成一个整体，形成一个有巨大功能的高度综合的复杂系统。因此，航空工业被认为是高技术的综合性体现。

3. 航空工业是一个不断创新的领域

第一架飞机的出现本身就是一个重大的创新，是对几千年来人类向往飞行的意愿在实践上的重大突破，而这种努力是在社会上守旧思想的强烈抵制和嘲讽下取得成功的。甚至在第一架飞机已经飞行后，由于新闻界眼见多次失败认为是无益的白费时间而不去实地报道，社会上曾有好几年时间对飞机已经诞生的事仍然是一无所知，某些权威人士仍在坚持说，飞行机械是不可能造出来的。

20 世纪初的第一架飞机像一只大风筝，它的首次飞行只持续了 12 秒钟，飞行距离不足 37 米。到 20 世纪末飞机已经是多么复杂而精巧的技术装备，具有了多么卓越的性能。飞机在不到 100 年经历了巨大的技术进步，这是一个不断创新的领域。从世纪的发展历程来看，有些国家就在于没有认识到航空工业不断创新的特点，只追求对已有的飞机型号的重复生产，增加数量便认为是万事大吉，从而在发展上造成决策失误，走了弯路。

飞机经过 100 年的演进，几乎在每一个细节上都经历了多次创新。纵观全局，飞机的发展从总体来说登上了三个里程碑式的台阶。

第一个台阶是材料从木质改为金属，第二个台阶是动力装置从螺旋桨发展为喷气式，第三个台阶则是客机采用喷气式后的大型化。

当飞机是用木质材料制造的时候，生产是作坊式的。飞机基本结构的主要材料改用以铝合金为主的金属以后，飞机的生产进入到成批生产，保证了飞机质量的稳定性，并可以源源不断地供应社会。金属构件也提高了飞机结构的强度，使飞机得以采用在空气动力学上更合理的单翼布局来取代早期的双翼或多翼布局。

喷气技术是从第二次世界大战中诞生的，与原子能和电子技术属同一时期的三大技术。喷气飞机与螺旋桨飞机比较，一是快（飞行速度快）、二是高（飞得高）、三是大（飞机载客量大）。喷气客机的速度约比螺旋桨客机快一倍，军用飞机的速度更是达到了超音速。对客机来说，更突出的是喷气客机的巡航高度比螺旋桨客机高，已经超出了大气中存在大量风雨云雾现象的对流层，所以飞行旅途舒适平稳，使空中旅行成为被社会广泛接受的旅行方式。所以喷气客机出现之后，世界的空运行业才真正进入“起飞”的高速发展阶段。我国民航事业的发展，也是在航线上采用喷气客机后，才使运输量的增长进入到世界前列。

喷气化使客机的技术更加先进，但同时提高了单机飞行的成本。飞机的大型化，加大了运输量，从经济收益上是技术先进性的代价得到补偿。应该看到，世界喷气客机是以显著大于螺旋桨客机的载客量亮相登台，才得以成功起步的。比如美国的第一种喷气客机波音 707 的载客量为 180 人，而欧洲第一种成功的喷气客机 A300 的载客量为 220 人，比典型的螺旋桨客机 DC-3 载客量 36 人大了 5~6 倍，这样才能取得技术与经济的平衡。今天大型喷气客机成为全球干线运输上的主力，大型宽体客机则可载 300~500 人。

人们还注意到，大型飞机不仅在民用交通运输上形成了强有力的支柱，人类拥有了在空气中托举很大重量的能力，实际上为社会提供了一个巨型空中“平台”，可以在其他重要的活动上起到不可代替的作用。比如用大型客机改装的货机，不但担当起日益兴旺的航空货运业务，并且在航天产业中用于大型火箭的运输，在航天飞机的研制中用作驼飞机的母机，在国际经济合作项目中用于大尺寸构件的运输（如运送飞机部件）。在军事上，作为军用飞机远程奔袭的空中加油机，为战场指挥提供空中预警及空中指挥。人们会记得在20世纪后期发生的两起重要的军事冲突：在马尔维纳斯岛战争中，英国飞机是从英国本土起飞，依靠空中加油而飞抵美洲战区作战的；而在海湾战争中，以美国为首的多国部队所实行的“天、空、地、海一体化”战术，就是以装备着大量复杂电子设备的空中指挥机担任重要的中间环节，才实现了前所未有的以导弹拦截导弹的军事行动。因此飞机的大型化不只是纯技术数据上的意义，而是体现了航空功能的大扩展。

在20世纪之内，我国对民用客机曾有过几次较大的方向性探索。

首先是当50年代军用飞机的速度大量进入超音速领域之后，民用客机在60年代也曾有过超音速化的发展。其中英法联合研制的协和号及前苏联研制图144，都是超音速客机。美国也开始了“SST”超音速客机的研制计划。但前两种超音速客机投入航线实用的结果，反映出耗油过高，噪声过大的缺点，没有取得商业上的收益，致使这两种机型及美国的研制计划都半途停止。至20世纪末，技术的发展已使上述的缺点可以得到改善。但是是否开始研制新的超音速客机，并未提上议事日程，重要的还是取决于市场的需要。

20世纪，在航空领域还曾作过对代用燃料的探索。空中运输已经是如今人类社会发展不可缺少的因素，人们担心一旦地球上的石油资源用完之后，空中运输将如何继续？既然有核能航空母舰、核能潜艇，那么能不能设计出核能飞机？研究发现，核反应堆的重量太重，装在现在的飞机上并不合算。但是如果将来需要比目前最大的飞机再大四五倍的飞机，那么安装核反应堆才是合算的。

人们又设想过飞机用液氢作燃料。氢可以从水中分解出来，燃烧后又还原为水，在地球上是取之不尽的。大型火箭就是用液氢作燃料，使用液氢的技术是成熟的。但目前分解水来获得氢很不经济，要消耗六分能量才能得到能发出一分能量的氢。研究表明，要等将来研究出更经济的取氢方法之后（如用太阳能提氢），飞机用液氢作燃料才能变成可取的选择。

20世纪80年代，由于中东局势造成的“石油危机”，迫使世界的航空界开展了一个“节约燃油的研究计划”。为此研究出一种比目前使用的“涡扇式发动机”更省油的“桨扇发动机”，但安装这种发动机，飞机的速度比目前要降低，噪声问题也要大一些。后来“石油危机”得到缓解，因此这种发动机没有得到实际使用。

总之，可以看到航空工业充满着创新思维和实践，不断探索如何改进已有的，如何开拓今天还没有的，体现了高技术产业的特点，也是“知识经济”发展的一种反映。

4. 21世纪航空技术的展望

处在世纪的门槛边，展望21世纪航空技术的发展，估计最早出现的动向很有可能就是朝大型化的方向再迈出一步。

至20世纪末，世界主要航空港的飞机起降密度很大，已经出现了拥挤。一些重要航线的旅客流通量有不断加大的趋势，因此20世纪90年代出现了研制载客量更大的旅客机的呼声，目标是载客600人左右。这种新的大型客机将在21世纪初出现。

另外，对超音速旅客机的呼声也重新出现。但是设想中的新超音速客机的载客量要比曾出现的机型大3倍，才能在经济上补偿超音速技术付出的代价。

甚至有的远景设计者提出航空航天技术结合的“东方快车”高超音速旅客机的设想，这种飞机在大气层外巡航，速度将达到大气层内飞机的近10倍，主要用于越洋的远途飞行。

此外，至20世纪末为止，各国发射卫星的方式主要通过一次性使用的火箭，或用多次往返的航天飞机。但是航天飞机仅仅控制舱在着陆时是飞机式的，用起落架在跑道上滑行着陆回收，而在起飞时仍然是火箭式的，即直立发射，并沿途抛下已经用完的燃料箱。

目前有人在设想“空天飞机”的方案，即起飞也是飞机式的，从跑道上滑行起飞，飞出大气层执行航天任务后，返回大气层完整地降落在机场。这样做，一方面可以避免仅仅在火箭发射场起飞的限制，在很多机场都可以起飞；另一方面可以回收整机，使更多的部分可以重复使用。这种设想，空天飞机在大气层内的飞行主要是飞机式，并且使用“吸气式发动机”，即使用大气中的氧来助燃，而不像火箭一样需要携带燃烧剂及助燃剂（液氧）。飞到大气层外则按航天的规律飞行。这样，便将航空技术与航天技术进一步综合在了一起。

当然，航空技术的发展，一方面朝向更高、更新的技术方向，扩大了技术的新边界。另一方面也会在已经占领的技术领域里不断充实完善，创造出更加方便实用的、更贴近人们日常生活需要的机型出来。

四、飞机发动机的翼吊与尾吊布局

有网友提问：请谈谈发动机翼吊与尾吊布局的比较？这个问题，在运 10 初步设计时是研究过的，并且对两种布局都进行过风洞试验，建造过 1∶1 的木质样机来比较。现将客机发动机几种布局的优缺点比较如下。

1970 年 8 月，国家正式下达研制我国大型喷气客机运 10 的任务。当时，世界上已经有四个国家推出了喷气旅客机，即英国、前苏联、美国和法国。在运 10 总体设计的初期，首先将已有的喷气技术现状纳入视野，研究不同的技术手段的优缺点，从而决定运 10 将采用的型式。其中突出的一个布局问题，就是决定发动机在飞机上的安装位置。

1. 翼根方式首先出局

在喷气客机的发展上，首先出现的英国的彗星号，发动机是安装在机翼根部的。以后前苏联的图 104 也将发动机安装在机翼根部的短舱内。

尽管翼根布局是最早出现的方式，但技术上的效果却不佳。它最突出的缺点在于发动机的喷流靠近机身，不但喷流对附近的结构加热，而且噪声冲击气密客舱的舱壁，使客舱内坐在发动机喷口附近的旅客，在飞行中难以承受高强度的噪声冲击。噪声冲击还使气密客舱的舱壁结构产生“声振疲劳”。曾有连续几架英国彗星号因客舱结构发生疲劳断裂而坠入地中海。

翼根布局还有其他缺点。比如发动机的安装打断了机翼主梁的传力路线，使受力系统的设计变得复杂，加大了机翼根部的结构重量。此外，发动机安装在机翼结构之内，使维护发动机的通路不开敞，可接近度低，增加了日常对发动机维修的困难等。

彗星号连续失事的教训影响巨大，从此开创了客舱设计中防疲劳设计的重大课题。在运 10 概念设计阶段，经过技术分析就决定不采用发动机的翼根安排。此后近 40 年来，世界其他客机也都没有再采用这种翼根布局。

所以，尽管翼根方式是喷气客机历史上最早出现的布局，但在运 10 的概念设计阶段是最早出局的方案。

（附注：翼根安排对民用客机的设计是不利的。但是，自从军用飞机的“隐形技术”成为主导的要求以来，为了消除发动机短舱对雷达波的反射，一些新型的军用飞机却又开始将发动机安装在飞机机体结构以内。因此，我们对事物优缺点的分析，要根据需要而定，不能绝对化）

2. 尾吊布局适用于中小型飞机

在运 10 设计中，尾吊布局是首先认真研究过的方案。

客机的发动机尾吊布局，20 世纪 50 年代末首先在法国的快帆号客机上采用。

将发动机短舱安装在机身后部的两侧，有两个很直观的优点。第一，这是一种“干净机翼”的设计。发动机的位置在机翼后，因此短舱的进气、喷气以及外形的干扰都对机翼上的气流影响较小，机翼可以比较单纯地按空气动力学需要来设计。第二，装在机身两侧的发动机的推力线接近飞机的对称轴线。在单台发动机停车的情况下，继续工作的发动机的推力对飞机产生的不对称偏航力矩较小。

运 10 对尾吊布局首先作出了初步设计，制作出模型，进行了风洞试验，还制造了 1∶1 的全机木质样机。

当时我国已经引进了几种尾吊式飞机。它们的设计和使用特点是运 10 设计者必须研究的。这种研究揭示出以下几点情况：

（1）三叉戟在低空可能突然自动推杆进入俯冲

英国的三叉戟在尾部装了三台发动机，这种飞机遇到了“深失速”的安全问题。由于发动机舱在后部，所以飞机的水平尾翼必须提高位置以避开发动机喷流的影响。这样，当飞机处于大迎角状态进入失速时，飞行员必须有效地操纵平尾使机头向下减小迎角。而大迎角姿态下，高平尾却处在机翼的尾流遮蔽区，尾翼的效力降低，飞行员很难使飞机恢复到安全姿态。为此，英国的三叉戟在驾驶舱内驾驶盘下方安装了一个“强制推杆”的装置，当飞机的迎角大到接近失速时，自动将驾驶盘向前猛推，从而使飞机的迎角急剧减小进入俯冲。

可是，飞机处在大迎角状态时，正是刚起飞离地或即将落地的低空。这时用自动装置猛然推杆，虽然避免了机翼进入失速的危险，但飞机在低空瞬间进入俯冲也会带来另一种不安全。而安全问题，是客机设计的主要问题，运 10 的设计不应在这种问题上冒险。

（2）伊尔-62 机头有水箱，机尾有尾撑以防机头上翘

前苏联的伊尔-62 是我国在 20 世纪 70 年代引进的另一种尾吊布局的机型，它的四台发动机吊装在机身尾部。

从外观上初看，发动机短舱前面是进气口，后端是喷口，给有些人一种错觉，感觉短舱只是一个内装空气的空筒，可以任意向飞机上什么地方一装，对全机没有大的影响。实际上发动机很重，在飞机的全机重量分布中，发动机短舱的位置是一个影响全机配平的沉重的砝码。

伊尔-62 将四台发动机都装在尾部，为了维持飞行中全机的重心，飞机尾部的重量要靠机身前舱的旅客和货舱的装载来平衡。这样，给旅客座位的调配和货物安排带来麻烦。比如，当某些航班旅客较少时，或者在不载旅客空机转场的时候，飞机会由于严重“尾重”而不能飞行。所以，这种飞机在前机身特地设计了配重用的水箱。当重心调不过来时，灌几吨水来压住机头。此外，飞机到达目的地后，旅客离机使前机身很快出空，配重功能消失。为此，这种飞机在机尾特地设计了一种尾撑杆。在飞机落地后要由工作人员取出撑杆来撑住机尾，以防重心后移而使飞机像幼儿园的跷跷板似的突然上翘、机头指向天空。这种飞机的全机重量配置不理想，使飞机的使用相当不便。

运 10 的设计人员经过反复比较，结合运 10 本身尾吊方案的风洞试验及全机1∶1 木质样机的总体布置研究后，发现尾吊布局不适于运 10 计划执行的飞行任务。

之后的 40 年中，有更多的尾吊式飞机进入我国。主要都是较小的机型，有载客十人左右的公务机以及载客数十人的支线客机。

中小型客机体型较小，机体离地较矮，在机翼下吊装发动机的空间不够，如挤进去装上发动机，则进气口离地面太近，在地面开车时容易从地面吸进异物打坏发动机。因此公务机及支线客机等中小型喷气客机较多使用尾吊式布局，因为尾吊发动机的进气口位置离地较高。

一般说尾吊式不适用于较大型的干线客机。在 20 世纪的最后 20 年中，我国进口的尾吊客机只有一种载客 150 人的干线机，就是麦道 MD-82，在 20 世纪 80 年代曾在我国进行总装。

（3）MD-82 的“铅笔形”畸形机身和客舱的“甬道效应”

MD-82 的原型是约 40 年前的中型飞机 DC-9。后来航空运输对载客量要求越来越大，美国麦道公司便在 DC-9 的基础上，保持原来的尾吊布局和每排 5 座的小直径机舱剖面，依靠不断拉长前机身的长度，形成 MD-80 系列的干线客机。这种飞机具有超长的“铅笔形”畸形前机身。航空运输部门对每次飞行安排旅客座位的配置感到不便。而旅客反映坐在狭长的机舱内，有一种坐在一根管子中一样不舒适的“甬道感”。

在客机市场的激烈竞争中，美国麦道公司用这样的尾吊布局苦苦支撑了 30 多年，终于在 20 世纪 90 年代被波音公司所兼并，在干线客机领域被淘汰出局。MD-82 系列在干线机上使用尾吊式布局最终是失败的。我国引入的生产线同时遭到废弃。

3. 翼吊布局成为半个世纪以来干线机的主流

运 10 最后选择了翼吊布局。一段时期内，一些人认为运 10 采用的是美式布局而经常发出谴责。但到了 21 世纪，人们看到，翼吊布局已经成为美国、欧洲空客和俄罗斯各国大客机所共同采用的主流布局。并且，至少在 21 世纪前 10 年，我们看到尚在研制的新型号（空客 A380 和波音 787）仍然采用这种布局。

这种发动机布局，最初出现在美国波音公司研制的美国第一种喷气轰炸机B-47上。

还是在 1943 年，波音公司应美国空军要求，研究装多台喷气发动机的轰炸机，即 XB-47。设计师们先后提出过几种研究性方案。最初 424 号方案实际上就是缩小的 B-29 螺旋桨轰炸机，只是在翼下成对地挂上四台喷气发动机。这是最早提出翼下吊发动机的设想。但是风洞试验的结果证明，这个方案主要由于机翼的阻力降不下来而没有成功。

波音公司开始寻找其他的发动机位置来增进机翼效率。432 号方案是将四台发动机全部装在机体内。1945 年，美国得知德国在二战期间对后掠机翼的研究结果之后，将 XB-47 转向后掠翼，形成了 448 号方案，它的机翼 1/4 弦线后掠 35°。

美国迅速进行了新的风洞试验，证实了后掠机翼的效能。但是空军出于安全性和生存性的考虑，反对将四台发动机安装在机体内部。这样导致了 6 台发动机外挂在机翼下的 450 号方案。美国空军在 1945 年 10 月批准了这个方案。这是翼吊发动机布局的飞机正式出现。

B-47 取得巨大的成功。以后这种发动机安装形式被后续的 B-52 所继承，并被随后研制的大型喷气客机波音-707 所沿用。

这种布局有以下几个主要优点：

（1）发动机重量在全机重心附近，减小了全机重量配平的困难

在全机的重心配置上，发动机作为可观的重量砝码，吊在机翼下在飞机的纵向位置上正好处于飞机的重心附近。因此，再也不需要用旅客的重量来平衡发动机的死重（指每次飞行不变化的重量项目），客舱可以在飞机重心前后对称地安排，客舱空载与满载时的重心变化也不会很大。

（2）发动机重量对机翼有减载作用，减轻了结构重量

飞机的机翼在飞行中是产生升力的，通常机翼根部是飞机强度设计中的关键地区。发动机装在机翼下，发动机的重量对机翼的根部弯矩有减载作用，减轻了结构重量。而发动机安装在吊挂上向前伸出机翼中性轴的前方，对防止机翼的颤振也是有利的，可以减小为防颤振而安装的配重重量。

（3）“有利干扰”有助于减低阻力

发动机吊在机翼前下方，对机翼上的气流产生影响。但空气动力学的研究表明，如果安排得好，这种影响可以成为“有利干扰”，即机翼与发动机短舱结合后的总阻力，反而比机翼和短舱单独阻力之和还小。

（4）发动机的进气和喷流远离机体

发动机的进气道和排气管都较短，进气口接纳的是自由气流，可以最好地利用气流能量（而尾吊的发动机接受的是受机翼干扰后的气流）。翼吊式的喷流也远离飞机机体，不会对机体结构产生高温焙烤、气流冲刷或噪声轰击。

翼吊发动机的设计问题，在于发动机离地面较低，需要注意防止发动机进气口在地面开车时吸入地面杂物。此外，翼吊发动机为了使发动机进气口的下缘离开地面一段安全距离，不得不将机翼做成上反角。但后掠机翼本身就已经具有很强的“上反效应”。这样一来，上反的后掠翼将要求很大的垂直尾翼才能得到合适的横侧安定性的匹配。为了避免这一点，从第一架成功的喷气客机波音 707 起，就开始装有自动器“偏航阻尼器”来获得满意的安定性，而不将垂直尾翼做得过大。

这个办法已经为多种飞机所采用。所以上反的后掠翼上采用翼吊发动机到如今已经成为世界大型客机通用的布局方式。而这也正是运 10 所采用的布局。

（此文写作于 2008 年 1 月 14 日）

五、谈飞翼式客机

1. 50 年前对飞翼的一次接触

说起我最初接触飞翼布局，还是在 50 年前，我刚来到飞机设计的岗位上。为了熟悉飞机的各种气动布局和结构布局，我设计并制作了各种式样的航空模型（线操纵式），通过试飞航模来摸索其飞行特性。

当时世界航空界正在进入超音速的阶段，出现了多种不同式样的布局。为避免研究到无尾或鸭式布局时，由于陌生而在感情上对它们产生隔膜，便用压燃式航模发动机，在业余时间设计了一种飞翼（当时是一架“纯三角翼无尾式”）及一种鸭式布局的模型，都成功地进入了试飞。通过这项小规模的实践，我对无尾飞翼及鸭式有了一定了解，不再因为无所知而产生惧怕和回避的倾向，而可以实事求是地探讨其特点。

事隔半个世纪之后，我已经实际参与过许多不同型号的飞机设计，在研究民用客机发展前景时，再次遇到年轻时曾尝试接触过的飞翼布局，感叹之余，又多了些思考。

2. 飞翼概念的初起和再兴

飞翼旅客机的设想，是在第二次世界大战之后，当时英美两个航空大国为了加强横跨大西洋彼此沟通，热衷于研制大型水上飞机。20 世纪 40 年代末期美国的洛斯罗普想到：飞机变大的趋势发展下去，飞机的结构会越做越大，而旅客个体的尺寸是不变的。那么飞机大到一定程度以后，旅客就可以坐进机翼内部，便形成了飞翼布局的概念。当时还制出了飞翼试验机进行试飞。但是，真正的飞翼客机并没有出现，因为当时的飞机还没有大到旅客可以坐进机翼的程度。

以后客机动力改用喷气式。喷气客机仍然进入到越做越大的浪潮。因此始终有一个飞翼梦想萦绕在飞机设计人员的脑海中。美国麦道公司的远景概念研究项目中，便有一个称为“翼身融合体”（BWB）的方案。到 20 世纪 90 年代，麦道公司被美国的波音公司兼并后，麦道公司原来进行的所有远景研究方案都被撤销了，唯独这个飞翼方案因其有一定的独特性而被波音公司保留下来。

这个设想中，机身像一个压扁了的椭球，逐渐形成斜坡融入外侧的机翼形状中。很厚的中段可容纳 500~800 人。初步探讨认为巡航马赫数为 0.9，航程为 13875~16465 公里是最佳设计点。

研究表明这种布局对降低使用成本的作用并不显著，并且现有的机场基础设施是否能与这种飞翼的起降相容还存在疑问，所以十几年来并没有发展全尺寸型号的计划。

最近，这种布局引起美国空军的关注，进行了一定的风洞试验和无人机试飞等。

3. 旅客是一种比重很轻的装载

就单个的旅客来说，人体的比重约等于1（人在水中稍许划动肢体便可以浮在水面）。但是为每个旅客提供的空间，小型机如教练机、家用座机等，基本是只要将乘员“塞”进座位就可以了。而对进行远途、长时间飞行的众多旅客，为了乘坐的舒适，旅客机的客舱座椅就占有不比旅客身体更少的空间。旅客坐着需要一定的膝下空间，站起需要一定的头部空间，要求按旅客总数一定比例配备空中服务员，他们需要服务空间，客舱还需要有服务通道和应急撤离道，随身行李的行李架，按一定比例配备的厨房和洗手间，双层客舱的楼梯空间等。这样，旅客占用的空间远不是他们本身的“排气量”，所以旅客事实上是一种比重很小的装载。当载客量加大时，每人占有的空间并不是不变，而是更加“松泡”地膨胀开来，占用更大的空间。

图 2-2　飞翼式飞机

试观察一下半个世纪来喷气客机的“长大”过程。20世纪50年代出现的波音707，载客量为180座级。后来出现了波音747，载客量大了一倍。到21世纪初出现空客A380，载客量比747约再大了一倍。在载客量两次“翻番”的过程中，人们并没有看到机身部分相对萎缩的趋势。相反，装载旅客的机身，随着载客量的增长却胀大起来。现在实在无法估计载客数究竟要大到什么程度，才会发生机身空间在全机比例中缩小的前景。

4. 机翼升力不断增加

旅客机的机翼面积，是由起飞着陆的低速状态下提供升力的需要来决定的（在高速巡航时，一般机翼产生升力的能力都有富余）。近年来，发动机的推力加大，航空港的跑道条件改进（跑道加长），飞机制动的效能提高（旅客机的发动机装备了反推力装置），旅客机的起飞着陆速度有所提高。而机翼产生的升力是与速度的平方成正比的。现代旅客机的起飞着陆速度比最初的机型提高了约 3 倍，这意味着机翼面积可以减小原来的 1/9。加以现代旅客机机翼的前后缘都安装了功能强大的增升装置（襟翼），这样，近代大型旅客机所需要的机翼面积比按以前情况预计缩小到 1/10 量级。

所以，当旅客机的载客量越来越大时，机翼面积虽然有所增大，但不按比例，因为机翼面积在随载重量加大而增大的同时，却因技术状态的改变而 10 倍地减缩下来。

这样一来，客机载客量加大后，机身空间的需求在不断扩大，而机翼面积的要求却在相对缩小。使整架飞机在总体布局上，大体上保持了各部件比例的恒定，并没有出现机翼畸形的长大、而机身迅速缩小的趋势。

5. 应急撤离的难题

美国波音公司在研究 BWB 方案（客机的飞翼布局）时，遇到一个难以处理的问题，那就是密集坐在机翼空间内的旅客，在应急时如何紧急撤离飞机的问题。

目前国际上通行的“适航标准”，要求旅客机的全体旅客，在紧急时应该在 90 秒钟之内撤离飞机。

这是因为旅客机发生事故的概率中，约 80% 发生在起飞着陆阶段，如飞机冲出跑道等。这时飞机结构可能遭到破坏，但在短时间内还不会发生燃烧或爆炸等扩大事态的变故。如果旅客能在 90 秒钟内应急撤离飞机，可以大大增加事故发生后的生还率。

因此，旅客机的客舱都对应急撤离的各个环节进行了有针对性的设计，如应急撤离的通道设计、应急门的数量和尺寸、应急照明（应有独立于飞机电源系统的应急照明电源）、登机门和应急门的门槛（规定不得有高于地板的门槛）、应急滑梯（由橡胶布制成，平时折叠藏于门前地板下，应急时会瞬间充气打开成为门前的滑梯，旅客迅速跃入滑梯便可鱼贯脱离机舱）。

目前世界的旅客机，客舱有单通道和双通道两种，在任何座位上的旅客都可以快速接近舱门。但没有三通道的。因为中间通道撤离的旅客无法接近舱门。载客量增大的 A380 不得不使用双层客舱，但每层客舱仍采用双通道撤离路线的设计。

美国波音公司的 BWB 方案中，旅客密密麻麻的如同在大剧院一样坐在机翼中部，方案研究者们没有找到供旅客在短时间内迅速撤离机舱的应急方案。

有人可能会认为，“适航标准”也是人制定的。如果飞翼方案显示出巨大的技术进步及经济上的吸引力，人们有一天也许会作出权衡，宁可修改适航标准也要为飞翼的诞生开路。

就我目前的看法，在 2008 年内，世界上就出现了几起旅客机在地面出现事故，但旅客由于应急撤离而全部获救的事例，说明“90 秒钟应急撤离”的规定不是一项官样文章的规定，而是在实践中表现出了有效性，在世界空运界有比较深远的影响。

这样一项有关旅客安全的规定，我觉得不会由于一时的利益而轻易修改，何况飞翼布局并没有显示出很大的技术或经济的优势，来证明值得为之修改行之有效的安全条例。

就目前的情况来看，飞翼方案用于旅客机的前景并不明朗。

6. 飞翼布局的军事用途

如果用飞翼布局来载运其他“比重大”的载品，如用作轰炸机来运炸弹，用作加油机来载运燃料，那确实会出现飞机越大，装载用的机身的比例越小的趋势。飞翼布局被用于这些用途的前景更现实一些，成为一种可行的选择。

何况，飞翼布局由于部件的数量减小，还有比常规布局更“隐形”的优点。美国的B-2隐形轰炸机便是采用飞翼布局。

（此文应网友要求，写于2008年2月26日）

六、关于空中加油机的问答

问：最近美国军方采购空中加油机，引起了世界航空界对空中加油机的注意。可否请您谈一谈这件事的有关情况？

答：美国空军希望将威力覆盖全球，空中加油机是空中运输、全球情报、监视和侦察、全球打击的关键性组成部分。美空军将领称，为了确保美国空军未来拥有真正的“全球警觉性、延伸力和威慑力”，空中加油机是美国空军目前最优先采购的项目，也是更新所有老化的军用飞机的开始。

在一般人的心目中，空中加油机属于辅助性的机种。现在美国在更新航空力量的部署上，首要的采购任务不在于第一线的战斗机种，而竟然指向空中加油机，使很多人感到意外。这件事戏剧性地凸现了空中加油机特殊的战略意义。

美国波音公司长期以来是美国空中加油机的供应商。美军当前服役的600架空中加油机中，有531架是从20世纪50年代开始使用的波音公司的KC-135，有59架是20世纪80年代麦道公司开发的KC-10。而20世纪90年代中期麦道公司也为波音公司所兼并，人们曾经预测美国对新空中加油机的订单将毫无悬念地落在波音公司头上。但是事出意外，美国空军宣布，新型空中加油机的型号为KC-45，以欧洲空客A330为原型来发展。新机设计和研制阶段用15亿美元制造4架试验机。由EADS（空中客车的母公司）与其美国合作伙伴诺斯罗普·格鲁曼公司组成的联合体将以350亿美元的合同为美军生产179架，这是有史以来最大的一项飞机订单。在未来的30年中，还可能发展成为1000亿美元的大买卖。美军没有向有长期供应关系的美波音公司订货而转向欧洲空客集团，也引起了国际商务上的震动。

问：请您谈一谈空中加油机有什么作用？

答：空中加油机之所以受到人们的重视，是因为它的战略性功能。它可以增大作战飞机的航程和作战半径。如果将作战飞机视为长矛的矛尖，那么空中加油机就是长矛的长柄，把作战的尖锋伸到远处去发挥战斗力。所以美国的《防务新闻》把空中加油机称为“威力倍增器”。

图 2-3　空中加油机

空中加油机还可以增加飞机的载弹量。因为对作战飞机来说，弹和油是一对矛盾：要想多带弹便只能少装油，要想多载油就得少载弹。空中加油机出现后，轰炸机和攻击机起飞时可以多载弹，飞出一定距离后，再进行空中加油，这样加大了作战飞机的攻击力。同时，采用空中加油，攻击的飞机在空袭前不需要预先向前进机场转场，而可以直接从远离突击目标的机场起飞，这样增加了袭击的突然性。

空中加油机不限于执行空中加油任务，还可以使用它的重载能力来运送兵员和装备等战略运输任务，也可以作为救护机在战时运送伤员。在1991年的海湾战争期间，KC-10和KC-135空中加油机就运送了数万兵员和大量物资来建立海湾地区的基地。

空中加油机还有一项正在开发中的作用，就是给无人机进行空中加油。美国在2002年启动了无人机“自动空中加油”的项目。在无人机上安装一种自动控制系统，使无人机在飞行中能机动到加油机的后下方，然后自主保持相对加油机的七种最佳位置。在试验中无人机飞行了100分钟，其中保持关键的结合位置20分钟。这种试验的目的，在于现代信息战依赖卫星来担任作战地区的信息传送任务。如果一旦卫星遭到袭击，战区的指挥就将出现紊乱，很难在短时间内发射另一枚新的卫星来恢复工作。这时一个替代办法，是用高空无人机来暂时接替信息传送功能。但无人机的载油量是有限的。如果能用空中加油机来延长无人机在高空执勤的时间，将深化和延伸无人机的用途，发挥出小型间谍卫星的作用，无疑将带来极大的军事效益。

问：可否请您谈一谈空中加油机的发展历史和典型的战例？

答：世界上第一架空中加油机诞生于1923年。当时两架低速的双翼飞机进行了空中加油试验。从第一架飞机上垂下来一根长长的软管，后一架飞机的后座飞行员用手捉住摇荡的软管，接到自己飞机的油箱上，在空中进行了加油。但是这种人工操作在空中加油并未进入实用。

20世纪40年代中期，英国研制出“绞盘软管”式空中加油设备。1948年年底，美国空军从英国购买了全套空中加油设备，安装在自己的加油机上。50年代初，美国研制出硬管式（即伸缩套管式）空中加油设备。随着空中加油技术的不断完善，加油机的作用越来越引起了人们的注意。在以后的几十年中，这种空中加油机在许多次战争中显示出了威力。在20世纪60~80年代的局部战争中，美英空军都使用过空中加油机。

1982年马尔维纳斯战争时，英国的“火神”式战略轰炸机从英国本土起飞，往返3万公里，横跨大西洋，轰炸了南美洲的阿根廷，这种跨越半个地球的征战，创造了空袭最远距离的纪录。引起世界对空中加油机战略意义的极大重视。

1986年美国对利比亚发动空袭。参加这次空袭的18架FB-111轰炸机从英国起飞。由于法国和西班牙拒绝FB-111穿越其领空，因此FB-111只得绕道直布罗陀海峡，飞行距离达5000多公里，而FB-111的活动半径却只有1100公里。为此，美国空军从本土紧急调动10架KC-10飞抵英国。空袭那天，30架KC-10和KC-135与18架FB-111一起编队飞行，在途中为FB-111进行了4次加油，使得FB-111顺利飞抵目标并准时发起空袭。返航途中它们又为 FB-111 进行了两次加油，使它们顺利飞回英国的基地。经此一战，KC-10 空中加油机名声大振。

在 1990 年的海湾战争中，美国空军的 KC-135 和 KC- 10 加油机一共为多国部队的飞机加油 5.1 万多次，共输送了 7.1 亿升燃油。海湾战争结束后，新闻媒体虽然对各种型号的战斗机和精确制导武器作了许多生动的报道，但制定作战计划的美军专职人员，却把空中加油机作为这场战争的领衔主角。

问：请谈谈空中加油机的设备和工作情况。

答：目前的空中加油机主要采用两种加油方式，也就是软管加油和硬管加油。

软管加油系统主要由输油软管卷盘装置、压力供油机构和电控指示装置组成。胶皮软管一般长 16~30 米，外端有加油锥管及伞状锥套。受油机机头或翼尖上伸出一个受油管。加油时，加油机抛出软管，受油机从后下方接近加油机，然后缓慢加速，将受油插头插入锥管，顶开加油管末端的单向活门，燃油便开始输进受油机。这种加油装置结构简单，便于拆装。每套装置每分钟可输油 1600 升，一架加油机可以安装数套，同时为数架飞机加油。

硬管加油系统安装在加油机机身内。加油机尾部装有一根可伸缩的加油管，由主管和套管两部分组成，全长约 14 米，伸缩范围约 6 米。当受油机飞至加油机后下方适当位置，加油机伸出输油管，插入受油机机头上方的受油口，自动锁定后即开始加油，这种装置每分钟最多可输油 6500 升。装备硬管加油系统的加油机在尾部设有一个加油操纵舱，由 1 名加油操纵员控制加油过程。

空中加油程序一般分为四个阶段：第一阶段是会合阶段。加油机和受油机不必在同一机场同时起飞，但必须约定会合空域、航线和时间。会合时，受油机要比加油机的飞行高度低 60 米，以防相撞。第二阶段是对接。两机对接时，除加油和通话开关外，飞行员不得按动其他电钮，以防误触武器开关或其他开关，引起危险。第三阶段是加油。受油机与加油机在这个时候的高度、速度及相互位置都必须严格一致。第四阶段是解散。这个时候由受油机减速，然后再作脱离动作。

无数次实战证明，空中加油机已成为现代空中战场上不可缺少的机种。目前，世界上有不少国家都装备了空中加油机，总数量超过千架。受油机约 1 万架。大部分在美国，俄罗斯居第二位。空中加油机数量较多的是美国的 KC-135、KC-10 和俄罗斯的伊尔-78。

问：我们周边国家的空中加油机情况如何？

答：我国的北邻俄罗斯是世界第二个加油机大国。南部的印度，在进入 21 世纪之后，于 2003 年已经由乌兹别克斯坦接收向其交付的首批两架伊尔-78 型空中加油机。东邻的日本，可以说等待空中加油机等了 30 年，直到 2008 年 2 月，日本向美国订购的第一架 KC-767 从美国起飞，经过 14 小时长途飞行到达日本，正式交付日本使用。空中加油机使日本航空自卫队的作战能力扩展到数千公里之外，作战范围深入亚洲大陆，并且使其 E-767 空中预警机显著延长留空时间，战略意义是不言而喻的。

问：从加油机的发展来看，似乎与大型客机有比较密切的关系，是这样吗？

答：是的。大型喷气客机和空中加油机，在具体用途中虽有军用和民用的差别，但是在技术要求上，都需要远航重载，有长时间巡航能力，同时要求巡航阻力小来省油，这些技术要求对两种机种是相同的。因此在发展途径上，不论先由喷气客机来改型为空中加油机，或由加油机改为喷气客机，都避免了重复研制，有事半功倍的效果。

美国在1954年研制出第一架空中加油机KC-135，三年后改型成的客机波音707成功地首飞。麦道公司则从大客机DC-10改型为成功的加油机KC-10。还有欧洲空客公司将大客机空客A330改型为供应美国最大批量的加油机KC-45，可以看到空中加油机与大客机之间技术互通的密切关系。

（此文写于2008年3月7日）

七、飞机该怎样驾驶

1. 使我开怀大笑的一个细节

几天前看电视，是“纪实”频道的“航空史话”，我看到一处细节，不禁朗声大笑起来。

原来，在1903年，美国的莱特兄弟创造人类的第一架飞机在刚开始试飞的时候，飞行员是采取“卧姿”匍匐在下翼的翼面上，依靠人前后移动重心来操纵飞机飞行。

图 2-4　莱特兄弟的飞机首次试飞

这一点我早就知道，但我却没有进一步去想：当时他们是怎样从几个方向实际操纵飞机的？最近我从这部“史话”的电视节目中才看到：飞行员腰间系着操纵索，当需要向一侧倾斜机翼时，他便用身体向一侧滚动，操纵索便会牵动两侧的机翼翼尖发生扭转，产生使飞机向人体滚动的一侧倾斜的空气动力力矩。

电视中还有演员实际演示这种操作的镜头。当我看到这位飞行员将身体蹦弹起来，在机翼上采用“驴打滚”的动作来操纵飞机的时候，实在忍不住哈哈大笑起来，

图 2-5　1979 年，作者在美国华盛顿的航空航天博物馆的莱特兄弟第一架飞机前

觉得航空先驱们在摸索飞机操纵方法的过程中，充满了探索和开拓的精神，真是了不起，实在太可爱啦！

我在美国华盛顿的航空航天博物馆看到了莱特飞机，这架飞机是历史原件，其上有一位匍匐着的飞行员模型，我却没有注意到他的腰间是否系有操纵副翼功能的操纵索。

以后，人们仍旧经过了一段时间来摸索飞机合适的操纵方式。

比如到了1909年，法国的布莱里奥驾驶他设计的布莱里奥XI型飞机飞越英吉利海峡的时候，他的飞机副翼操纵是如何安排的呢！他在驾驶舱内用一个卡具从左右两边夹住飞行员的双臂。当飞行员需要飞机向左侧倾斜时，便向左倾斜上身，这就带动卡具而操纵副翼，使飞机左面的机翼下垂，而右面机翼上升。这种方式虽然比“驴打滚”的操作方式自然一些，但仍然是很不便利的。

2. 飞行操纵的手脚分工

飞机应该怎样驾驶?

这不仅属于飞行员的训练问题，也是一个飞机设计问题。

100多年前，当德国的李林达尔探索滑翔飞行时，飞行员像双杠运动员一样，直立着用双臂支撑在飞机的结构上，以改变自己的重心位置来操纵飞行。

当前我国已经有很多人会开汽车。在汽车上，行进中用脚去操纵行车的速度(加速踏板及制动踏板)，而用方向盘去掌握方向。在一些较大型的飞机上，也有类似于汽车的脚蹬和驾驶盘。但是它们所起的作用完全不同。在飞机上，飞行员并不是用驾驶盘来管航向，而加速也不用脚来操纵。

这种差别不是没有原因的，而是经过大量飞行实践的总结，才形成今天普遍采用的飞行操纵方式。

为保证飞行安全，操纵方式设计总的原则应该是使飞行员能够及时而准确地操纵飞机的姿态。对微小的干扰应能不假思索地作出反应。

人类的飞行实践逐渐丰富，在这个过程中人们发现：对飞行安全最重要的是飞机的俯仰和倾斜操纵，这两方面的操纵失误将使飞机丧失高度，产生坠机的危险，因此这两个方面应该由飞行员用手来操纵。因为人对手的使用总是比较灵便。

至于操纵方向，对地面车辆是头等重要的，不小心车辆冲出道路就会发生倾覆翻车的事故，但在辽阔的空中飞行时，对方向的控制并不是这么严格。所以最初飞机的方向曾沿用车辆使用的办法，用驾驶盘来掌握方向，但后来将手腾出来操纵飞机的俯冲和倾侧，而将方向控制交由脚的踏板去完成。

3. “长在飞机上”的驾驶杆

今天普遍使用的驾驶杆操纵方式，可以直观地记成：想象驾驶杆是直接“长在飞机上”。向前推杆飞机就低头，向后拉杆飞机就抬头。向一侧压杆就使该侧的机翼向下，而抬起另一侧的机翼。

这种操纵方式，在实际的飞行中证明有效，已经列入民用飞机的“适航标准”，规定各种民用飞机必须统一采用这种方式（绝大部分军用机也不例外）。只是在较大型的飞机上（如旅客机、空中加油机、空中指挥机、军用运输机、轰炸机等），右手握的驾驶杆改变为双手握的驾驶盘。

驾驶盘的作用是：前推驾驶盘相当于推杆，使机头向下；后拉驾驶盘则相当于拉杆，使机头上仰；而左右旋转驾驶盘（并不如一些人想象的一样是使飞机转弯），而是像“压杆”一样，使飞机向驾驶盘旋转的方向倾斜机翼。

4. 脚蹬的操纵规律相反

驾驶舱内的驾驶杆及脚蹬，统称为“操纵器”。设想操纵器“长在飞机上”的原则使用在驾驶杆上很成功。但使用在脚蹬上却发生了矛盾。

如果脚蹬的使用方式也是“长在飞机上”，那么要向左转应当蹬右脚，向右转应该蹬左脚，（相当于自行车把的设计原理一样，左手向前向右转，右手向前向左转）。但是在飞机的驾驶舱内，如果向左转蹬右脚，那么左脚的膝盖曲起。而这时机翼需要向左倾斜，驾驶杆应该向左压。可是向左压的驾驶杆却受到左膝曲起的妨碍。手脚便不能协调地行使操纵功能了。因此，飞机脚蹬的操纵原则，与驾驶杆相反（也与自行车、摩托车等常用的操纵方式相反），规定为“蹬左脚向左转、蹬右脚向右转”。

初次使用这种操纵规律的人往往觉得别扭。我亲眼看到一个初次进驾驶舱尝试掌舵的人，虽然事先已经明确告诉他“向哪边转就蹬哪边脚”，但眼见飞机已经向前运动起来，他却还没有弄清这个关系，左试试右试试，内心总脱不开自行车的操纵原则，结果眼睁睁地把飞机滑到跑道外面去了。

但是飞机脚蹬这种操纵方式 ，习惯了还是能适应的，并且可以形成正确的条件反射。

5. 加速该将加速杆向前还是向后

在小型飞机的驾驶舱内，飞行员右手握驾驶杆，双脚蹬舵，左手则握加速杆。这就是通常说的“两舵一杆一加速”，把飞行员的双手和双脚都占了。那么，如果要将飞机加速，是应该将加速杆向前推还是向后拉?

说起来，这也有一个演变过程。曾经有人设想：要使飞机爬升，需要右手向后拉杆。而飞机爬升的时候需要加大推力，如果加速杆向后是加速。这样爬升时左右手同时向后拉，下降时则左右手同时向前推，动作协调，也便于记忆。

但是后来在飞行中发现，速度对飞机的安全有重要的作用，特别是处于低速度状态时。飞机如果速度太低，会造成飞机“失速”，飞机会在短时间内掉高度。当发现飞机速度过低时，需要紧急加大速度。这时右手握的驾驶杆需要立即向前推，而右手的加速杆需要急迫向后拉。如果左右手弄错了，都会使飞机进入“失速”。在紧急的瞬间要分辨清楚左右手的不同要求，容易使飞行员因慌乱而产生错误。

这样，后来的飞机一律改为“加速杆向前推是加速”的原则。这条原则可以简要地记忆为：“驾驶舱内的一切，凡要加速一律向前推”。这样使飞行员的紧急反应变得更清晰了——只要记住：需要加速时，不论右手或左手，都只要向前推便可以霎时脱离险境。

6. 飞机基本操纵方式和变体

如上所述，飞机的基本操纵方式，终于演变成熟定型。即：“设想驾驶杆是长在飞机上的，座舱内一切操纵手柄向前为加速。方向操纵则向蹬脚的一侧转弯。”

按照这种操纵方式，我为许多不同的机型上设计了驾驶舱，曾经操纵过飞机的地面模拟器，并实际驾驶教练机在空中作过一些爬升、盘旋、S形航迹及俯冲拉起等飞行动作。教员对我的操纵评价为“良好”。我作为设计者对操纵方式虽然有所了解，我也很愿意和飞行员们交朋友，了解他们实际的飞行感受，但就自己的驾驶技术本身而言，我只有初步的体验。我一直认为，实际飞行操作的体验对飞机设计者是很有益处的。

由于航空技术的演进，以后出现了一些新型飞机，对操纵方式提出了一些新问题。

20世纪50年代，美国研制出第一代“变后掠机翼”飞机F-111。这种飞机的外侧机翼，在飞机起降阶段及低速巡航时，可以将机翼平伸成为平直机翼状态，而在高速飞行时可以加大外侧机翼的后掠角而降低波阻。

这种飞机对机翼后掠角的操纵方式，在第一架飞机试飞时尚未确定下来。

因为，根据驾驶舱内“一切向前推都是加速”的原则，操纵机翼后掠角的操纵手柄应该向前是加大后掠角。但是从全机的几何构造上看，加速时是后掠角加大，在几何上却是翼尖向后移动，形成飞机在总体上很强烈的外观形象。那么，机翼后掠角的操纵手柄，究竟应该向前加大后掠，还是向后加大后掠？

第一批试飞的F-111飞机，是部分飞机按“向前推加大后掠角”，而另一些飞机按“向后拉加大后掠角”分别设计。在试飞中由试飞员根据实际飞行情况决定哪一种更方便。最后，由于后掠加大形成的外观形象给人的印象更为强烈，所以选择了“操纵手柄向后是加大后掠角”的操纵原则。

7. 大型客机的侧杆操纵

在飞机的仪表系统及操纵系统中引进电脑技术，成为20世纪末期航空技术中一个非常重要的技术进步。

飞机采用“电传操纵”之后，飞行员在驾驶飞机时实际只是扳动一个电位计，产生的电信号经过计算机处理后通过飞机舵面的作动筒去操纵飞机。飞行员的操纵动作也可以比常规方式小，这就可以将操纵手柄放置在飞行员手够得着的任何地方。

一种方式是将变短了的手柄置于飞行员的侧面。这样飞行员正面的仪表板可以不受遮挡地置于飞行员视界之内，阅读仪表信息更加方便。

这种侧杆操纵的客机，已经飞行在我国航线之上。我曾询问这类飞机飞行员使用侧杆的感受。他们告诉我：驾驶这种飞机没有感到什么不便，总的感受有点像玩游戏机一样。

此外，还有一些新型飞机上采用不同操纵方式的特例。如垂直起落式飞机，在起飞着陆及悬停状态的操纵方式像直升机，而平飞时像常规飞机。又例如航天飞机，在起飞阶段整个处于火箭发射状态，飞行员采取卧姿；而再进入及下滑着陆阶段又处于常规飞机飞行的状态。这些飞机，都要解决不同飞行阶段的操纵方式过渡问题。

技术发展，会不断提出新的问题，需要找到新的解决办法。这个过程，永远不会终止。

（此文写于 2008 年 9 月 19 日）

八、飞机与冷热

人们常见高山之巅经年覆盖着雪冠。古代苏东坡诗句中就有过“高处不胜寒”的佳句，人们早已知道越往高处气温越低。君不见登山运动员们穿着厚实的防寒登山服，有时还要携带氧气。那么，航线上的飞机飞得比高山还高，飞机的乘客岂不是要经寒受冻吗？还有飞机本身，经得起冰天雪地的寒冻吗？飞机是否怕冷怕热？

1. 飞机乘客的保暖御寒

在航空发展的初期，飞机乘客的保暖御寒确实成为一个问题。第一次世界大战后，当世界首次用战时的军用飞机改装成旅客机时，有的航空公司为了优待旅客，在冬天特地向旅客租借一件棉大衣，一顶皮帽，甚至提供一只热水袋。当时的飞机性能很低，装备简陋，如果说这样的办法还能解决一时的问题，那么今天旅客机飞到的前所未有的高度，这样的办法还是不能防止把旅客们都冻成冰棍。

近代旅客机的机身蒙皮和客舱的装饰板之间，有一层厚厚的隔热层屏蔽，仿佛将整个客舱套上了一件大棉衣。同时客舱内由经过调温的新鲜空气充压。所以在一般喷气客机巡航高度 9000 米左右，周围的大气温度已经达到零下 50℃，而舱内的气温却仍然保持对人体最合适的温度，并且不需要另外补充氧气。凡是乘坐过飞机旅行的人们都知道，旅途中有四季如春的舒适。

但是客舱环境系统只是对客舱、驾驶舱及货舱进行了温度和压力的调节。飞机的其他部分则仍暴露在周围严酷低温条件下。一般人关心乘客在空中的冷热，这一点在今天先进的旅客机上由于有了完善隔热防寒的设计以及装有高性能的空调增压系统，已经不用担心。那么，飞机的结构和各种工作部分，是否会受到低温影响呢？就是说，飞机本身是否怕冷？

飞机不但怕冷，而且怕热。对此，在飞机设计中必须考虑飞机的防冷和防热问题。

2. 飞机的防冰

要使飞机本身耐寒，突出的问题是防冰。

大气层中富含水蒸气，一般水温度降到零度就会结冰，但是大气层的云层中，当没有扰动时有许多水滴温度甚至到零下 10℃也不结冰，称为过冷水滴。当飞机飞过这些水气时产生了扰动，会使过冷水滴凝聚成冰，附在飞机的机体上，对飞行产生危害。

飞机处在高速气流中，表面上结的冰霜，难道不会被气流吹走吗？事实上，过冷水滴在飞机表面上一旦结成冰块，附着力相当强。而且新的水滴不断聚集在最初形成的冰层上，越积越厚，会形成很坚固的冰形，阻挡视线，堵塞通道，破坏飞机的外形。

飞机飞过含有过冷水滴的云层时，最易结冰的部位是驾驶舱的风窗玻璃、空速管的头部、发动机的进气口、机翼和尾翼的前缘还有螺旋桨。这些都是造成气流扰动最大的部位，恰恰又是结冰引起的后果最严重的部位。

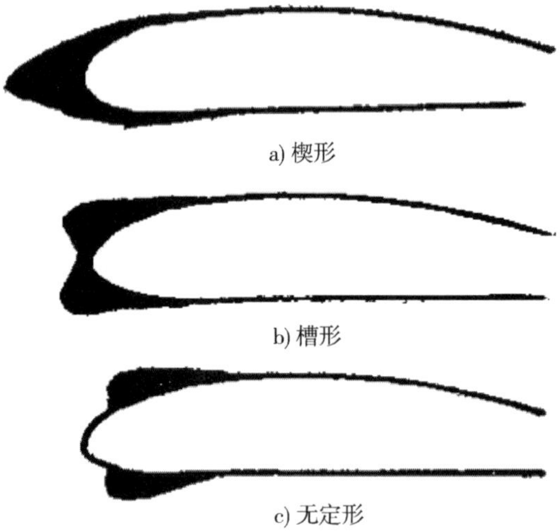

a) 楔形

b) 槽形

c) 无定形

图 2-6　翼面前缘典型的冰形

驾驶舱的风窗玻璃如果结冰将使飞行员丧失前方的视界，而空速管的头部结冰将使驾驶舱内最重要的仪表——速度表的读数失真。至于翼面的前缘，是飞机赖以产生升力最敏感的区域，冰层如果在前缘堆积，将使飞机的升力减小，阻力加大，甚至使飞机失去操纵。在翼面结冰形成的典型冰形如图 2-6 所示。

为了防止结冰现象，在飞机设计上较常采用电热和气热两种方式。对面积较小的部位常采用电热的方法。如空速管的前端和螺旋桨的前缘，常装有电热丝，当飞经可能结冰的区域时通电加温。至于驾驶舱风窗玻璃，则在多层压制而成的玻璃中夹有电热丝，用通电来加温。另外，还可在玻璃外面设计喷防冻液的系统，并辅以机械驱动的刮水器等装置来除冰，保证视界不受遮拦。

而对面积较大的部位，如翼面的前缘，则采用电热防冰，需消耗过大的电能。在螺旋桨式飞机的时代，翼面前缘结冰曾经是一个相当严重的问题。当时飞机飞行的高度不高，要长时间在过冷水滴区域飞行，在恶劣气候下实际发生过由于结冰而造成的飞行事故。因此螺旋桨式客机的翼面前缘，常装有“除冰”系统，供出现结冰以后来去除结成的冰形。

这种系统是在翼面前缘装一种内部有平行通道的橡皮除冰带。当飞行中飞行员发现翼面前缘已经开始结冰以后，可以接通系统，对几个平行通道内交替送入高压空气，使橡皮的防冰带鼓动，用机械的方式将已经结成的冰层鼓破，并被气流吹走。

图 2-7　翼面前缘的除冰气囊

近代喷气客机的正常巡航高度，已经超过大气层中易结冰区域。但是飞机在起飞和着陆中还是要短期穿过低空云层。因此喷气客机上仍然装备有正常的防冰系统。但是在翼面不再采用前缘安装除冰气囊的办法，而在前缘的金属蒙皮内部采用高温气体加热来防止结冰和除冰。此外在发动机的进气口，也常采用气热加热来防冰。

由于设计师们周到的考虑，飞机的防冰能力足以保证飞机在复杂气候条件下安全地飞行，再不会受到可能结冰造成的危害。

3. 飞机怕热吗

金属结构的飞机，可以承受一般大气常温中的最高温度。至于在炎热的夏天，曝晒在阳光下的飞机可能使客舱内产生闷人的高温，而飞机的调温系统需要在发动机开动以后才能工作。为了使旅客进入静止的飞机时不至于感到炽热难当，近代旅客机常常在飞机上安装有“辅助动力装置”，这是一台另外的发动机，专用于飞机在地面时，发动机起动之前提供飞机所需的电力、液压和空调能量。

但是飞机向高速发展过程中，确实遇到了“热”的障碍。这是当飞机的速度超过音速以后，气流的冲击、压缩、摩擦，会在飞机的表面产生越来越高的温度。比如说，在 30 公里高空，当以超音速 3 倍飞行时，气流冲压温度可达 430℃；超音速 5 倍时，可达 900℃；而航天飞机再进入大气层时表面气温可升到 1200℃。这种由于高速气流对结构表面的加热，称为“气动加热”。

目前世界上的客机，大多数在低于音速的亚音速或高亚速下巡航，所以气动加热问题对目前的旅客机基本上不存在。但是对军用飞机而言，气动加热却成为飞机提高速度的障碍，被称为“热障”。

目前飞机使用最普遍的结构材料是铝合金。其材料的冶炼、零件制造与装配的工艺都十分成熟。但铝合金的强度和刚度性能随温度的升高而急剧降低。用铝合金为基本结构材料的飞机，可以承受的气动加热大致相当于超音速 2. 2 倍。就是说，最大速度在超音速 2. 2 倍以下的飞机，仍然可以使用成熟的铝合金材料，并获得较好的结构效率。

在 20 世纪内，世界上的试验机中曾有一种 X-15 飞行到超音速 7 倍。美国也曾设计过一种军用机 SR-71，飞行速度为超音速 3 倍。由于气动加热产生的高温，机体结构已经不能再采用铝合金，而是用不锈钢和钛合金制成。

研制这样的飞机，除了必须探讨新的结构材料的加工工艺以外，还必须摸索在温度场下结构的应力分配问题。由于结构的各部分构件在温度作用下热胀冷缩的程度不一样，互相拉扯会形成一种新的应力分布，称为“热应力”。热应力不但给结构的强度分析带来新的必须考虑的因素，而且会造成按常规设计的结构扭曲变形。美国在研制飞行速度超音速 3 倍的 SR-71 的时候，曾把试制的机翼放到高温箱里去烤焙，看经过温度作用之下对机翼结构的影响。但最初从高温箱中取出的机翼结构已经“扭曲得像一块抹布一样。”为此不得不研制一种能避免造成热应力变形的新的结构方式，同时还需要隔离表面的高温向机体内部传送。至于航天飞机，为了防止再进入大气层时的高温，整个机体外表面用特殊材料的防热瓦覆盖。

这些进入“热障”领域的飞机，虽然在20世纪内完成了飞行，但是由于其结构和材料上的特殊性，在社会运用的规模上则远没有一般飞机那样普遍。

图2-8 飞行速度超音速3倍的SR-71

到20世纪末，世界各国的先进军用机，竞相改进电子设备、武器和装载能力，但是最大速度却都停留在超音速2.2倍左右。有的读者可能不免发问，这是怎么回事？为什么各国不设计出一架比一架更快的飞机？

如果要设计进入“热障”的飞机，必须在气动力设计以及在材料、结构、动力和系统的设计上作出很多牺牲，但由此得到那一点速度的提高，对实际战斗优势的影响并不明显。因此从综合效能上取舍权衡，新的军用飞机的最大速度大多止于“热障”的门槛，即超音速2.2倍。

20世纪内军用飞机的速度竞争止于超音速2.2倍的原因，可能出乎人们意料，原因是飞机怕热。

（此文写于1999年9月19日）

第三部分

长空回忆

本部分收集了我自幼决心投身航空，在学习上和半个多世纪的实际工作岗位上的回忆，从个人感受的侧面反映新中国航空工业发展的进程。

一、魂牵梦萦的岁月

——记我国第一架喷气式飞机的诞生

1956年掀起了“向科学进军”的热潮。在全国科学规划会议之后，我国航空工业决定走出仿制前苏联飞机的局面，建立我国自己的飞机设计力量。由于我国与前苏联签订的“航空工业合作协定”中没有由前苏联支援我国飞机设计的协定，所以所有的路都要靠中国人自己来走。

1. 会战沈阳

航空工业局决定成立“第一飞机设计室”，初期建在沈阳，依托当时最大的飞机工厂——沈阳飞机工厂代管。

首批从各地到沈阳集中组建第一飞机设计室的四个人是：当时的飞机技术科长徐舜寿、老工程师黄志千以及新中国成立后从大学航空系毕业的顾诵芬和我。由徐舜寿担任设计室主任，他在新中国成立前曾在航空研究院工作过，思维清晰，作风细致，受过严格的专业训练，是十足的“科班出身”。由曾在英国参加过喷气式飞机设计的黄志千与已在工厂工作、新中国成立后在前苏联学习回来的叶正大担任副主任，我担任总体设计组长，顾诵芬担任空气动力组组长。

徐舜寿当时的主导思想是：为了把需要和可能结合起来，第一架飞机应该是一种喷气式歼击教练机。一方面，这不仅是因为培养新飞行员的需要，而且新中国的设计队伍本身也需要一个“教练”过程。另一方面，我们已经具有制造喷气歼击机的工业基础，设计一架喷气教练机是完全可能的。这个意见得到了航空工业局领导的同意。

接着，徐舜寿带领我和顾诵芬到北京航空学院去请教当时的飞行力学权威专家张桂联教授。张教授热情地单独给我们讲了一堂飞机气动布局的基础课，介绍了不少参考资料，将我们在大学时学过的专业知识进行了一次很有帮助的总结和串联，使我们收获颇丰。

这期间，我分析了世界和我国的一些飞行员训练体制，收集了世界同类型飞机的资料和图片，分析其数据及设计特点，与大家一起讨论了设计要点，并开始酝酿方案。

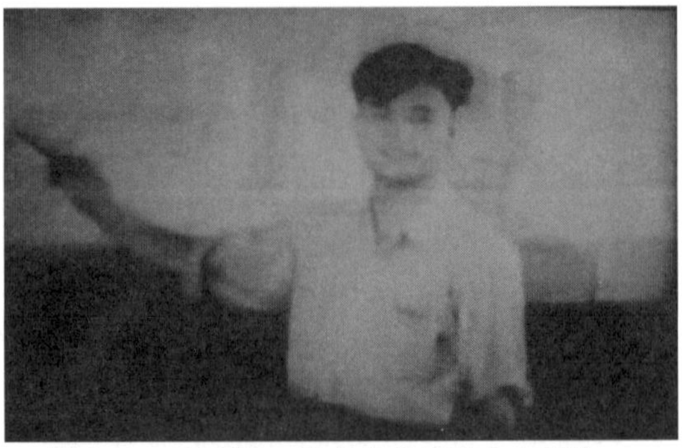
图 3-1 1958 年，我在技术讨论会上报告歼教 1 的总体设计

我的初步设想是，基于这架飞机教练任务的特点，不需要飞到出现空气压缩性效应的速度，因此应该采用平直机翼，这样可以省去后掠机翼所要求的整体锻造的钢梁，减轻重量。同时，作为教练机，为了在作应急着陆时对学员有保护作用，打算采用下翼布局。相应地，水平尾翼也就不必采用“高平尾”布局，而可以采用承力上更合理的“低平尾”布局。

这是新中国第一次设计一架喷气式飞机，起点并不低，可以说是赶上了世界航空技术发展的脚步。特别是这架新设计的飞机既不是对国外一种现成飞机的模仿，也不是对现有型号的“修修改改”，而是从世界航空技术总库中挑选合适的手段，进行新的“工程综合”，由中国工程人员“总体集成”形成自己的设计。这种不是用一支现成的曲调来填词，而是要唱出一首新歌的设计路线，也是世界航空发展的主要设计路线。

飞机可能是人类创造的最复杂而紧凑的机器。飞机由机身、机翼、尾翼等构件组成不平常的外形，同时内部安装着动力系统、操纵系统、仪表系统、燃油系统、导航系统等许多系统，而这一切又包容在飞机十分有限的外形、重量和能源总额之内。此外，航空母舰虽然也很复杂，但空间和重量几乎不构成什么限制，总体综合的难度反而没有飞机那样突出。

航空包容了许多高技术，而将各门各类的技术综合在一架飞机之内的总体设计，本身也是一项工程综合的高技术，所以在 20 世纪末期，航空是一门“高技术”终于在我国得到承认。

飞机总体设计的任务使我深深地投入，接连地绘出了一些草图，不断调整比较各种方案，简直达到魂牵梦萦的程度。

2. 熟悉唐诗三百首

徐舜寿当年 39 岁，正是风华正茂的年华。他是与詹天佑、茅以升这些工程界先行者一脉相承的中国爱国学者。他们到国外去学得先进技术，在建设自己国家的事业中竭尽所能、万死不辞。他在工作上从不搞繁文缛节，倡导一种讲求实效的科学作风。

例如，他提出设计者对自己的设计必须作出论证，不能画出来是什么便是什么。各个局部在总体上必须是合理的，不允许各行其是。对大部件的设计总图，他要求采用集体审查的办法，设计者张贴图纸，讲解他设计的依据、思路、问题、意图、数据等，并进行答辩。答辩如获得通过，所有参加者当场签字。答辩通不过，修改后再重来。这是一种很好地发扬技术民主的方法，也是对设计人员很好地锻炼和考核。这样，通过设计这架飞机，使整个设计队伍都得到了提高。

他从各航空学院聘请了几位著名教授作为设计室的“顾问工程师”，包括北航的张桂联、军工的马明德、南航的陈基建、西工大的黄玉珊等，除了和他们商讨问题外，还邀请他们向全体设计人员作学术报告，用这样的办法来保持设计队伍的知识常青。

对设计室中的年轻同志，徐舜寿只要发现他是称职的并确有才能，就放手让他工作，加重他的担子。这说明他对知识和才能的尊重，对真正有价值的东西具有很高的鉴赏力。

飞机设计开始时的一个重要步骤，就是征求使用者对新机设计的意见。徐舜寿亲自带着黄志千副主任和我到训练飞行员的航空学校去调查研究。当飞行员们知道中国要开始自己设计飞机时感到非常兴奋，提出了很多宝贵的意见和想法。我们也把设计中遇到的问题向他们请教，反复讨论。徐舜寿在开始工作之初便为我们建立了这样优良的传统，确立了一种“从实践中来”和“从实践出发”的设计路线，并使我国的飞机设计事业，一开始便与飞机的使用部门建立了良好的合作关系。

我们设计的第一架飞机，取名为歼教 1，即“歼击教练机 1 型”。我很快便绘出了总体设计图，飞机即刻进入了技术设计程序。

这时工厂刚刚仿制成功前苏联设计的米格 17 喷气歼击机，所以工厂来的设计人员对米格飞机非常熟悉。但是，我们要开创中国自行设计的飞机，不准备成为米格仿制品，而采用了由中国设计人员独立进行“工程综合”、进行“总体集成”的设计路线。

徐舜寿为此特地提出：“要熟读唐诗三百首”，也就是说设计人员要熟悉许多不同的飞机，熟知解决各种设计问题可能的途径，从中取舍新设计的工程措施，自然也可以参考米格某些处理问题的方法，但绝对不能“唯米格论”，设计出一种米格的变体来。

例如，歼教 1 选用了美英式的两侧进气方式，而没有沿袭前苏联传统的机头进气布置。这种布局，机头部分很适宜安装雷达天线，掌握两侧进气的设计技术对于发展高性能的军用机是很有用处的。后来这种两侧进气的布局先后被用到我国的强 5 飞机以及一系列新的战斗机上，而且后来前苏联自己设计的飞机也改用了两侧进气。可见，当时我们作出的这种设计反映了我的在技术上的远见卓识。

与飞机设计平行进行的，是在沈阳发动机设计室为歼教 1 配套的涡轮喷气式发动机的设计和研制。发动机设计室最早由张世英和虞光裕领导，后由吴大观领导。

3. 沸腾的岁月

当时设计队伍的成员虽然学过航空专业，但设计飞机毕竟是第一遭，谁也不知道具体应该如何进行。我在完成总体设计之后，每天在各设计组之间穿梭，解决出现的各种协调问题。当时有个别人不理解设计是一种在思路上“从总到细”的过程，而不是一种“从细到总”的堆砌，对此觉得很不习惯。有的人过了几十年也没有掌握设计的规律。

歼教1的设计工作热气腾腾地展开，各方面的设计平行进行，涌现了大量的信息流，提出了许多需要了解、协调、讨论、决定的问题。当时每天处理的问题平均达到十条。几十年后我与一位美国设计师交谈，他告诉我，在型号研制期间，他每天要开9个会，每个会半个小时，解决一个问题。这样看来，中外在飞机设计中涌现出的需要及时协调解决问题的密度大体相近。

在绘制歼教1设计图纸的同时，进行了大量的技术计算和试验，包括在我国刚开始装备的电子计算机上的计算，以及在风洞中进行的空气动力试验，都证明了设计的正确性。

美国的第一架喷气式飞机F-80，刚开始在地面试车阶段，进气道就突然被吸瘪了，站在一旁的飞机总设计师差一点被吸到进气道里去。F-80在试飞中共摔过7架飞机，摔死了他们最好的试飞员。而我们同样采用两侧进气的歼教1，不但地面试车没有发生过吸瘪进气道的问题，以后在试飞中也没有出现过致命的事故。

我负责指导木工车间制造歼教1的全尺寸木质样机。制造这样大尺寸的样机，这在全国也是第一次。当时由从上海来支援东北的一位只有30多岁的八级木工陈炳生挑起了重任，带领工人们只用了100天就圆满地完成了制造任务。

图3-2　歼教1下装配线，推入试飞站，准备试飞

1957 年 8 月 5 日，距离我们到达沈阳不到 10 个月，我们长期以来冥思苦想、夜不能寐的歼教 1 的木质样机就逼真地站立起来，在我们的眼里，它的每一根线条都非常可爱，因为它不是对世界上任何一架飞机的“东施效颦”，而是中国人自己真正的创造。

经过技术审查、批准等手续，歼教 1 的图纸下达车间，试制工作正式开始。由于这架飞机在我国航空史上的特殊地位，当时航空工业局的王西萍局长从北京来到沈阳，对工厂作了试制动员。工厂呈现出热火朝天的局面，车间日夜赶制。我夜晚走进灯光下沸腾的现场时，深深被到处涌动着的激情所感动。

歼教 1 的结构试验机在工厂的静力试验室进行了强度试验，就是对一架完全真实的飞机逐渐施加载荷，一直到将结构拉碎，检查结构是否能承受 100% 的设计载荷。当结构上的载荷逐渐增大时，试验场地的气氛越来越紧张，最后的加载超过了 100%，试验取得完全成功，证明结构强度合格。

4. 银燕腾空

1958 年 7 月，歼教 1 完成了试飞前的一切准备，距离王西萍局长来工厂动员又正好 100 天。这是歼教 1 历史上的第二个 100 天。

当我们设计出歼教 1 的时候，中国还没有培养试飞员的学校，新机试飞只能从经验较为丰富、飞行技术较为突出的常规歼击机飞行员中挑选。担任歼教 1 第一次试飞的是青年空军军官于振武，他的飞行技术高超，当时是空军的打靶英雄。

指挥台升起一颗绿色的信号弹。歼教 1 发动机起动了，飞机仿佛从沉睡中苏醒过来了，呼啸着向跑道滑去，尾喷流卷起一片热浪。

图 3-3　左起第三人是设计室主任徐舜寿，右起第三人是我

然后，歼教 1 在跑道上加速向前冲去，轻盈地飞上了蓝天。只见它逐渐升高，

形状也迅速变小，灵活地转了一个弯，并一直保持在人们的视线内。当时许多设计人员和工人都在跑道边观看，紧张的心情立即释放出来，迸发出一片掌声和欢呼，在这空旷的机场上汇成巨雷般的轰响。

飞机安全着陆后，设计室主任徐舜寿和试飞员于振武热情拥抱，人们把于振武抛了起来。

新中国第一架自行设计的飞机胜利进入试飞的消息，当即报告了周总理。新华社还为这架飞机首飞成功发了一条内部消息。

叶剑英元帅和空军司令员刘亚楼特地从北京赶到沈阳参加了歼教1的庆功会，并观看了歼教1作的精彩飞行表演。试飞员在空中作出了很多精彩的特技动作，然后突然飞临众多观众头顶作超低空大坡度盘旋，动作万分准确但也令人惊心动魄，引起了观众们的一片惊呼。刘亚楼司令员叫身边的工作人员立即向指挥塔台跑去，急急叮嘱说：“叫他飞高些！飞高些！”

图3-4　歼教1飞行在蓝天上

30年后，第一位试飞员于振武担任了中国空军司令员。

八一制片厂把歼教1的研制过程拍成了电影片，成为记述我国第一架飞机诞生的历史文献。此片曾在原航空部内各种会议上广泛放映。我第一次看到此片时已近50岁，看到银幕上我28岁年轻的模样，回想当时魂牵梦萦、如火如荼的日子，不由得热泪盈眶，激动万分。

二、放歌异国的天空

——忆初教 6 的设计

21 世纪开始的第一年的春天，我收到美国 EAA（Experimental Aircraft Association）的邀请信，特邀我作为嘉宾参加 2001 年 7 月在美国奥什科什举行的飞行大会。

美国威斯康星州温纳贝戈湖畔，天气晴朗，天空中飘着朵朵浮云。在号称“全球第一繁忙机场”的奥什科什机场上，正在举行着世界上规模最大的飞行大会。跑道旁宽阔的草地上停着数千架从美国及世界各地飞来的各种飞机。在飞机旁到处涌动着参观的人群，仿佛在举行盛大的狂欢节一般。跑道旁，上万人头攒动，人们神情专注地在观看精彩的飞行表演，特技类飞机拖着彩色尾烟在空中翻腾。

这时远处传来隐隐的机声。云层下数十架飞机组成的庞大机群逐渐临近，排成整齐队形的飞机在阳光下闪烁着光亮，蔚为壮观。机声越来越大，低沉而和谐，直到声音铺天盖地，仿佛天穹下奏响了巨大的管风琴。机场上的广播喇叭响起：“这是中国的初教 6 组成的编队，正在通过会场。我们荣幸地告诉大家，这架飞机的设计师就在现场……”

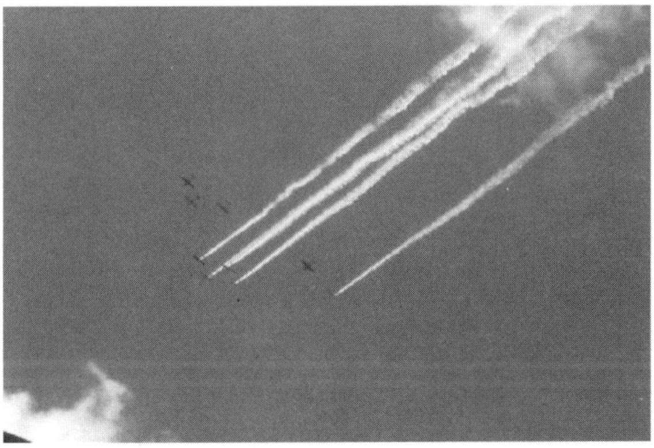

图 3-5　中国的初教 6 机群在美国上空编队飞行

我这时已经 72 岁。被邀请的原因是我在 27 岁时作总体设计的飞机初教 6，这时在美国已经卖出约 200 架，成为在美国销售最多的中国飞机，很受买主们的欢迎。买主们在美国组织了一个协会，他们打算组织一批飞机参加当年的飞行大会，并进行编队飞行表演。这个航空协会辗转打听到我与这架飞机的关系，特邀设计者去和这些买主们相见。

我首先参加了美国飞行员们在美国的曼尼托沃克机场的编队训练，为期一周。在这里我乘坐这种飞机升空体验了飞行。这架 45 年前我在图板上画下第一根线条的飞机，在国内我竟没有机会实际乘坐过。这次在美国登机升空，飞行的感觉非常平稳舒适，特别是座舱的视界宽阔，使我能自由地观看到天空和地面广大的区域，伴飞的僚机在空中的姿态和动作也都清楚如画。然后，在奥什科什飞行大会开始时，协会组织了庞大的机群编队从曼尼托沃克起飞，飞越宽阔的威斯康星河，直达奥什科什机场。这一年参加奥什科什飞行大会的飞机约一万架，会期一周，参观者总数约 75 万人。我满头白发被特邀乘坐在领队飞机上，带领机群浩浩荡荡飞入大会会场。

该协会组织了一次宴会，正式表示对我到来的欢迎，并邀请我在宴会上对初教 6 的发展历史作一个演讲。我在致辞中，介绍了该机研制的经过，着重说明了这是一架由中国自行设计的飞机，而不是如外界某些误传那样是一架外国飞机的改型设计。我列举的事实和例证被到会者接受，他们对此报以热烈的掌声，致辞完毕后，全场起立，表示了对中国飞机设计人员的尊敬。

中国飞机设计师被美国作为嘉宾邀请去参加飞行大会这还是第一次，加上我 72 岁与 27 岁数字的偶合，有一定的新闻性。因此此事在美国和我国国内的航空界都引起了一定的注意，美国的一些报纸、刊物、网站及广播电台等对此作了报道。我国的《航空知识》《新民晚报》《产经新闻》等报刊刊登了文章，上海东方广播电台作了播送，《民机设计与研究》《中国少年报》报道的标题是“美国人对中国飞机设计师翘起了大拇指”。美国刊物对我这次访美的报道中，第一句便引用了当初罗马帝国对凯撒大帝击败高卢重大战役胜利的经典描述：“他来了，他看见了，他征服了。”这当然具有某种夸张性，但说明他们对邀请到我进行这次访问很满意。

初教 6 是我早期在绘图板上绘出的飞机之一，距今已经整整半个世纪。1957 年，我们设计的第一架飞机歼教 1 的研制已经进入发展及试制阶段，设计室主任徐舜寿召集我、顾诵芬、冯钟越等当时“技术委员会”的成员，一同讨论下一个型号应该设计什么样的飞机。大家打开思路，曾提出供国家高层工作人员出差用的喷气式公务机、小型多用途飞机、靶机等多种设想。初级教练机是当时提出并作了重点讨论的机型之一。

20 世纪 50 年代，我国培养飞行员使用的初级教练机是前苏联的雅克 18，当时在我国的南昌飞机厂已经按照前苏联图纸投入生产。雅克 18 是一种构架式蒙布结构、后三点起落架的飞机。当时大部分先进飞机都已经采用前三点起落架，飞行学员却必须从后三点起落架飞机学习飞行是不合理的。那时的训练体制，是飞行学员在雅克 18 上学会基础的飞行驾驶技术之后，还要经过雅克 11 高级教练机及拉 9 等飞机的多级培训之后，才能够驾驶在第一线服役的喷气战斗机。

当时前苏联已经推出一种前三点的改型设计雅克 18A，使用方有意要求航空工业部门改为生产这种苏式机型的改型。当时我们认为：中国的飞机设计力量在已经设计了歼教 1 喷气式教练机的基础上，独立设计出螺旋桨式初级教练机已没有技术上的困难。自行设计还可以使初级教练机在技术上向歼教 1 靠拢并形成系列，把“多级培训”压缩为“初教—歼教—现役”的“三级培训”体制。

于是设计室对“初级教练机”的设计作了一些初期酝酿。当时有个别技术领导还是把设计工作主要看成是“再现”一个现成产品的过程，就把画一张飞机草图的任务交给一位刚从南昌调来的技术人员，因为他来自生产雅克18的工厂，必然对这种飞机比较熟悉。这位技术领导还越过总体设计组，直接对该方案的草图绘制进行技术指挥。果然，这样绘出的草图，基本上是雅克18的再现，许多设计特点仍然维持原样。

这是出自“工业化”初期的陈旧观念。当时只注重“造出来”，而不强调产品的创新。比如20世纪初我国最早的一些民族资本家，当他们发现别人的工厂有某种先进的加工设备时，便千方百计去仿造，甚至夜晚派人潜入对方的厂房去暗地里画出图纸。只要照样造出来，便与对方处在了同一竞争地位。但是飞机自诞生起就标志着“技术时代”的到来，在短短几十年内，飞机在更高、更快、更大上出现了跨度极大的变化，所以飞机产品的发展单凭“仿造”是没有出路的。不幸的是，这一点在我国航空界却长期不被许多人所理解。

徐舜寿的设计思想一直是主张“熟读唐诗三百首”，推行独立自主进行工程综合的技术路线，而反对“唯某种已有机种论”的人。所以，当上级正式决定开展设计初级教练机的任务之后，以徐舜寿为首的设计室决定放弃那个“仿雅克”设计的设想。

“初级教练机的总体设计，还是交给你这个总体组来重新开始。现在首先需要到另一城市的航空学校去一次，听取一下他们对新教练机的要求。这次就你去吧。”徐舜寿对我说。

1. 具有特色的设计

记得设计第一架飞机歼教1之初，是徐舜寿和黄志千带领我去航校调研的，我当时跟着他们，心里很踏实。而这次却叫我单独一人前往，我这时只有27岁，首次担任此重任，不免有些胆怯。幸好有设计新飞机的任务在身，使我内心充实。

航校的飞行教员们对我国即将设计供他们使用的飞机感到十分兴奋。航校为我召开了座谈会，我受到青年飞行教员刘观潮等人的热情接待。我在会上解释我们设计的初步意图，并提出我们特别希望了解的使用方面的几个问题。他们在座谈会上畅谈后还意犹未尽，会后又一批一批地来到我在招待所的房间，继续畅谈各种想法。

事隔20多年之后，当我的工作已经转到上海，曾经和我畅谈过的飞行教官刘观潮到上海，还特地来看我。我很惊奇他还记得我在多年前做的那次“调研”。

也许有人认为，作为一个工程设计人员，本分就是别人规定任务之后，按常规写写算算，勾勾画画。至于去了解一种新产品的周围环境，去列出若干值得注意的因素，排出需要解决的问题的优先级，逐个想出解决的办法，似乎不是技术工作本身。但是我设计几架飞机之后体验到，以上这些才是决定飞机成败的最大问题，是凌驾于常规操作之上更重要的技术工作。

通过这次调研，我对这架新设计的初级教练机的型式初步形成了几点构想：

首先，结构选择为应力蒙皮的铝合金“半硬壳”型式，因为这种结构在工艺上更容易保证生产质量的稳定，有更长的使用寿命，并便于维护。我们通过歼教 1 的设计已经掌握了这种更先进型式的设计、计算和制造技术。为此，我和一位技术领导发生了争论，因为前苏联的初级教练机雅克 18 采用的是钢架蒙布结构。有些人有根深蒂固的“仿制”思想，总担心中国人如果不按外国现成的步子走，自己“独出心裁”会带来想象不到的风险，说不定会天塌地陷。但是经过讨论，采用“半硬壳”式结构终于得到一致同意。

在飞机的性能方面，根据当时发动机的功率，飞机的最大速度与最小速度的间隔将小于 200 公里/时。为了尽可能扩大这个间隔，我打算在机翼上采取左右贯通的单片式襟翼，这样可以避免增升环流在根部中断而提高升力，也使着陆襟翼放下后更好地起阻力板的作用。这样一来，机翼将成为外部上反的“海鸥式”，颇具特色。

对于初级教练机，失速和反尾旋性能很重要，机翼的外翼应有扭角形成“外洗”，以保证大攻角下不会发生机翼偏坠。同时，为了使尾旋时平尾对垂尾的遮挡最小，我们将平尾位置尽量后移，并将垂尾形状设计成直立的梯形。我本来打算将平尾移到整个机身的最后方，采用左右升降舵一体的办法，可使飞机节省一个部件，但这个方案经过讨论后认为对初教 6 不合适，为此升降舵仍然保留了一般飞机的左右两片。后来整体升降舵的方案在同年我设计的勤工号飞机上得以采用。

飞机的起落架将采用前三点形式，这是这次设计的主要目的。

我感到雅克 18 的座舱视野受到较多遮挡，仪表板杂乱，存在很大的改进余地。为此，初教 6 的驾驶舱前方采用整块弧形风窗，取消了雅克 18 在风窗上的几根立柱，并为初教 6 设计了大块敞亮的座舱罩。

此外，初教 6 原打算采用东欧一种气缸对置式安排的发动机，以进一步改善飞行员前方视野。但这种发动机的资料不够详尽，到要用时还没有研制出来，并且它没有倒飞装置。这对初级教练机显然不合适，所以后来仍然采用了苏式星形发动机。

我们将初教 6 的仪表板排列尽量向歼教 1 靠拢，希望日后便于飞行学员的过渡。另一方面，我观察到苏式飞机仪表板上有许多安装仪表的螺钉暴露在视线中，在飞行中并无操作与观察的功能。为此，我建议在初教 6 的仪表板上安装一块盖板，遮住飞行中没有作用的仪表安装螺钉，使板面干净利索。为此实际造出了一块试样，安装在木质样机上供飞行员们比较。不料熟悉了雅克 18 的飞行员认为他们对突出的螺钉已经习惯，并不反感。所以这个设计没有在设计中采用。但是今天连汽车的仪表板都不再突出安装螺钉。

总之，在初教 6 的设计中，我们千方百计使型号具有一些特色，形成一种风格，使初教 6 成为一种优于我国当时使用的外国同级教练机的新型号。当时航空工业局局长王西萍评价说：“这是一种具有自己特色的设计！”

2. 告别与重逢

在作出初教 6 的总体设计之后，我首先要求木工车间按总图制造了一架缩小比例的全机模型。我拿到这架小模型后高兴万分，它不像世界上任何一架现有的飞机，但各个部件安排合理，线条优美。我把这个模型拿到结构设计室的大房间给同事们观看，大家都笑逐颜开，很是兴奋。

我后来又负责在木工车间制出了全尺寸木质样机，从我调研过的航校请来刘观潮等飞行教员前来提意见。在小模型和全尺寸木质样机制造中，对用木质材料如何表现形状复杂的螺旋桨，我用了自己制作飞机模型的经验体会，站在木工台前，一步一步指导木工如何操作，得到了理想的效果。

根据飞行教员的意见我们对设计进行了必要修改之后，在沈阳“第一飞机设计室”完成了初教 6 的“技术设计阶段”（我国有时又称为“打样设计阶段”）。这时，上级决定该机的详细设计及试制生产转由南昌飞机工厂完成。南昌方面派来接收任务的技术队伍由高镇宁带队。他在清华航空系学习时比我低三届，他的哥哥与我同班。高镇宁当时到宿舍来找他哥哥时我见过他，我们这些“高班生”那时看他完全是一个小孩。高镇宁后来担任了航空部的副部长，并任中国科协的领导职务。

在沈阳的“第一飞机设计室”派出了一支技术队伍，携带全部总体设计和技术设计的图纸及资料奔赴南昌，和当地的技术力量一同完成了初教 6 的详细设计和试制。我这时在沈阳投入了另一新机种强 5 的总体设计，没有随同前往。

所以，初教 6 是沈阳和南昌两方面合作的集体创造，南昌对这架飞机的完成作出了重要贡献，它是南昌飞机工厂的产品。

国内有一股思潮，不相信中国人设计的飞机。当一架国产飞机在设计中时，他们就说：“不能飞。”到飞起来了，就说“不能用。”这种思潮几十年一贯。就在初教 6 在南昌试制完成并成功试飞之后，管理部门仍然主张生产那种技术状态更差的雅克 18A，理由是那不是中国设计的。

直至航空管理部门一位新领导上任，对长期的争论十分不满，拍案而起说：“为什么不能用中国自己设计的飞机！”这才在摇摆三年之后，初教 6 于 1961 年投入生产，成为投入生产的我国第一架自行设计的飞机。

初教 6 在初次试飞 22 年之后，于 1980 年被航空工业管理当局授予“质量金奖”。到 20 世纪末，连续生产了 40 多年，共产出约 2600 架飞机，受到飞行教员和学员的交口称赞，并出口国外，广泛受到欢迎。

自从初教 6 被高镇宁接到了南昌，45 年后，我却与这种飞机在海外意外相逢。

那是在 1999 年，我 70 岁，已经从飞机设计岗位退休。一天，我正出门去出席上海科协的会议，室内电话铃响起，我转身回屋接电话。电话里讲英文，说你是某某吧，我说是的。他问你是否设计了 CJ 飞机？我说不是。我当时想，我并没有听说过这种飞机。电话中问我是否设计过飞机？我说是的。他又问我设计过一些什么飞机，我说有一种初级教练机，还有一些别的。他说那就对了。

我这才猛醒原来 CJ 就是“初教”的汉语拼音。便说是的、是的，你在哪里打电话？对方说，是从美国打来的。他刚从中国回到美国，在中国时打听到我的电话，因为他在美国买了一架 CJ。我说你对这飞机的感觉怎么样，他说很好。他说美国有很多人买了这种飞机。他自我介绍他是美国联合航空公司的一个 767 飞机的机长，名叫哥斯比。他谈起 CJ 飞机来，简直有意犹未尽之感。

又过了几个月，一天我接到哥斯比从东京打来的电话。他于当天晚上驾驶航线班机飞抵上海，约我到他们的驻地“假日旅馆”一聚。他是一个个子高高、热情诚恳的人，比我小 10 岁。那天我们共进晚餐。

图 3-6　在美国友人欢迎作者夫妇的宴会上

他告诉我，这种飞机在美国很受购机者欢迎。他驾驶航班飞行到伦敦时，在一家书店看到《中国航空 40 年》的英译本，便买了一本，从初教 6 的设计过程中看到我的名字。他飞航班到北京时去参观了在北京北郊的航空博物馆，在那里打听到我的电话。他说在美国购买这种飞机的人们有一个协会，常常在各地作编队飞行及特技表演。我在谈话中看得出他是一个对飞机和飞行极为热衷的人。我谈了一些 40 多年前初教 6 设计的事。似乎他也觉得与我很谈得来。他回到美国后，把和我见面的经过写了一篇文章，题名叫《我会见了他本人》，发表在协会的通讯上。

2000 年秋天，我突然接到这位哥斯比机长的电子邮件，称在美国的初教 6 拥有者希望在 2001 年的飞行大会上与我相见，作为他们的贵宾。于是我得以到美国与阔别了多年的初教 6 再次亲密接触，并第一次乘坐上我在风华正茂时在图板上画下第一根线条的飞机，翱翔在异国土地的上空，真有“放歌异国天空”之气概。

图 3-7　美国飞行员向中国飞机设计师伸出了大拇指

在美国我听到美国人对 CJ 发出一致好评，盛赞这是一架好飞机。有的人原来已经有了一架雅克，但卖掉了雅克改用 CJ。一个叫布莱因的对我说，他飞过 25 种飞机，其中 CJ 最好。他在停机线上对络绎不绝的参观者也这么说。还有人对我说，每种飞机都有自己的缺点，但是 CJ 没有缺点。我问过联系邀请我的哥斯比，CJ 究竟有什么好，他的回答是“飞行中重复性好，便于编队飞行，没有怪僻”，他对这架飞机使用的形容词是“忠诚”（Honest）。

有人向我表示，他最欣赏的是CJ机翼的外扭，失速时是非常温和的，改出尾旋只需松开驾驶就会自动改出。有人表示很喜欢CJ的海鸥形机翼，一看就与苏式雅克不同，很好看。对初教6采用的半硬壳式铝合金结构，人们称赞不已，说真是结实，已经用了几十年了，状态还那么好。他们中有的买的就是二手旧飞机。

图3-8 我在初教6飞机上留影

在美国访问时，他们也反映了一些在美国使用条件下的具体意见，如某些操纵器件和仪表不符合美国的使用习惯等。但是这毫不妨碍他们认为CJ在总体上是一架好飞机。有人向我说，即使你没有设计过别的飞机，只要有CJ就是很了不起的成就了。难得有人在网上发表感慨说：但愿他本人在72岁时也有这样的风光！

图3-9 初教6展翅飞翔在异国的天空

我回到上海后，收到一位与会者从美国发来的电子邮件，说他从奥什科什飞回家乡，路途十多个小时。他要感谢我设计出这样好的飞机，使他途中一切顺利，一路愉快。

老实说，我20多岁时在图板上绘出的飞机，事隔近半个世纪之后在海外听到这样好的评价，受到挑剔的美国买主如此欢迎，这是我自己事前完全没有想到的。

三、雄鹰展翅

——忆强 5 的诞生

前些日子，航空学会的一次聚餐会上，从邻桌过来几位代表，带着酒杯对我说："我们都是一直在飞强 5 飞机的……"

我说："在强 5 研制的早期我参加过一段工作。最初型号的编号叫作雄鹰 302，我一直对我们像鹰群一样矫健的强 5 飞行员们怀着很大的敬意！" 于是我们亲切地举杯共饮。

1956 年，我国成立了"第一飞机设计室"，飞机设计事业欣欣向荣，一个型号接着一个型号提到议事日程上。我当时任总体设计组的组长，在做出第一架飞机歼教 1 的总体设计之后，又主持了初教 6 的总体设计。1958 年，开始构思一架对地攻击的强击机设计。不久，上级决定将强击机正式进入总体设计的进程。这个新设计，就是后来的强 5。转瞬间，到 2008 年，强 5 开始研制已经 50 年过去了。

1. 出访战斗部队

1958 年夏天，"第一飞机设计室" 的主任徐舜寿对我布置工作说："你去一趟部队，了解一下部队对攻击地面的飞机的需要。"

"我一个人单独去吗？" 我问。

"就你去吧！你已经作过两架飞机的调研了，弄清楚了不少问题。你也不是新手了，该怎么调研你是知道的，你带回初步结果以后我们再看。这次你先去。" 徐舜寿说。

对地攻击，对我来说是新一类的机型。我记得前苏联在第二次世界大战中创立了这种机型，德国人在战场上受到了很大的威慑，称之为"黑色死神""坦克克星"。我国也进口了前苏联的螺旋桨式强击机伊尔 10，我到南方机场出差时见到过。当前将要在我的图板上出现的，应是这类飞机。

"嗵嗵嗵、嗵嗵嗵……"

炮火响处，靶场上硝烟弥漫，打得黄色的尘土飞扬。我出访的第一站，是某地一支用喷气式歼 5 对地攻击的部队。歼 5 是当时空军的主要歼击机，装有较强的攻击火力，该部队就用这种飞机作对地攻击训练。

他们和我开过座谈会后，把我带到对地射击靶场，实地观察机队对地轮流射击的训练。以高速性能为主的歼击机，在低空低速中转弯轮流进入俯冲射击，也表现了很好的机动性。那种炮火连连、打得靶场上烟尘横飞的景象，给我留下了深刻印象。他们反映，应该进一步加强对地攻击的火力，并提出了飞机如何适应对地攻击要求的许多设想。

我访问的第二站，是某地一支使用苏制螺旋桨强击机伊尔 10 的部队，他们曾参加解放一江山岛的战役。飞行员们向我反映伊尔 10 在低空低速时有良好的操纵性，对地攻击火力很强，为防御地面轻武器的对空射击而在重要部位有坚固的装甲防护。他们给我讲了解放一江山岛战斗中的许多轶事，如低飞中一只海鸟撞进一架杜 2 的发动机舱等。言谈中充满了他们对自己使用的强击机的偏爱。

从他们的谈话中，使我对强击机执行任务的特点，所要求的飞机性能、火力、装备、飞行特性等多方面有了深入的了解，获得了许多宝贵的信息。有些细节也使我难忘，比如飞行员告诉我，伊尔 10 的左侧防护装甲略低了一点，使飞行员操纵加速杆的左手暴露在外受不到防护。只要装甲再高一点，就可以使飞行员在冒着弹雨去进攻时更加勇猛而无左手被击伤之忧。

我访问的第三站，是当时地处南方一座城市的空军学院。学院的战术教师向我介绍了对地攻击战术的最新演变方向。他主要取材于国外军事资料，在国内尚没有实践过。我刚访问的两支部队得到的是已有机种上的经验；而空军学院所介绍的是今后的发展趋势，对于在总体上认识这种机型无疑是很好的补充。

带着收集到的丰富信息，我回到位于沈阳的“第一飞机设计室”，立即着手撰写调查报告。强击机不仅对我，而且对我国当时整个的航空工业界都是一个全新的领域。由于收集来的情况涉及的方面很多，我感到手中的笔简直来不及写下脑中涌出的思路。于是我大胆采取在电影中看到外国人用过的办法：请一位书写敏捷而字迹清楚的文书帮忙，由我“口授”，请她当场记下来。

这是我一生中最成功的一次口授。内容实在太多太庞杂，如果由我自己逐个字慢慢去写，会越写越烦躁，说不定思绪会在字句中迷失方向，反而不知所云。但这天口授中我一点没有犹豫不决的时候，思路空前通畅，说话毫不磕巴。我说完一句，稍作停顿等文书把这句写下来，便接着流畅地说下一句。说着说着，我翻开笔记本，说：“下面把这一段记录抄下来。”然后再接着口授下面的内容。一天下来，一篇字迹整齐、条理分明的调查报告就完成了。我交上去后，设计室的领导很惊奇我交出报告时间之快和内容之丰富。

这是国内第一次集中地谈论强击机，报告中聚集了设计人员关心的各种新鲜信息。十几年后我遇见其他单位的工作人员，以前并未见过面，他听到我的名字立即说：“啊！知道，第一份关于强击机的调查报告就是你写的。”

2. 雄鹰初现

对新的强击机方案，我当时有两种设想：一种是继承螺旋桨式强击机的优点，因为这种推进方式很适用于低速低空飞行。一江山岛战斗中螺旋桨式强击机发挥的作用给我留下了很深印象。为了加强火力，提高装载攻击武器的能力，必须加大发动机功率。我设想采用双台发动机、双机身布局。我为这种设想绘制了方案草图。

另一种设想则是采用喷气动力。当时我国已经按照前苏联提供的图纸生产出歼 6，这是我国第一种高速歼击机，打开发动机加力以后可以超过音速，可以将它提高速度的发动机推力部分用在提高载重上。该种便于发动机安装、拆卸维护的机身分段办法，以及后掠机翼的载重主梁和助力操纵系统等设计特点可以采纳在新机设计上。但新机需要在机身内设计炸弹舱，并且机翼的参数也要根据新的飞行任务重新选定。

鉴于对战斗机未来发展方向的估计，我们对强 5 飞机采用两侧进气口，而不用苏式机头的进气方式。1956 年，我在我国第一架自行设计的喷气飞机歼教 1 上，就已经根据当时我们所作的技术分析意见采用了两侧进气方式，并取得了成功。这虽然不符合当时苏式飞机的设计习惯，但是过 50 年后回过头来看，以后连俄罗斯的各式飞机也放弃了机头进气的形式，说明强 5 当时对技术形式的选择是符合技术发展的合理方向的。

我对这些设想作了参数选择，绘出了飞机设计草图。

当时技术发展的趋势是喷气化，因此最后选定了第二种，即喷气的方案。

顺便说一句，我们放弃了双身强击机方案以后约五六年，美国大张旗鼓地为越南战争设计对地攻击的所谓“反暴乱飞机”，在全美各个飞机厂商进行设计招标，应标的 12 个厂商所提的方案，竟全部都是螺旋桨双身布局，真是一种巧合。可见我们当初提出双身设想，也有其合理性。

我在喷气强击机的草图基础上，进一步仔细确定参数、确定外形，布置主要承力结构的走向，进行部位安排，重心调配和结构安排。然后，像以前两架飞机的总体设计一样，向木工车间提供了图纸，制造出了雄鹰 302 的全尺寸木质样机。

图 3-10　展翅的雄鹰

我在抗日战争中，初中时在桂林，家住在桂林城郊七星岩下。由于抗战逃难中常受日本飞机的轰炸，在我 13 岁时就下定决心，将来长大了要为祖国设计飞机。我在家里的院子里仰头眺望，可以看到七星岩的悬崖边常有鹰群在翱翔。我常常畅想：有朝一日我设计的飞机要像这些鹰一样比翼长空、御风破雾、追日耕云。幼年对飞机的向往，就曾和鹰的形象结合在一起。没有想到 15 年后涉足了一种被称为“雄鹰”飞机型号的设计。雄鹰 302 最初展现在人们眼前的形状，真的透出几分威武和凶猛的神态。

接着，当时“第一飞机设计室”提出设计方案的初教 6 和强 5 两架飞机先后转到了南昌飞机工厂去继续设计和试制。

这是由于部署我国飞机设计力量的构思发生了变化。原来设想“第一飞机设计室”将是航空工业的飞机设计中心。所以设计室主任徐舜寿的设计视野遍及各种机型。20 世纪内迅速发展的航空技术，本来就有四面开花的趋向。所以美国的著名飞机设计师约翰逊，一生设计过各式各样的飞机，不断向多个方面推进航空技术的前沿阵地。

我国当时航空工业的管理部门，单纯从“工业化”的认识出发，强调对现有机种的“专业化分工”，把产品设计部门配属到专门生产某种机型的工厂，把“设计”仅仅看作是向生产提供图纸的第一道工序。为此甚至提出了“设计为生产服务”的口号，就是干脆取消产品开发，把技术力量用在维持对外国产品的生产上。

在这种思潮下，将“第一飞机设计室”划归沈阳工厂的建制，而沈阳工厂生产分工的品种是歼击机，于是将非歼击机的项目转出。上级决定把雄鹰 302 的任务转到南昌飞机工厂去进行，将沈阳“第一飞机设计室”中的陆孝彭工程师调去南昌工作。以后，我国飞机型号编号系统作了改变，不再使用红专、东风、雄鹰的编号，这种强击机改称为强 5。

陆孝彭长我 10 岁。新中国成立前他曾在英国从事航空行业，新中国成立后回到国内。据说他年轻时很活跃，拉过小提琴，也会唱京剧。陆孝彭接受该机的设计任务之后，对初步设计进行了改进，如采用面积律的机身，加长了机头锥，采用后开式座舱盖等，使强 5 成为一种设计很完善的机型。

3. 艰难的诞生过程

强 5 在南昌完成了设计，但试制工作历尽了艰辛。试制中途，航空工业管理部门强调将力量集中到按前苏联图纸制造苏式飞机，撤销了对自行设计飞机型号的支持。强 5 的试制力量几乎全部撤空。在最困难的阶段，只剩下总设计师陆孝彭带领几名助手，在车间一个隔间内，亲自在飞机上打铆钉。

图 3-11　机库中的强 5

管理部门的官员下厂来视察工作时，走过隔间的大门，工厂人员介绍说，在这个门内，就是强 5 仍在艰难地维持着试制，请问要不要进去看一看？视察者沉吟了一下，终于说：“算啦！”说完掉头而去。

确实，要是去看了，最少意味着某种精神上的支持。但是，连精神支持也不给呀！

强 5 的研制，真像是在峭壁上攀登，不知何时一个或大或小的事件就会坠下悬岩。整个型号就会遭到万劫不复的命运。

强 5 艰苦的研制过程，经过了 20 世纪 60 年代初生活和工作遭遇极端困难的不正常的日子。研制人员拖着饥饿的身躯，顶着得不到支持的强大精神压力，用超常毅

图 3-12　30 多年后，我与强 5 合影留念

力坚持工作，原型机终于在 7 年后的 1965 年 6 月首次飞上了天空。以后强 5 的诞生仍然经受着不少磨难，又过了 3 年，才在 1968 年 11 月开始投入批量生产，少量装备部队。开始时进展缓慢，中国人自己设计的飞机，在崇尚“洋货”的观念包围中，显得有些“人气不足”。

陆孝彭告诉我说，有一次强 5 遇到发动机空中停车的意外事故，飞机在稻田里迫降，不幸中之大幸人机都没有受伤。这次事故却有一个意外的收获：证明该机低速、低空的操纵性能十分良好。而这正是强击机所要求的飞行特性呀！

图 3-13　强 5 攻击的雄姿

图 3-14　巡航在祖国领空的强 5

不久在一次边境冲突中，强 5 大显神威，受到空军部队的赞赏。这样迎来了转机，于是该型飞机被大批投产，装备了部队，成为我国国防装备中的一个重要机种。至今，从开始投产整整 40 年来，强 5 已经连续生产了 1000 多架，装备了我国的空军和海军，并且出口到许多国家。

1985 年，强 5 被评为国家科技进步特等奖。强 5 成为我国第一种出口创汇的战斗机种。在法国巴黎航展上，我国第一次以实物参展，被誉为“亚洲明星”。在西亚一次盛大的打靶比赛中，强 5 与美国、法国及前苏联三种著名战斗机较量，结果赢得了超低空飞行和打地靶比赛第一名。陆孝彭被选为我国工程院院士。

直到今天，强 5 仍然活跃在国防战线上。在新闻图片中，在电视节目里，常常可以看到它伟岸的雄姿。热爱航空的观众们每看到它独特的身影，都会情不自禁地叫起来“强 5！强 5！那是强 5！”，这声浪引起了我温馨的回忆，也激发起我对艰苦卓绝的中国航空人的崇敬之情。

图 3-15　等待出航的强 5 机群

四、我的“非职务设计”
——勤工号

前些天，一位远方的朋友发来邮件，询问关于勤工号飞机的往事。来函者把它错记成是我在大学学习期间设计的飞机。还询问飞机名字的来源。

实际上，勤工号并不是我在学生时代设计的。但是它确实有一些特别的地方，比如说，它是我第一架“非职务设计”并由一所航空学校试制的飞机，它的试飞员也有些奇特的经历，它的出现使我对飞机设计这个行业有了某些感悟。把勤工号的回忆写在这里，将一些我的感受与愿看这段故事的网友们分享。

1. 年轻人的热情

1958年春天，飞机工厂负责青年工作的王彦明和庄桂棣（女）把我叫到大白楼他们的办公室，对我说，我们工厂有许多青年技术人员，大部分是在车间生产线上的工艺人员，他们的主要工作是制造国外飞机的某些零件。另一方面他们对于自己参加设计一架飞机有很大的向往，我们打算组织工厂的青年们设计一架飞机，你的看法怎么样？

当时我27岁，在当时中国的领空，还没有一架自行设计的飞机飞翔过。因此有人把设计飞机看得很神秘。但是另一方面，又有人头脑过热，把飞机设计看得很简单。我认为设计飞机既不神秘又不简单，关键是必须遵循设计飞机的规律，熟练地使用这些规律，便能够成功地设计出良好的飞机来。

我当时担任着“第一飞机设计室”飞机总体设计的任务，因此对当时世界航空发展的形势有一定的了解。我针对军用飞机的发展已经连续发表了五六篇介绍世界航空新技术的文章。此外也对民用飞机的形势作了一些探索，在刊物上发表了农业飞机的评述文章，该文被正在研制农业飞机的航空学校指定为必读文献。也许因为这些背景，这两位青年工作者在组织这项活动时，想听我的意见。

我的看法是：如果要设计一种小型民用飞机，则以单发动机、四座、上单翼的型式用途最广。美国、欧洲及前苏联都有这样的飞机，长期以来保持着很大的使用量。这种飞机在技术上也最成熟，没有不可预计的设计困难。这种飞机可以用于送人、小额货运、各种农业及观察、勘探和摄影等。

王彦明说，很好，就设计一架这样的飞机，由你来担任总设计师。

参加这项设计工作的，只有我一个人来自设计室，其余都是车间里的年轻工艺人员。我觉得他们只熟悉高速喷气式战斗机的构造，这些构造不适于轻型飞机。因此，我建议首先组织全体人员到沈阳滑翔机厂去参观一次，那里有一些轻型飞机，如雅克 18、雅克 12 及艾罗 45 等，可以看一看它们的构造型式，以作为设计时的参考。

初春一个寒冷的阴天，工厂组织了几十个人，先由我讲解这次参观的目的及参观中应注意的方面，由工厂派车把这支庞大的队伍送到沈阳滑翔机厂。

青年们分组观察，我则向他们指出一些值得注意的细节。告诉他们说，我们并不是想要复制某些构造，但是观察已有的飞机是如何解决它的设计问题的，有助于我们在解决自己的问题时有更广阔的思路。

虽然我说过新飞机将采用一种成熟的技术型式，但是我在总体设计中仍然按照正规设计程序，首先收集并分析了同类机型的资料，确定各总体参数的合理选用范围，并确定飞机各主要部件的技术形式。

我感到遗憾的是，在动力装置方面，当时除了 M-11 型五缸星形排列的发动机已在国内生产之外，没有其他的发动机可供选择。仅从设计需要的角度，我很希望能采用对缸式排列的发动机。

我作过计算之后，便开始绘制总图。由于对型式和参数已作过许多考虑，加以当时少年气盛，自信心很强，因此下笔很果断，很快绘出了全机总图及数据表。并立即散发各车间的设计组，作为各部件设计的依据。

我当时已经完成了三种飞机的总体设计。但是这些飞机都还没有起飞。每当我面对大幅的绘图板，摊开一整张洁白的绘图纸，动手来绘制一架新飞机的设计图纸时，都不免有一种特别的滋味在心头。

设计飞机，首先要考虑机翼面积。当心中权衡机翼展弦比、后掠角等与飞行紧密相关的参数时，有一种很神秘而庄重的意味。画在图板上的对象以后是要飞的，你在绘图中不知不觉就会想象你画出的线条将来飞在空中的样子，有一种飞腾的洒脱感充斥在头脑中，使你情不自禁会带着一种审美的情调去察看你笔下涌出的线条。

记得以前我从书中读到过，英国二战时首相丘吉尔在业余时间是个油画爱好者。他自己说过：一次他面对一幅新的画布，左考虑右考虑不知如何下第一笔。正好一位女画家来看他，看到他犹豫的神色，便伸出手来说："我来给你画第一笔，给我笔，大号的!"邱吉尔说，他以后常常记得那位女画家要求"大号的"笔那坚决的口气。

我在幼年和少年时代处在抗日战争中，12 岁读初中三年级时在桂林。这座城市曾有中国抗日的空军与美国"飞虎队"的联合空军部队驻防。自从我读小学以来，亲自经历了日本飞机的轰炸。这时在桂林我看到了升空抗击日机的飞机，心情十分振奋。就在此时，我立下了将来要为祖国设计飞机的志愿，并且开始在笔记本的空白处画我自己设计的飞机图像。当然。这时绘出的飞机还纯粹是一种个人练习。

但以后在我正式从事飞机设计事业以来在图板上画出的飞机，大部分都实际飞上了天空。所以每当我面对一张新的图纸画上第一笔的时候，我都会感到"给我笔，大号的!”那种挥毫直洒长空的豪迈劲头。

设计这架飞机工作时间没有保证，完全靠参加者业余挤出时间来。这样对短期突击的任务通常是可以的，但要设计出一架飞机，拖的时间就比较长，并且很不容易组织和保证设计的质量。我终于克服了很多困难完成了第一轮设计。

到了夏天，我们终于有了机身、机翼及尾翼的结构图纸。至于起落架，由于起落架车间的工艺员们不了解我为该机选择的橡筋减振式的起落架，这部分的图纸暂缺。

为了保证安全，组织了设计室的青年工作者对这批初步的结构图纸进行了一次校核。而原来缺图的起落架部分，则是由设计室的青年设计者补绘的。

这架飞机没有经过常规的风洞试验和结构静力试验。这一方面是限于当时的条件，另一方面因为它在气动上属于常规布局，我通过已有的理论和我自己的模型试验已经掌握了它的操纵和稳定特点，有把握确定它正常飞行的重心范围。而它在结构上的主要受力系统属于静定系统，用成熟的理论已经可以可靠地确定它的应力分布，因此我们认为它在气动力上和结构上都可以确保安全。

2. “飞天”挥袖舞长空

与沈阳飞机工厂相邻的辽宁航空技校，自愿担任了这架飞机的试制任务，并且技校校长张伟亲自组织了试制工作。技校许多教师原是十分有经验的老技工，他们带领广大年轻学员们认真制造。一些关键的部位，在没有充足的工艺装备的情况下，一些极有经验的老技工师傅发挥出绝技完成试制任务，我向张伟校长谈到这点时表示钦佩不已，张校长也和我一样十分赞叹老师傅们的高超技艺。

冬季到来的时候，东北的飞机工厂跑道上北风呼啸，在停机坪边的一座机库内进行了飞机的总装配。翼面的蒙布是请沈阳滑翔机厂的蒙布工人协助完成的，翼面的质量非常良好。发动机与整个动力系统的安装，由工厂试飞站的机务员韩信根负责，他以前曾在使用雅克 18 的航校当过机务主任，对 M-11 发动机的安装调试非常有经验。

当时在工厂协助生产的一位前苏联老专家冒着大风来到机库，他向我提出了一系列问题。我一一用俄语给了他回答。他对飞机设计表现出很大的尊重，虽然这是一架不起眼的多用途民用飞机，但由一群青年人设计出来，他仍然觉得很了不起。

我作为技术上的总负责人，这时在思想上产生了很大压力。毕竟这是一架有许多非专业人员参加设计和试制的飞机，是一架不折不扣的“非职务设计”，因此，在它身上可能潜伏着不确定的隐患。我抓紧时间从飞行总体安全的角度反复检查飞机。我使用的工作方法 20 多年后学习新兴的学科“系统工程学”时，才知道称被为“输入输出法”。我至今认为这是从事总体工作的一种重要的思维方法。

比如说，我用肉眼观察就发现左右机翼的安装角有误差。技校一位姓周的教师再三向我保证说，是他亲自作的水平测量，数据证明两翼对称良好。但是我宁可相信自己的眼睛而不相信他的繁琐的数据，对他说：“肯定你测量错了，我不管你是如何测量的，结果摆在这里，就是不对称。”我坚决要求改正。

图 3-16　勤工号

飞机的系统安装、称重等工作是通宵赶工完成的。在称“满油重心”的时候，由于机翼油箱的装油量正好等于两个人的重量，我要求由两个人爬到机翼上坐在油箱位置上来代表油的重量。称重完毕时天已快亮了，学校许多师生裹着大衣，靠着机库墙角在地上坐成一排昏睡过去，等第二天天亮再接着完成试飞前的冲刺。

工厂的青年工作者庄桂棣问我说，这架飞机取个什么名字好？

当时，前苏联的安东诺夫设计局刚推出一架小型双发飞机，取名为小蜜蜂，我国许多报刊都作了报道，很是轰动。我很喜欢这类命名，就是说不过分讲究深意，而是取其通俗易懂，形象可爱，叫人能记住。我记得在北京参观敦煌画展时曾见到“飞天”的形象，那是一种挥舞着长袖升空的仙女，形象美丽而又有中国文化的特点，便提议说：“叫‘飞天’怎么样？”不料庄桂棣非常惊讶地说“叫‘飞天’？”她完全没有想到一架飞机可以叫这类名字。后来，由于飞机是由航空学校试制的，当时正提倡“勤工俭学”，工厂和学校的有关方面便给这架飞机取了个带有口号意味的名字：勤工号。

我为这架飞机设计了素净的乳白色，在机身两侧加一条装饰性红带。我希望在当时崇尚“蓝、绿”的时代，尽可能在朴素中加上一点俏丽。

喷漆是请一位外厂的喷漆工操作的。不料在我向他讲解方案的时候，他强烈提出了反对意见。他认为机身应该喷成深绿色，机头则用黄色，而发动机的散热罩则用红色装点，机翼应是红色的，尾翼则水平用黄色，垂直的则换成蓝色。总之，从他热情洋溢的描述中，可以想象他提出的是一个色彩非常丰富的方案。

我与他激烈争论。在 1958 年“大跃进”的气氛中，提出了“卑贱者最聪明”的口号，第一线的操作者往往比设计者有更大的发言权。航空技校的张伟校长在新中国成立前曾在重庆的新华社工作，办事很沉着。他听我们对两种喷漆方案的争论，一时难以决定。最后他想出一个缓兵之计，对那个喷漆工说，“你叫木工赶快造一架小模型，按你的想法上漆，明天大家看看再定。”

第二天，这位喷漆工拿来一个漆好的模型摆在大家面前。他大概自己也没有料到，他按各个局部色彩设想出的方案，在整体上竟是这个样子——简直是一只奇异品种的花甲虫。所以他再也没有说话，静听张伟校长作决定。张伟校长看了看那五花六色的模型，把手向我一挥，说：“按你的方案喷！”说完转身就走开了。

3. 越过海峡归来的试飞员

飞机的试飞，是请滑翔俱乐部的飞行员黄铁骏来担任的。黄铁骏是从台湾驾驶一架赛斯纳飞机飞越海峡起义回大陆的。当时他对卫兵说他要上机看看，不料却把飞机开走了。卫兵端着枪在后面追，他起飞后紧贴海面飞回了大陆。他驾驶过许多型号的外国轻型飞机。

在机场，我陪黄铁骏检查了勤工号飞机，向他介绍了设计及构造上的细节。他看后悄悄对我说“有一个航空学校测绘仿制了一架前苏联雅克-12飞机，你们这架比那架好！”我想大概那一架也是找他试飞的，因此他能作出比较。

1958年12月28日，已经到了年终，这是个大风的阴天。我们只能在战斗机不能飞行的天气用工厂的跑道试飞。

为了增强试飞员对飞机的信心，我说：“我陪你飞上去吧。”

这时飞机设计室年轻的设计员涂乃扬站在一边，他挺身而出说：“你别上，我来！”

我感到一种责任，说：“不，不，还是我来。”说着我便登上了飞机。

勤工号必须滑到跑道另一头起飞。试飞员黄铁骏载着我滑过整个跑道，到达停在跑道另一端的指挥车。一路上，他一面操纵飞机一面评论操纵的感觉。说真的，在这样大风的不稳定气流中作第一次试飞，我真有些担心。

到了起飞线，试飞员黄铁骏对我说：“你还是下去吧，刚开始我一个人来飞。”

图3-17　1958年勤工号首次飞行留念

于是我下了飞机，来到指挥车旁。当时天色阴沉，北风呼啸，天空布满铅灰色的厚厚云层。发动机“怒吼”起来，试飞员松开制动让乳白色的勤工号沿跑道冲向前去，速度越来越快，然后徐徐抬起机头，飞机轻盈地离地而起。

我看到飞机逐渐积累着高度，紧张地盯着机翼下的支杆。这是结构上最重要的构件，我唯恐出现什么闪失。突然“砰”的一声，震得我全身一颤。原来地面指挥员看到跑道前方有人走近，便打了一发红色信号弹叫他离开。他在我身后不远举枪对空发射，枪声响亮把我吓得骤然一惊。

试飞员安全地把勤工号飞上了天空。这是一群青年航空热爱者的心血结晶，其中我年龄最大，也只有 28 岁。年轻的心中腾飞的意愿终于化成真实的成果，在长空展翅高飞了，轰鸣着在长风呼号的北国冬天的云层下高奏着凯歌。这种欢声给人带来的欢愉，真是言语难以形容。飞机安全降落以后，青年们欢笑的热潮甚至盖过了北风的呼号。

第二天《辽宁日报》在头版发表了勤工号的消息和照片。

勤工号与我国破历史纪录的第一架喷气式飞机歼教 1 在同年飞上了天空，但晚三个月。在这三个月中，我负责总体设计的飞机已经有三种先后飞上了天空，即歼教 1、初教 6 和勤工号。而我这时正在作总体设计的我国第一架自行设计的超音速飞机强 5 则在此后的第二年才飞上天空。

以后，勤工号连续进行了试飞，并向工厂的领导、所有参加设计的青年们以及航空学校的全校师生作了飞行表演。勤工号成功飞行的消息传出后，黑龙江省等单位来商谈订购的问题。但是很快中国进入到“生活困难时期”，许多生产技术方面的发展都停滞了，勤工号的生产也被搁置起来。

我说勤工号是我第一架“非职务设计”，是指它不是由我在设计室担任总体设计组长的职务由直接领导布置完成的任务，而是我带领一群爱好者在业余时间作出的设计。

很多年后我见到涂乃扬，他已经是航空工业部门一位资深研究员。我对他说，我一直记得他在勤工号初次试飞时和我抢着上飞机，那种友善和负责的挺身而出的姿态，使我永志难忘。

勤工号的设计有一个特点，即完全是根据设计理念设计出来的。20 世纪我国航空界存在一种观念，即飞机设计必须要有“原准机”来进行抄袭，甚至提出“凡是与原准机不一致的地方就是出问题的地方”的偏见，强调一丝不苟的抄袭。

勤工号没有“原准机”，结果照样能飞行，试飞员的评价甚至比完全照抄测绘的飞机要好。这是因为飞机设计主要依循的是已经上升到理性认识的一般设计理论，而“原准法”只是依循工程实践的个例。从工程哲学上说，过分强调“原准设计方法”，是在思维方法上贬低理论和抽象思维的“机械论”思潮决定的，这种思潮不承认人类理性思维对规律的认识，只浅薄地承认成功的个别“硬件”。

在设计方法上，我的看法是：飞机总体设计主要应该根据需要量和可能来选定型式，优化参数，不应强调对“原准”的模仿。应该使用已有的理论和最新的技术发展，针对需要来设计。但在细节设计上，则应有尽可以多的成熟工程经验来作为借鉴，人类实践的成功经验都应广泛吸收，“博采众长，为我所用”，而不是在一切细节上都自己从头摸索。

我常常说，比如勤工号的舱门搭扣，虽然能完成功能，但外形比较简陋。如果当时我们能有轻型飞机成熟的机型可以参考，这舱门搭扣部分便可以设计得更精巧一点。但是谁都明白，舱门搭扣不是决定飞机水平的重要环节。

要“以我为主”，同时又“博采众长”，才能走出我国自己设计的道路来。

五、闯过音障和创造性思维

闯过音障与创造性思维，这是两件不同的事情，但是在20世纪60年代我先后都遭遇到了，在这里写在一个题目里。

1962年，我在沈阳飞机制造厂担任主管设计师。我负责将总装首架歼7飞机的技术情况向另一兄弟工厂的设计部门转交之后，接到了改型设计歼教6的任务。

当时工厂已经源源不断生产出歼6飞机装备部队，成为我国的空军和海军航空兵的主力机种。这是一种双发、单座、在打开加力燃烧室后可以超音速的歼击机。但是这样的高性能飞机没有一种教练机，大批进入现役的飞行员，只能在其他性能较低的飞机上学习飞行之后，经过一些地面的、书面及口头的知识传授，然后直接驾驶飞机飞到空中去单独体验超音速飞行的特点。

为此，提出了为歼6进行改型设计为一种教练机的任务。工厂决定由我来担任这次设计任务的主管设计师。

1. 一揽子计划

将歼6改型为歼教6，并不是在原型机上简单地设置第二个座舱。因为歼教6的推力并不富裕，仅在打开加力燃烧室后才能略为超过音速飞行。因此在改型中必须很小心地控制阻力的增长。如果改型后的歼教6不能再飞到超音速，那么改型的意义将要大为降低。因此，改型中控制阻力的问题显得特别严峻。

并且，歼6原型机在大速度下的方向安定性已经有明显的下降，改型后的飞机必须使方向安定性仍然保持在可接受范围。

此外，歼6原型机的机身内部的空间已经使用得非常充分。比如在原驾驶舱的后方，就是飞机的主油箱位置。而这正是需要安置第二座舱的部位。设置第二座舱后，主油箱的容积将受到很多侵害，飞机的飞行时间便会减少很多。因此需要在飞机上其他部位寻找设置辅助油箱的空间，并重新调整供油系统。

我按照徐舜寿领导我们设计前几架飞机的传统，派出几名设计人员到部队去了解从使用角度对设计的需要。可是没有从事过设计工作的工厂人员，对此很不理解。经过我力争，终于还是派出了人员。当我将了解来的意见向工厂一位技术负责人汇报时，这位负责人习惯了按国外图纸生产，自己不作任何技术上决定。他简单地认为：叫我们设计，我们便坐下来画图，然后按照我们画出的图纸造出来，你要不要都是它，有什么可以了解意见的？他听说使用方提出了这样那样的要求，竟然拂然不悦地说："他们有意见？他们有意见他们自己去改型，找我们干什么？"实际上他很不愿意工厂承担改型设计的任务，因为不负技术责任地按国外图纸进行简单再生产，是最省力的事。

在歼6原型机的“优质过关”（即“重新试制”）中我曾作为其总体、气动、强度和试飞的主管设计师，根据我对这种飞机原有状态的了解，结合从部队了解到的使用情况，我拟出了一个包括7个方面的改型设计“一揽子计划”。我觉得综合性思维方式在此刻对我的工作起了极为有用的启发作用。

我从原来的各个专业组中抽调了几名人员成立方案组，对这7个方面的修改进行总体协调。我们对改型后的飞机外形进行了超音速风洞试验，并对飞机的动力特性进行了缩比模型的空中投放自由飞行的反尾旋动力试验，证明飞机的外形符合设计要求。

我从部队反映的意见中，看到他们对一种已有的教练机的舱盖锁闭系统很不满意。为此我特地对几种飞机的舱盖系统作了调查研究，按照徐舜寿所提倡的“熟读唐诗三百首”（即综合设计）的方法，设法对歼教6的舱盖系统设计用“博采众长”的办法，做出能满足部队使用要求的设计。

这一天我在技术大楼的走廊里走过，偶然听到设计部门的几个舱盖设计组的技术人员在发牢骚，认为舱盖设计应是他们专业组的事，怎么先要由方案组提出设计方案？我听到这种议论之后，便召集舱盖设计组的人员和方案组有关的人员一起，围着图板坐一圈开了一个讨论会。

我说：“你们都抢着要对舱盖设计提出方案。谁有什么方案，提出来一起谈一谈吧。”

不料他们全都沉默。原来他们只是习惯于叫我设计我就开始画图，至于还要什么方案，他们没有这样想过。

我等了很久，只好说：“现在已有飞机上的舱盖系统，是在应急抛盖时用火药引爆开锁的，这是它的优点，紧急时反应迅速。但是部队对它不满，是在平时地面操作时舱盖很容易掉下来。另外我告诉你们还有一种设计，在地面绝对不会掉下来，但是在空中应急抛盖时是用手拨动一个手柄来操作的，反应不够迅速。现在我们要设计的系统，是要兼有两者的优点，同时避免它们各自的缺点。在应急时应是火药引爆，而平时锁闭要很牢靠。要做到这一点，我们来看舱盖系统的组成……”

我说着拿过一张白纸，用铅笔一边画一面解释说，这个系统一共有5个环节，每一个环节应该如此这般，才能使整个系统达到总体效能。我把整个系统讲了一遍，然后问：

“你们有什么意见？”

他们是头一次听这样讲解一个系统和阐述设计意图，谁也没有再说什么。我说：“如果没有意见，那就按这5个环节的分工，谁负责哪一个环节的就画哪一部分的图。在制图期间，加强各部分的协调。现在散会。”

大家都站起来。一位技术人员欣然地对我说：“这样以来，这个系统已经设计好了！”

我也感到，他们现在总算明白，设计并不是简单地画工程图，更重要的是形成设计思路，并把这个思想化成每个部分的具体要求。

以后歼教6的舱盖系统就是这样设计的，性能一直良好，没有发生过其他飞机有过的在地面舱盖掉下来的事情。

2. 工程设计中的创造性思维

“你怎么啦?”人们在办公室的楼梯上见我举着一件东西放在眼前正在上楼，不禁奇怪地问。

飞机在进场着陆时，歼教6飞机坐在后座的教员正前方的视线被前座学员座椅的头枕挡住了，看不见跑道。而为了降低飞机在高速时的波阻，后座的座椅高度不能再提高。为此我建议在后座安装一个潜望镜提高后座的视点，叫人从坦克工厂调来一具坦克用的潜望镜。为了体验通过潜望镜观察的感受，我举着它在办公室内到处走动，上楼下楼，还骑自行车举着潜望镜在各种道路上行驶。

经过来来回回的试验，我觉得潜望镜提高视点的作用是明显的，通过它对人的行动没有带来什么不便。便决定在歼教6的后座试装，看试飞员的实际飞行操作的反应。

我在工作中感受到，缺少工程设计经验的人员，在具体设计中只会从已有的产品中参考处理办法，碰到难题时不知道如何应用原理去解决实际问题。

比如有一次，一根承力很小的杆件的通行道路上出现一个小凸块，妨碍它直线通过，设计人员设计了很复杂的摇臂系统才将力传过去。我对他说：“你用一根弯杆不就传过去了?”他按此更改了设计，机构大为简洁而功能仍旧保持良好。又有一次一根连接油箱的油管的通路受到障碍，我说：“你用一根弯管就通过去了。”那位设计员很不理解地说：“油面水平是必须严格保持的，管子弯了还有这个功能吗?”我说，当然有，这就是初中物理中的“连通管”原理。但是我用原理来解决技术问题还是使很多人半信半疑，因为别的飞机上没有看到过。最后做了弯管的试验件，跑到几千公里之外的一个试验台上去，将飞机的燃油系统作全尺寸的系统试验。试验结果证实了我们在设计中的设想具有正确的功能。

前去做这个试验的技术员回来后兴高采烈地告诉我说：“这次试验最成功的地方，是弯管的性能完全符合要求！从试验台的观察窗可以看到，要它通它就通，需要它断的时候它就断!”我听了一笑，祝贺他试验成功，内心却在想：这是当然的事，初中物理就讲清楚了的!

我离开这个单位几十年后，遇到当时在一起工作的同事，他们对我说，他们印象最深的是我解决设计难题的能力，当别人想不出办法来的时候，好像我的“点子”还是能起作用的。

我想，要做一个好设计师，善于总体规划是很重要的，另一方面需要有解决具体问题的能力。如果只是口气很大，常作宏观思维，但办成实际的事很少，便流入了虚夸。这有点像一个好音乐指挥，如果去看他的排练，就可以看到他如何对乐队的各个声部进行具体的指导，来达到他对音乐的总体表现要求。日常的排练实际是对一个音乐指挥最见功力的时候。但如果仅仅看到他在演出时手势漂亮气势宏伟，那只是艰苦工作以后的表面现象，要做到表面动作漂亮是比较容易的，甚至弱智儿童也能依靠模仿来学会。

我国第一次设计超音速飞机的经历，使我觉得有些工程人员，虽受过正规工程教育，但在解决实际问题时却往往缺乏办法，与工程设计中对创造性思维的忽视有关。为此十几年后，当“文化大革命”刚过去时，我为航空刊物写了一篇“工程设计中的创造性思维”的文章。

有意思的是，当时刊物的主编看了，觉得过去人们谈论各种思维活动中，似乎并没有“创造性”这一条。为慎重起见，主编特地把这篇稿件送到“中国科学院”的自然辩证法权威去审稿。不料这位院士阅稿后发表评论说：“文中没有错误，只有还没有讲够的地方。”此稿才得以发表。又过了 20 多年，一位编辑告诉我说，他查阅了有关文献，发现在后半个世纪中，我国首次谈论“创造性思维”的文章就是这篇。后来，我又写出了一本《发明与革新》专著，并为《创造性设计》一书撰写“创造性思维”一章。

歼教 6 的设计开始时，“文化大革命”已经开始。不久便愈演愈烈，各派对立，武斗升级，各种“斗争会”不绝。沈阳飞机工厂的厂长陆纲，有着传奇般的经历、又有高瞻远瞩的发展眼光，是一位极具管理才能的出色的厂长，在此期间被批斗至死。

当时在激烈的政治形势之下，歼教 6 的研制任务很难正常进行下去。

歼教 6 还缺一些钣金和钳焊零件，也缺一些结构和系统的图纸。1968 年冬，工厂利用厂门旁几排空闲的平房，辟出几间来成立“歼教 6 试制工段”，由设计科的刘立德负责。设计科有 8 名不同设计专业的设计人员，还有工艺科的朱炳良。我也一起参加试制。另外从车间请来 8 位技术高明的老工人。这一支由十几个人组成的技术和生产综合的研制队伍，在几间没有暖气，勉强可以放下几张工作台的小屋里，像藕断后仍旧连着一根细丝一样，坚持着歼教 6 的研制。

技术人员在需要时就伏在桌上画图纸，完成了设计任务后就在老工人的指导下挥起榔头敲制零件。由于是试制，有的钣金件没有制造所需要的模具，就根据图纸用塑料块先制出简易模具，再制出零件。刘立德负责着上上下下、里里外外复杂的联系。当时工厂正常的生产秩序已被打乱，管理渠道混乱，再加上不时受到“文化大革命”大运动中小运动的冲击，在这种情况下，维持着歼教 6 的试制运转，并且不断前进，真是不容易。

我曾经在车间当过一年半的钣金工，使用榔头、剪刀有一定的基础，老工人们看到我干活还像个样子，相处便很是融洽。我也很喜欢他们的纯朴真诚，彼此结成了朋友，建立起了长久的友谊。

零件备齐之后，开始组合件的铆接。我们在工厂暂时不用的一座远处的厂房里铆接歼教 6 的各种专用组合件。我在合金钢零件上钻孔以及打铆枪的技能，就是在这里锻炼的。寂寞的厂房空旷而凄凉，只有我们的铆枪在零零碎碎地震响，歼教 6 的试制在一声声铆枪声中前进。

部件装配则在装配车间进行。我们和车间工人们一起爬在型架上亲自铆接。车间里有经验的老工人给予了我们极大的帮助。技术人员当时的政治身份几乎相当于被监督劳动的犯人。但是这些老工人和一些年轻工人默默陪同我们一齐干，他们有时递过来一句轻声的关怀，有时投过来一丝表示同情和理解的目光，都使我终生难忘。

一次工厂组织向全厂有关技术部门对歼教 6 研制的总体情况作介绍，我正在车间里进行着具体试制操作，接到通知叫我到会议室去参加会议，我去时介绍已经开始。参加歼教 6 工作的一位“资深”技术人员正在黑板前对一屋子的人讲解着，参加者是当时工厂有关部门的主要技术负责人员。我便坐在进门处远远地听。讲解者在这项设计只是负责一个局部，他便谈着这个局部的设计。他知道这样的介绍不能满足听讲者们所需要的信息，所以他一面支支吾吾地讲着，一面紧张地思考下面如何讲下去。讲着讲着他猛一抬头，看到我坐在后排门边，连忙如释重负般说：“好了好了，来了来了，请他来讲……”

我于是走上讲台。这是“文化大革命”开始以后我第一次登上技术讲台，事先没有来得及准备。就凭我自己对这架飞机的理解，先讲了这架飞机在飞机速度增长中的宏观地位，这是我国设计的第一架超音速飞机。超音速飞机在新的速度领域中将碰到一些什么样的问题，针对这些问题我们作过了哪些试验，采取了哪些对策。它在结构上有哪些特点，现在研制工作进行到了什么程度，下面需要安排进行的是一些什么样的工作。进行这些工作的注意事项是哪一些。

我讲完听众没有提什么问题，便散会了。会后在工厂技术人员中传说：“某某出山了!”我听后很奇怪。不过是一次技术交流中临时被叫去救急罢了，并没有任何意味深长的含义。但是却流传起这种反映来，也许人们对当时技术人员的处境普遍感到不平，对发生某种变化有着期待，才会出现这种“见风就是雨”的猜测吧。

作为我们工作基地的那几排小平房，是歼教 6 诞生的产房，也是我们在动荡的风浪中渡向未知前方的小舟。这是一段政治上极其压抑，工作条件极其艰苦，而技术工作又极富成果的日子。我相信参加这一工作的所有人都会留下难忘的

图 3-18　刚刚起飞的歼教 6

记忆。我离开沈阳17年后再次回到那里，见到已担任公司副总经理的朱炳良以及负责全厂质量工作的刘立德，他们告诉我这排平房不久将要拆除，很多当时参加“歼教6试制工段”的人员曾到那里再度流连。听了他们的话，使我在乘车驶过那一地区时，禁不住转头再次端详，留下最后一眼印象。

歼教6试制了两架，其中一架进行了全机静力试验，试验在工厂的静力试验室进行，试验前我们再三察看结构，唯恐有所疏忽，最后顺利通过了强度考验。

第二架进行了系统安装，准备用于试飞。至此，我们在“歼教6试制工段”已经奋斗两年多了。

3. 腾飞的苦酒

1971年夏天的一个星期六的下午，阳光灿烂，歼教6由工厂试飞站的试飞员进行了首次试飞。这时处在“文化大革命”的10年动荡中，领导人员没有任何表示，只有我们歼教6小组的几个人在场。

夏天的白天很长，特别在纬度高的东北，到了晚餐的时候，天还是明亮如初，阳光照射。因为是周末，到食堂就餐的人员很少。我破例在食堂的窗口用饭盒盖买了三两白酒，独自坐在一角自酌自饮。

毕竟这是我投入了几年精力的一项设计，我又亲自参加了它的后期试制，在这群技术人员和工人的联合努力之下，经过全厂各个部门为歼教6作过贡献的广大人员的集体劳动，终于有了成果，飞机顺利地升上了天空，这是值得高兴的。在当时的形势下，再大的业务事件也是小事，政治运动压倒一切。因此新飞机的试飞没有任何张扬，没有任何人表示庆贺，我自己来饮酒吧。这呛鼻的烈酒里饱含的苦涩和抑制着的欢欣，真是难以说清。

饭后我从食堂出来，骑上自行车返回宿舍。朱炳良同时走出食堂，骑着自行车一直跟在我身边。我发觉后奇怪地问他：“你今天干嘛总跟着我？”

他支吾地说：“你喝了那么多……”

原来今天同志们的心情是相同的，朱炳良在食堂里注意到了我独自在饮闷酒，担心我酒后骑车会出事，特意无声地护送。在政治上极度苦闷的岁月中，同伴之间一点沉默的关怀，特别令人感动。

在试飞中，试飞员对后座安装潜望镜的反映是：后座的视点提高了，但感觉上有些不习惯。这确实是个习惯问题，国外有的教练机就是这样解决后座视线难题的。但是国内的飞行员说不习惯，那么我们就取消这个装置吧。

经过几次试飞之后，歼教6逐渐加大速度，来到了音速的门口，下一次试飞，我们将让它突破音障，进入超音速区。

在设计阶段的风洞试验中，我注意到原型机在进入超音速区后，方向安定性有明显的降低，而歼教6在超音速区的这种降低更多。这使得飞机防“落叶飘”的“卡帕”值处于临界状态，仍然在安全的边界线内。但是如果考虑到风洞试验存在一定的误差，那么飞机是否会在超音速时出现“落叶飘”式的左右摇晃，是一种尚不明朗的不确定情况。如果出现，并不是一种危险的动作，因为飞机在高空，只要减速就可以退出摇晃。但是作为一种超音速教练机，这种摇晃应该在设计上彻底排除掉。

因此我在总体设计中决定：根据风洞试验的结果，可以认为飞机的方向安定性和横侧安定性的导数不需要事先做出改动，以避免不必要的改变外形，而可以根据实际试飞结果再作最后裁定。但是如果在试飞中出现“落叶飘”的情况，则需要事前准备好应对的措施。我为歼教 6 提高“防落叶飘”性能设想了 7 种预备方案，这些方案都可以只经过外场改装就在飞机上实现。经过高速风洞试验，证明这些措施都可以改善飞机的“卡帕”值，在试飞后根据需要再从中选定合适的一种。

对歼教 6 作超音速试飞的是工厂的试飞员吴克明，他曾是新中国生产的第一种苏式喷气式飞机歼 5 的首任试飞员。他完成试飞任务后坐在飞机座舱里的照片当时曾在《人民日报》及《人民画报》等多种刊物上广泛刊登，成为一幅著名的文献照片。以后他又长期担任了歼 6 及歼 7 的试飞员。我在处理试飞技术问题时常与他打交道，并邀请他为工厂的技术人员作过试飞问题的技术报告，因此和他很熟悉。在他对歼教 6 作超音速试飞前，我对他解释了飞机在超音速后可能出现“落叶飘”摆动的情况，如果出现这种情况只要减速便可以退出，使他心里有数。

他登机起飞了，在高空，他打开飞机的加力燃烧室突破了音障。很快，我们在指挥车的无线电中听到他报告飞机出现摆动。他减速后安全返回。

这时我们知道飞机确实需要调整“卡帕”值了。幸好我们“口袋里”事先就已经准备了可行的方案。首先我们在翼尖安装了两小块增加“机翼下反效应”的小梢翼。经过试飞，果然在超音速下“落叶飘”的现象消失了。但试飞员吴克明反映，飞机起飞时机头有“粘地”的感觉。就是说，起飞时要比正常更多加一点抬头的操纵才能使机头抬起。我理解这是由于机翼有后掠角的缘故，梢翼在后部增加的升力使机头有下沉的影响。如果对一架完全新设计的飞机，这并不是大不了的缺点。但是既然是教练机，它的起飞动作还是应该尽可能地与原型机一致，才会更好地达到教练效果。

图 3-19　援外的歼教 6

所以我们在外场撤除了梢翼，而采用在机身后段增加双腹鳍的办法。经过试飞，在大速度下的“落叶飘”现象得以消除，而在其他速度下也没有副作用。歼教 6 就此胜利地闯过了音障，飞进了超音速区。

歼教 6 就此进入了其他项目的试飞。1971 年 10 月，我被调离沈阳飞机工厂，转赴上海参加我国首次自行设计大型喷气运输机运 10 的工作。歼教 6 在刘立德和沈阳工厂的其他人员的工作下继续改型，在飞机上改装了新式的火箭弹射座椅，并由试飞院的试飞英雄王昂作了试飞鉴定（“文化大革命”后，王昂调任航空工业部担任负责飞机技术的副部长）。

以后歼教 6 生产了 600 多架，作为我国第一种超音速教练机，培养了近千名歼击机飞行员，并出口到很多国家。

“文化大革命”过去以后，为了表彰广大技术人员和工人在歼教 6 的设计和改型中付出的艰辛劳动以及该机对我国空军建设所起的积极作用，该项目于 1987 年被追授国家科技进步奖。

这时我已经离开沈阳 16 年。沈阳工厂的同志不忘过去共同的劳动，竟把我列为该型号获奖“主要完成人”名单中的第一名。为此我很感动，并更加引起我对在沈阳共同工作的同志们的怀念。

我离开该厂 30 年后，21 世纪刚刚来临，沈阳飞机工厂庆祝建厂 50 周年，我被邀请作为贵宾出席庆祝盛典。到了那里，才发现我竟是设计界的唯一代表。在主席台就座以后，我看到在主席台前排坐着一位老同志，是 50 年前代表航空工业欢迎我们这批青年学生的段子俊同志，半个世纪前那次见面会还是我担任主持呢。他这时已经 80 多岁，但身体健旺，据说还时常打网球。我连忙上前去问候。我自己也是满头白发，怕他认不出我来，便自报姓名。不料他转身见是我，起身对着我当胸就是一拳，大声说：“在你们这一辈中，你是个佼佼者呀！”我想大概因为他接待欢迎过的全班同学中，我是唯一走上飞机设计岗位的吧？

我坐在主席台上，眼前台下飞机工厂上万名职工按方阵坐着，他们一贯训练有素，纪律严明。现在正值厂庆大典，他们个个精神贯注，神态肃穆，使人不由得对这一支过硬的极富战斗力的队伍涌出一股崇敬之情。一忽儿机群呼啸着从会场上空成群飞过，声浪冲击得震天动地，气势恢宏。这些都是这个工厂的产品，是在场这群满脸喜庆的人们心血的结晶！

工厂的代表在大会发言中回顾工厂发展历史，历数该厂曾制造过的各种飞机的型号，其中不少型号，如歼教 1、歼 6 的“优质过关”到歼 7，还有歼教 6 的研制，我都参加了。我把最美好的年华献给了这些重要的战役，并为此而感到欣慰。

六、从太阳岛飞向世界

我永远不会忘记在1985年4月2日这一天，当我乘坐在运12飞机在哈尔滨松花江太阳岛上空盘旋时的感觉。30多年前我来此进行哈尔滨飞机工厂建厂设计时，曾在太阳岛上游过泳。后来东方歌舞团的女歌星郑绪岚唱的一支轻歌“太阳岛上”风靡全国，使太阳岛变成神州大地尽人皆知的地方，为此哈尔滨市授予歌星“荣誉市民”的称号。当我乘坐在自己参与研制的运12新飞机上从空中鸟瞰这座美丽的小岛，旧地重游，从舷窗望出去，能清楚地看到岛上各处游人点点，彩旗与游人的各色服装色彩鲜艳，真是别有一番喜悦在心头。

运12是一架双发、涡桨推进，可以乘坐19人的漂亮的多用途通用飞机，在民用运输及空中作业上都有广泛的用途，当时正处在试飞的最后阶段，很快将要通过适航审定，而我是审定技术组的组长。

说起来，在新中国的航空设计史上，军用飞机和民用飞机曾经是比翼齐飞的。

当新中国开始设计自己的第一架飞机歼教1喷气式军用飞机，不久一所航空学院开始设计一架小型民用运输机，这是一种双发的螺旋桨式飞机。一架喷气式、一架螺旋桨式，一架军用、一架民用，几乎平行地进行着研制。但喷气式的歼教1在1958年7月26日先飞上了天空，开创了新中国飞机设计事业的纪元。

1982年，国家决定采用进口的涡轮螺桨形发动机，在哈尔滨飞机工厂研制运12多用途飞机。航空管理部门规定，运12的研制必须遵照国际通行的“适航标准”，并从全国航空界委任了51名适航代表组成适航技术审查组，由我担任组长。

适航标准究竟是怎么回事？原来，民用飞机要在社会上载运广大群众飞行，并不是单纯根据技术需要把它设计成能飞就完事了，而应该达到民用飞机在实际使用中积累的安全标准，其中包括一些事故教训中总结出的注意事项。

这些经验汇集了300多条关于安全的标准，其中有在设计上就属于重要的问题，如结构强度的安全系数应取多少。此外，也包括一些很细节的规定，反映了过去飞行中证明有用的具体经验，如油箱的加油口盖或附近的结构上应该标明飞机可用的燃油的牌号——这显然是为了避免误加入不可用燃油所造成的事故。还有圆形仪表上的刻度如果刻在仪表玻璃上，那么表玻璃应该在圆形上有缺口，使仪表检修后重新安装玻璃时仍能保证表玻璃的位置正确等。

不论意义重大或具体细节，尽管技术上的复杂性和难度不一样，但在安全上都属于同一级，即都属于由国家来控制的最高级。不达到这些要求，国家就不发给民用飞机的“适航证”，飞机就不能正式进入销售或运营的市场。

运12适航审定，是我国第一次按国际承认的适航标准设计飞机。如何理解适航标准的规定，如何使设计在技术上达到标准，工作如何组织、如何进行，都需要摸索。这是我国20世纪内有开创性意义的一项民机型号研制工程。

运12研制后期，适航审定工作由航空工业部转由中国民航总局负责。中国民航总局发文承认原航空工业部任命的适航审定技术组继续工作，我作为技术组长被吸收进入由民航总局牵头的适航审定委员会。

1. 两种不同的概念

运12的适航审定工作，初期曾由北京航空规范标准研究所的总工程师负责，全国许多有关单位派人参加。我是上海派去的人员之一。

在此前的大型喷气运输机运10的设计中，我已经介入欧美适航标准的翻译和诠释工作十几年，所以形成了一套完整的认识体系。

我认为国内引进适航标准的概念，不应该在原来从前苏联学来的那套概念上修修补补，而是需要采用全新的概念和方法。我觉得欧美的要求比较客观，更加注重系统的“输出”，是一种“目标管理”；而我们原来习惯的一套苏式思维，则比较强调主观上的做法，偏向“过程管理”。拿对巡夜打更人的要求来打个比方，欧美要求此人应该防止夜间的盗窃行为，这是目标。而过程管理则仅要求打更人每隔多少时间巡查一次。至于巡查了仍然发生盗窃会怎么样，那就管不着了。我觉得欧美的管理对人员的要求更高，管理的效能更突出，而苏式更易于对一般素质的人群普及，但容易陷于繁琐，追求枝微末节而模糊了最终的效能。

在适航标准上这两种概念强烈分歧，每遇这种问题我总是据理力争。主持讨论的规范所总工程师，在很多问题上都同意我的看法。但是在个别问题上，我觉得他比我更迁就一些原来的传统。

比如说，参加讨论的有一位从事“自由飞模型试验”的专家。我国当时几乎所有的新飞机研制都经过自由飞模型试验这一关。但是我指出：适航标准并没有要求新飞机必须通过模型试验，而是最后通过试飞检验飞机本身，这是最终的目标。至于总设计师为了更有把握地使飞机通过飞行考验，是事先做模型试验还是经过分析计算来增强有关人员的信心，那是总设计师的事情，国家颁发的适航标准对此并不作规定。

可是参加讨论的模型试验专家，认为把他负责的试验列为国家规定的项目将对他的工作有很大的推动作用。争论最后提至规范所总工程师裁决的时候，他考虑到事实上我国研制的新飞机都做过这样的试验，把这种试验列为“必做”也不会发生什么错误，便对那位试验专家妥协了。对此，我内心颇不满意，认为这位总工程师不够坚持技术原则（以后我国正式颁布的适航标准取消了这种多余的“必试”规定）。

不久，这位总工程师在北京调任工作，不再担任适航标准审定任务。民用飞机局的主管官员询问他的意见说：由谁来接替这项工作为好？规范所的总工程师虽然与我在个别问题上发生过争执，但据说这时明确无误地提出我的名字。民机局的主管官员说，那怎么可以，他在上海工作，怎么把他弄来负责这件事？你再提一个在北京机关工作的候选人。你们规范研究所里有没有合适的人选？那位即将离任升迁的总工程师说，没有了，别的人我提不出，要我提我就提他，别人我看不行。

这样，我在自己一无所知中被推上了前台。航空部与民航总局联合任命我为技术总负责。于是我在运 12 研制的初期，走上了对该机适航审定的岗位。

2. 这是技术抠门吗

参加这项任务的人员来自全国许多单位，我从未与他们共同工作过，还要面对哈尔滨的设计人员。我能使他们按我的意图行事吗？工作中还会遇到一些高职位的人，他们惯于发号施令、颐指气使，我会无意中冒犯他们、闯进凶险四伏的地雷阵吗？我能按期完成审定工作，在质量上使成果的品位不降档吗？

5 年内我多次在上海与哈尔滨之间穿梭。这项工作在国内是首次进行，没有人知道应该怎么干。因此我不需要向任何人请示，也不用征求别人意见看每件事应该如何办，而是根据我对规范的了解，针对运 12 的实际情况，做出我自己的判断。我的意见就是最后意见。处理问题时除了对技术的熟悉和对规定条文的理解之外，实质上更多需要的是一种领悟，一种来自飞机设计的经验，从这些出发才能得到洞察力。

当然，如果我的意见很“离谱”、极不合理时，工厂可能会“上诉”，要求重新再定。但整个审定过程中没有出现这种情况。

一位当时的青年技术人员，后来在哈尔滨飞机工厂担任了总工程师。他几年后告诉我说，在我第一次到哈尔滨参加审定以前，运 12 的总设计师卢开仁召集全体技术人员会议，在会上曾经宣告说：我告诉你们，某某人要来了。这是一个在技术上要求非常严格的人，抠起门来可不得了，谁也别想轻易过关。你们可都得小心啦！

卢开仁和我在 20 世纪 50 年代中可能见过面，但并没有一起工作过。我不知道他怎么对我会有“技术非常抠门”的印象。因此我到了该厂之后，很多年轻技术人员互相小声地问，哪一个是那个抠门的人？甚至对我产生了一种畏惧心理。我这时 50 多岁，头发大部分白了。人们在背后遥远地指点说：“那个白头发的就是。”

在技术行业里，“技术抠门”通常指有一定专业水平，但单方面无限要求、思维非常不开通、古板而片面、专认死理的人。这位总工程师对我说，根据以后在运 12 型号工作中与我相处数年的体验，他感到我完全不属于这类人，而是该严格的地方严格，该放松的地方放松，掌握得很有分寸，他对此十分佩服。

他这样讲，使我不禁回顾在运 12 适航审定中我究竟对一些什么事情表示过意见。

我每次出差到哈尔滨，不论在大会小会上、在平日交换意见中、在填写审定表格时、或者我告诉人们如何填写审定意见中，我一直在作决定：哪些事该做、哪些事不该做，该做的应如何做、做到什么程度等。每作一个决定，都是对我的一次考试。其中大约85%是纯技术性的，15%与人的不同意见有关。今天我回想起来，印象较深的是在“目标管理”和“过程管理”上与不同意见的分歧。

比如适航标准中有一条，规定发动机上某一种附件，如果没有和发动机一同通过适航审定，则在飞机审定时要做振动试验。从北京权威机关来的一位代表，他的专业背景就是专攻振动，这个问题简直“撞到他的枪口上”。他主张无论如何都应该做这项振动试验，由于他代表着权威机关，所以他的发言具有很大分量。

对这个问题我的裁决是：运 12 的发动机是向国外采购的一种成熟的发动机，工厂应立即发电报向供货方询问，发动机适航时是否包括了该附件在内。结果收到发动机供货方正式回电，通知说该附件与发动机已经同时通过适航审定，在飞机的适航审定中不需要再对该附件作振动试验。

即便有了这样明确的答复，振动专家还是从专业兴趣出发，认为应该要求工厂再进行振动试验。对这样的问题，我主持联合大会时，要求工厂出示国外供货方来电。工厂人员将该电文送到主席台，我随即用英文宣读了来电，并翻译了来电的含义。

博士关心的是试验的过程，我要求的是通过适航审定的目标。现在目标已经达到了，就没有必要再要求过程。我宣布不需要再做振动试验。

另一个问题是从北京来的一位女技术人员提出的。她的技术经历并不显赫，在会议上发言也没有表现出很高明的见解，只是老老实实按照规定来检查设计图纸。她发现按适航标准规定，本应完全独立的两个电路系统，在运 12 上大部分地方都互相分离，但在总开关上却是相连的。她认为，在总开关上相连，就不再是完全独立的两个系统，这点不符合标准，应该纠正。

工厂资深的设计人员看不起她的资历，对她来审查图纸本来就有抵触，而她居然提出要求工厂改正某些设计。于是工厂发动很多人来说服我，再三辩解说：这样的修改是不必要的。还动员一位从北京来的人来向我私下说：这个问题就不必改了……

遇到这样强大的抵触，我向他们说，你们没有一个人回答一个问题，即：按意见修改了设计，将损失什么？如果损失很大，得不偿失，自然需要权衡利弊。但是如果没有损失，又很容易实现的改进，你们为什么要坚决拒绝？

我看出来了，如果作了修改，唯一的损失是一些资深设计员的“面子”，他们的设计缺陷被一个小姑娘看出来了。我可不愿意陷入无原则的争执，只要问题提得对就应该考虑。但是，在当时的中国，要做到起码的实事求是，有时却需要极大的魄力和坚持。我要求的是独立电路系统的目标，这个问题是谁提出的不过是过程中的一个细节，我决不能因为过程而放弃目标。

工厂的电气系统设计人员，还在寻找根据来证明自己的设计无误。在下一次大会开会以前，这部分负责人走到主席位置上我的身边，悄声告诉我说：他们决定对开关处的连接采取分开的措施，因为他们查过好几架外国飞机，发现国外飞机的线路在开关处果然是分开的。

他无非表示他们决定遵照国外飞机的先例，而不是根据审查组个别成员的意见。在会前通知我是为了避免我在会上明确地做出裁决。我原来坚持意见并不是意气用事，而是要求改正设计中的遗漏。现在目标已经达到了，他们同意修改就很好，我便没有再说什么。

在开展一项新工作时，有时需要顶住压力，才能克服因循守旧的传统习惯。1983 年 12 月，航空管理机关在山东泰安召开一次适航审定会。会议上工厂的代表提出：他们为运 12 符合适航标准已经做了不少工作，但是对其中五项规定有困难，他们希望适航审定小组宣布这五项标准对运 12 按“豁免”处理，放工厂一把。他们事先大概征得了有关部门的默许，但我了解了一下这五项的情况后，在会上说：并不是技术标准达不到，而仅仅是你们过去没有做过这方面的工作嘛！按适航标准来审定，意图就是扩大我国民用飞机型号设计的工作范围，提升安全度。这些工作你们还没有做，怎么就要求不做呢？

我说：泰安会场外不远就是孔庙。孟子说过：“非不能也，是不为也。”你们要求“豁免”这些条款，是不为也，非不能也。

结果泰安会议对适航标准一条也没有放松。

过了一段时间，从哈尔滨特地派来一位技术负责人飞到上海，到我的办公室对我说，运 12 上有一段通过某一地区的电缆，规定应该能够承受高温三分钟，国内没有这样的电缆，工厂便将普通电缆包上一层防火层，放到高温火焰中去烧。但还没有到规定时间就烧透了。这一条是否可以“豁免”，特地来征询我的意见。

我对他说：这条规定是什么意思？这是在可能着火的区域内控制燃油活门的一根电缆。如果区域内着火了，飞行员在三分钟内发现了火情，还可以通过电缆输送信号来切断燃油的来路，使火情得到控制。适航标准只规定了电缆应承受的温度和时间，并没有规定你包裹的层数。如果你包上防火层仍然没有达到要求，就再增加一层。哪怕你包裹成一大团，只要结构装得下，也不违反规定。但是如果你承受的温度和时间不够，那可是国家的安全标准管着的。这种安全标准，谁也没有权利随便放松。你们把成功的烧灼试验过程用录像记录下来，将来在审定这一条时放映给代表看，就是通过这一条的根据。这位技术人员听后连连点头说：“我听明白了。”说完当即返回哈尔滨。

以后，运 12 的这个环节圆满达到了标准。

运 12 进入试飞之后，我到哈尔滨了解试飞情况，得知运 12 飞机在试飞中发现动态特性不能满足标准的要求，另外驾驶杆的纵向杆力也超过了标准。我说，按我的理解，适航标准并不是要求设计出一架飞机以后，按图纸试制出来，便在每一条上都满足了标准要求。适航标准并不要求“一次成功”，而是要求如果有不符合标准的地方，便要修改设计，直到飞机的实际表现达到标准为止。因此，一个好的设计师应该像一个有经验的老医生一样，知道什么病该用什么药来治，并且对用药的剂量有良好的感觉，否则就需要多次调整剂量来逼近。

我说，比如现在飞机的动态特性问题，应该调整机翼的上反角，一般一度左右就解决了。而纵向杆力问题，则需要调整升降舵的补偿面积。如果一时无法确定需要调整的量，则第一次可以多调整一些，使效果一下跳到对面，下一次取中间值，这样可以较快地逼近真正需要的解。

运 12 调整了上反角和和升降舵补偿面积之后（前者一次到位，后者共调整了两次），问题得到了圆满解决。我再到哈尔滨时，正逢该厂邀请美国资深的试飞员底斯来做试飞鉴定。底斯 8 年前第一次访华在北京作技术交流的时候，是由我给他的讲课作翻译。这次他很高兴再次遇见我，要求我给他在大会上的鉴定发言作翻译。底斯在他的鉴定发言中高度评价运 12，说它是近年来飞过的在空中表现得最好的一架通用飞机。

以后在哈尔滨进行对运 12 的最后审查，航空工业部和中国民航总局都派了重要的技术干部来参加，他们连续几天参加我们讨论具体标准符合情况的会议，亲眼看到我们对每一个问题是如何讨论和如何决定的。我们的会议与过去航空部门很多会议有很大不同，就是我们并不偏重“务虚”，并不是以协调各方面的“意图”为主要任务，而是“务实”，具体落实适航标准每一条技术要求。

比如说，适航审定主要是针对机型的设计特点，而过去航空工厂制造的飞机大多是外国设计的，因此国内技术工作偏重于“工艺”，上级对工厂的技术审查也主要审查工艺。这样，工厂对运 12 的适航审定写了好几段对工艺的描述。我说，适航审定不是审查工艺，这几段都拿掉。管理机关有一些人原来只懂工艺，他们习惯老一套工作方法，这是第一次遇到适航审定，如果把工艺部分都拿掉，他们便白来了，便向我讲好话，说：我们把其他讲工艺的部分都拿掉，只留一句话你看怎么样？就说工艺也很有成果。我说，我们的任务根本没有涉及这个问题，是否有成果我们不予评价。再说，工艺不论多有成果，设计通不过，就拿不到适航证，这个概念一定要明确。这样，便连这一句也拿掉了。

当时的管理机关，很强调“工作总结”。民机局来的一位主管官员，在会上发言要求工厂写一份报告，回顾一下任务的全过程。

我作为会议主持者，说：“管理机关要求工作总结，工厂的领导今天都在场，可以写一个总结报给管理部门。但是适航审定不要求工作总结，我们只要求对 315 条规定满足情况的逐项报告，如果 315 项都完成了，运 12 便通过了适航审定。如果有一些项目没有完成，那么不论你们斗志如何高昂，精神如何饱满，心得体会如何丰富，没有功劳也有苦劳，但是运 12 还是不能通过审定。”我这样说，因为工作总结仅是过程陈述，而逐项报告是达到目标的情况。

最后，运 12 对全部 315 项适航要求，只有一项作了保留，就是“全机搭铁”的要求。运 12 的机体全部都是搭铁的，只有无线电天线例外，因为天线一搭铁就收不到信号了。但欧美已经有了可以搭铁的天线，在通过机体上的静电时是接通的，而在接收高频无线电信号时则是不通的，这样可以减轻某些气象条件下的静电干扰，我国一时还没有研制出这样的天线。

就这一条，我做出决定说：鉴于我国所有的苏制飞机，包括从前苏联进口的和我国复制生产的，总起来已经飞行了几十万个小时，天线都是不搭铁的，也没有因此发生严重的安全事故。为此，运 12 一方面加紧寻找可搭铁的天线供应来源，另一方面同意前五架用不搭铁的天线暂时出厂，以后再更换。前五架天线不搭铁引起的安全风险，由适航审查委员会承担。

这个决定，得到了委员会包括民航总局代表的一致同意。

民航总局的人员提前来参加了我们的会议，了解我们一贯解决问题的思路和实事求是的态度，自然认可由他们和航空部联合任命的这个审查小组的成果。如果像过去一样谁也不肯做具体工作，开会只是坐在那里维护己方的利益和观点，把责任推给对方的“扯皮”，就会谈不到一起去。

最后，运 12 的适航审定结论在会上顺利通过。除了天线没有搭铁这一小点保留外，全都合格，这样优良的成绩出乎很多人的意外。一位来自管理机关的官员，一直观察着现场工作，会后他走过来对我说：他在工厂和机关长期工作中接触过不少人，很少看到表现出很出色能力的，这回服了。航空部的质量司官员说，不但运 12 这个机型通过了适航，而且以后的飞机如何适航审定也开辟出了一条路。

民机局主管此事的官员，会后特地到招待所我住的房间来，对我说：“没有想到这次这样顺利。民航总局过去总是和我们唱反调的，这次却同意了我们所有的结论，甚至还帮我们讲话。这完全是技术工作做到了实处，建立了威信的缘故。”

3. 飞向全世界

会后，我们到机场去看了试飞中的运 12 飞机。这架飞机外形挺漂亮，经过几年对它技术问题的介入，我对它的技术性能也有了了解和信任，产生了一种亲切感。

图 3-20　我和运 12 合影

工厂招待我乘上试飞的飞机，专门进行一次空中游览。飞机从飞机工厂所在的哈尔滨平房机场起飞，飞越哈尔滨郊区起伏的丘陵，到达市内松花江中的太阳岛上空，低空盘旋之后，再返回平房机场。

运 12 因为不仅机型本身成功，还是我国第一架通过适航标准审定的民用飞机而提高了意义。为此，运 12 的研制，1989 年获得了国家科技进步一等奖。这是哈尔滨飞机工厂真诚地愿意按照国际先进要求来改造其自身的原有企业文化，经过长年持续工作取得的成绩，运 12 是该厂的荣誉产品。我得以名列获奖的“主要贡献者”中。

以后，这种机型还获得了英国和美国颁发的适航证，成为我国第一架获得外国适航证的飞机。运 12 源源推出工厂的总装线，真是“一行白鹭上青天”，从太阳岛飞向了世界。到 20 世纪末，已经出口到世界上 14 个国家。

我所在的上海飞机研究所，被中国民航总局委任为中国第一部适航标准的起草单位。我作为主要技术负责人之一，在有了初步草稿之后，特地在远离日常办公的地方找了一间会议室，集中一个月对草案进行了逐条讨论，从条目的内容、表述和措辞都认真作了推敲，对不同意见进行了裁决。

图 3-21　飞行中的运 12

1985 年 10 月，中国民航总局召集国内航空专家和教授在杭州召开会议，对我们的草案进行审定。在分组讨论中，我参加第一组“总体组”。在讨论之前，我先代表起草方对起草的总思路作一发言，我从口袋掏出一个小本子站起来，对着提纲说了我对适航标准的认识：“适航标准十个是什么和十个不是什么。”

我认为人们在接触一种新概念的时候，总是不自觉地和自己头脑中已有的概念相比较。那么适航标准究竟是什么概念？它在十个方面与我们熟悉的概念有共同处，但在十个方面又不是我们已有认识的那种含义。这“十个是什么”和“十个不是什么”，从正反两面规定了适航标准的确切内涵。

参加我这一组会议的专家中，有一位远道来的著名航空学教授。他听了我的发言后，认为我国民用航空界面对“适航标准”这种新事物时，在概念上存在一些含糊的认识，这个讲话对理清这些概念很有用，便在会议的领导小组讨论时极力推荐说，这个报告讲解的概念很全面，有很大的启发作用，应该在全体大会讲一次。会议领导小组便特地安排了一次全体大会，叫我再作一次专题发言。

会后，我把发言整理了一下，寄航空部属下的《国际航空》刊物，篇名就叫“适航标准是什么和不是什么”。这篇文章在 1986 年 1 期发表，引起民用航空界的很大重视，航空工业部质量司的领导见到我时，特地对我说：“我们都细读过你这篇文章！”后来中国民航总局创办一个关于适航技术的刊物，要求转载此文。直至 6 年之后，发表这篇文章的刊物《国际航空》的主编还来信要求我写出“续编”，在 1991 年 4 月刊出续编时，刊物在“编者按”中特地提到 6 年前刊出此文“前篇”所引起的广泛关注。

七、回眸20世纪我国的航空工业

航空是20世纪初才兴起的技术领域，在整个20世纪内发展迅速，对人类社会的发展起过十分重要的作用。航空工业是国家力量的象征之一，很大程度上标志着国家技术经济实力和工业水平。

旧中国航空工业基础十分薄弱，从1910年清政府办飞机修造厂开始，直至1949年，只有十几个设备简陋的作坊式航空工厂，仅能修理和装配少量飞机，没有形成有批量生产飞机能力和机型开发力量的航空工业。

但是中华民族对这种新技术敏锐地表现出极大的悟性，华人在飞机诞生的早期就介入了飞机的设计和制造，显示了出众的能力。20世纪前半叶留学英美学习航空技术的人员中，有的在国际航空技术和航空工业发展中作出了重要的贡献。其中一些受过西方先进科学技术教育的人员回国后，曾在新中国航空科研设计和航空教学战线的重要岗位上工作，并长期作出贡献。

诞生不到百年的航空技术，在第二次世界大战之后的后半个世纪里登上了一系列的发展台阶，如越过了全金属化、喷气化、大型化、电子化（包括信息系统的综合化、与操纵系统的自控化）等里程碑。我国的航空工业，也正是从20世纪上半叶若断若续的游丝般的发展，在世纪的后半叶注入了强大活力而凸显出历史上骤兴的局面。以下着重对20世纪后半叶的发展作一回顾。

1. 20世纪50年代，新中国航空工业的初创期，建立了良好的发展期开端

在新中国刚成立的国内国际形势下，1951年我国政府作出了建设航空工业的决定。从1953年开始的第一个五年计划中，在全国各行各业的支持下，航空工业经历了从小到大的成长过程，实现了从修理向制造、从仿制到自行设计的阶段性转换。

1）生产能力方面，在前苏联的援助下，我国开始按成批生产的规模建立首批三个飞机工厂和三个航空发动机工厂，1956年制造出国产第一架喷气式歼击机歼5，生产线开始源源不断推出飞机，实现我国航空生能力在历史上的一次飞跃，对武装新中国的空军作出了重要的贡献，成为当时世界上少数能成批生产喷气机的国家之一。我国的航空工业从修理螺旋桨式飞机到制造出喷气飞机，仅用了七八年时间。

2）当时的国外并不打算支持我国航空工业自主发展。在1956年全国科学规划会议的精神鼓舞下，我国航空工业迈出独立发展的步子，建立了自己的飞机设计、航空发动机设计的机构，推出了首批中国自己设计的机型，同时建立了一批门类齐全的支持性科研机构，如空气动力试验研究、结构强度试验研究、航空工艺研究、

航空材料研究、仪表辅机研究及航空技术信息研究等研究院所。

3）在航空教学方面，我国建立了专门的航空学院及航空系科（北京航空学院——现为北京航空航天大学、华东航空学院——现为西北工业大学、南京高等航空专门学校——现为南京航空航天大学。）。

2. 20 世纪六七十年代

1）我国航空工业在生产能力方面，发展成自足的封闭形生产系统（大而全），建立大批三线工厂，共生产出以万架计的飞机，为我国提供了大批歼击机、强击机、轰炸机、直升机、运输机、侦察机、教练机、无人驾驶机和多种战术导弹以及各类航空发动机及机载设备，为民航部门提供了支线客机的通用飞机。同时，还将多种型号的飞机援外。

2）在机型开发方面，多数局限于对外国飞机型号的复制及改进、改型。由于与外隔绝，获取世界航空技术信息和从国外引进先进技术的渠道有限，技术进步的步伐不大。

3）在 20 世纪六七十年代特定的形势下，科研和生产受到错误路线的冲击，机型设计工作受到干扰和阻碍，某些未按科学规律研制的机型（或改进、改型的机型）遭到失败，生产和试制工作遇到较大的质量问题。

3. 改革开放以后，向建立自主、开放型的系统方向努力

1）航空工业继续发挥其强大的生产能力。到 20 世纪 80 年代末期，我国航空工业共生产出各类飞机 27 种 60 个型号、1.3 万余架，航空发动机 5 万多台，导弹 1.4 万多发。到 90 年代，生产总量更有进一步增长。从中国航空工业从业人员和设备数量上来说，已经具有世界第三位的规模。

2）大型喷气客机运 10 的研制取得重大成果。大型喷气客机是 20 世纪下半叶航空技术突出贡献的前沿阵地，也是航空工业能力的集中体现。大型喷气飞机除了作为空中运输的主力之外，在国防领域还有不可忽视的作用，如作为大载重量、大航程、长续航时间的空中平台，改装成为空中预警机、空中指挥机、空中加油机、军用运输机等。他们在 20 世纪下半叶世界上几次局部战争中扮演了不可代替的角色。

运 10 是国家根据国内外形势正式下达任务研制的大型喷气客机，是国家意志的体现，是在国家领导下集中全国力量进行的一次科研开发战线上的联合兵团作战。这项系统工程的主要特色是强烈的自主意识，以自行研制的主导思想突破了航空工业长期来仅仅“复制、改进、改型”的局限，在科研设计上取得了大面积突破。从仅仅领先来自前苏联的有限科研信息，转向世界通用的英美技术体制，广泛吸收国外先进技术并通过科研和教育战线的全国专家联合攻关，通过中国人自己的研究试验，取得了技术上的成功。这一探索进取，获得前所未有的科研成果，缩短了我国航空技术与国际先进水平的差距。

但是在运 10 研制的前期，科研生产遭受错误路线的严重干扰，特别在 20 世纪 70 年代中期，在运 10 试制样机的制造上，受到质量控制不严问题的困扰。

在第一次全国科学大会上，邓小平提出了“科学技术是第一生产力”的论断，大型客机列入科学工作者大会的国家重点开发项目。原航空工业部派出专家到达运 10 研制现场，协助或指导技术攻关及质量复查，对大量试制质量隐患作了纠正，因而成功地实现了该机结构的静力试验，获得了在航空工业历史上空前的成功。原航空工业部还组织全国专家对该机的设计进行了试飞前审定，主持了该机成功的首次试飞。

从此以后，邓小平同志接连指示：“国内航线飞机要自己制造”“国内航线统统用国产飞机”。这些批示作为国策在航空工业战线传达后，极大地鼓舞了广大干部职工。运 10 在 20 世纪 80 年代曾作了一系列的航线试飞，从我国版图东部的上海为基地出发，曾直飞北京，并且向北至哈尔滨、南至广州、西至成都、西南至昆明、西北至乌鲁木齐直飞，安全飞抵我国许多边远城市；七次飞抵有“世界屋脊”之称的青藏高原上的拉萨，成为 20 世纪内我国自行设计的唯一飞抵西藏拉萨的飞机，为以后我国大型喷气客机的研制积累了可贵的经验。

3）在军用飞机的设计上，我们航空工业突破对国外机型改进、改型的局限，推出了独立研制的型号，如轰 7、歼 10、教 8 等。在军用飞机的技术体制上，也从单一遵照前苏联技术体系转向国际先进技术体系。

4）在小型民用飞机及直升机方面陆续推出一些自主研制的型号，如通用飞机运 12，就是我国首架按国际适航标准设计，先取得我国适航证，随后取得国外适航证的民用飞机。此外还有农业飞机农 5 的研制等。同时，也研制了多种自主型号的直升机。

5）我国的航空工业逐步发展成为一个开放的系统，许多航空工厂承接了国外机型的转包生产。上海飞机制造厂承担了总装美国麦道 MD-82 客机的任务，成功地装配出 35 架近代喷气客机，其中 5 架返销美国，总装质量得到国内及国际上的好评。不少航空工厂承制了世界航线上使用的先进客机的机头、尾翼、舱门等部件。西安飞机公司接受了波音公司承制 1500 架大型飞机平尾的制造。

除了生产上的国际合作之外，我国也开始了在科研与机型设计上与国外合作的尝试。有些飞机设计机构直接与外国飞机公司合作研制飞机型号，如强 5 改型设计、教 8 的新机型设计研制；也有的参与国外的机型开发项目，如参加美国麦道公司的超高涵道比技术准备和验证试飞项目，以及与美国及欧洲飞机公司对干线客机、支线客机新型号的联合论证等。

6）航空工业作为一门“高技术产业”，在“知识经济时代”到来时，人们对它的特点有了更深的认识。在扩大改革开放的过程中，我国航空工业和美洲、欧洲、亚洲的许多国家的航空部门广泛接触，探讨合作的各种可能途径。经过长时间的接触与谈判，领悟到在“知识经济时代”，航空先进国家对知识产权的极端维护。

飞机（特别是高性能军用飞机及喷气客机）作为一种高新技术产品，航空先进国家对其常规制造技术的把持已经不列在首位，肯以“来料加工”的形式让出某些部件在第三世界的国家生产、甚至全机的总装配转移到有条件的发展中国家进行。但一般限制在该国原有的能力之内：你已经掌握了什么技术，就在该技术的范围内让你承制生产，而你原来没有掌握的技术领域，就限制你的介入，或者要求支付高昂的、难以承受的“技术转让费”。

至于机型开发的知识产权，则受到航空先进国家的极力垄断，不容外人染指。对世界航空界的这种价值取向的认识，成为改革开放以后广泛走出国门取得的宝贵经验。没有自我开发机型的能力，就不能形成完整的产业，不能构建可进入良性循环的开发系统。这种认识促使我们在新的 21 世纪中更加重视本国的科研开发力量，更加坚定地走“以我为主，争取国际合作”的道路。

7）先进的航空技术向广阔的产业面转移。航空技术在 20 世纪发展迅速，因其技术进步的迫切需求带动了广大的技术面，曾被称为“技术发展的火车头”“工业技术之花”。我国航空工业在发展中积累起来的许许多多先进技术，在改革开放以后迅速向相邻的领域推广。

例如：为大型客机研制的客舱调温、调压的大容量气体处理系统，被移植到油田对天然气的冷凝系统中；风洞试验技术用于汽车外形的设计及高建筑物和桥梁的空气动力和气动弹性分析；空气动力学知识用于风力发电的设计；对三维结构件的有限元分析方法，转移到对地热喷口井盖的应力分析中；航空冲压成型技术转向汽车制造；航空活塞式发动机生产技术转向高性能摩托车及汽车的开发与生产；钣金铆接技术转向大型客车及汽车的开发与生产；液压系统设计方法用于建筑提升平台及消防高梯的设计；程控技术用于产品生产线设计与地铁管理系统；航空仪表测试方法用于设计汽车仪表校准台；飞行模拟器技术用于设计汽车驾驶教练台；航空液压及电气、电子系统设计技术用于船舶；铝合金加工工艺用于建筑铝合金门框和窗框；航空材料开发能力用于民用高性能材料的研制；玻璃钢及碳纤维复合材料用于建筑、船舶、汽车、家具、运动器材等方面；大型客机客舱内装饰材料的阻燃处理技术及阻燃性能测试技术，推广到宾馆及船舶的装饰材料上；飞机座椅用于高级旅行车；此外还进行过航空喷气发动机用于船舶动力的研究、飞机结构设计技术用于地效飞行器研制以及航空“计算机辅助设计”用于汽车外形设计等有价值的技术推广应用。

航空工业在发展中经历了一个从各行各业吸取先进技术的时期。在改革开放中又大量释放经过提炼的高技术，返回到各个领域中去，促进了共同的进步。改革开放之后，仅到 1990 年就开发出非航空的民用产品 6000 余个品种。其中 267 项产品被列入国家推荐替代进口目录，为能源、交通、纺织、轻工、石化、医药等 28 个行业提供了 600 余种技术装备，且大多数达到当时的国际水平，相当一部分产品填补了国内空白。

我国航空工业经过 50 年的发展，取得了重大成就，对增强国力作出了重要贡献，成为祖国的骄傲，也为世界所瞩目。

改革开放 20 年来，我国航空工业从一个封闭的系统转变为具有广阔视野和活动舞台的开放系统，生产和科研能力都得到空前的提高，理解和判断新时代特点的能力也在不断深化，成为世界航空工业中一支不可轻视的力量。

面对新的 21 世纪，我国航空工业在技术进步的同时，将更自觉地更新观念，进一步认识知识产权在“知识经济”下的作用，对本国的科研开发能力给予更大的关注，对科研设计工作作更大的投入，励志图新，使我国的航空工业具有崭新的面貌，以更加高昂的姿态自立于世界先进航空国家之林。

（此文写作于 1999 年，正值 20 世纪末，我作为“航空史研究会”理事，对 20 世纪内我国航空工业的发展作一回顾。此文发表在《民用飞机设计与研究》1999 年 4 月刊。中国科技部为纪念建国 50 周年出版高新技术 50 年回顾的文献时，采用此文作为对航空工业的总结）

八、搏击长空的雄鹰

——记我国航空工业创业者熊焰

团团白云，像巨大的棉絮堆在机窗下方缓缓移动。千里之遥，一蹴而就。空中运输航线，在神州上空，织起了越来越密的网络。

中国民航的运输量每年以24%的增长率上升，增长速度名列世界前茅。飞机载着辛勤劳作的人们在全国各地奔忙，也载着来自世界各国的人员及带来的资金、技术、观念。

这里记述一个创建新中国航空工业的人，他曾在飞机制造、试飞研究及飞机设计三大领域作出奠基性的贡献，对中国自己研制大型旅客机作过认真地努力。他原来有过一个名字，在19岁投奔延安以后，将自己的名字改为熊焰。他以后就用这个名字写进了新中国航空建设的历史。

1. 黑夜里的灯光

1938年9月20日，对熊焰来说是生平发生重大转折的日子。

熊焰和一百多名投身抗日的青年，从西安出发，一路跋山涉水，经历大雨滂沱的冲刷、走过泥泞崎岖的山路，经过十天徒步行军，在这一天到达延安时，天已全黑，看到的是四处一排排大厦般的灯火在闪烁。

第二天早晨起身一看，四面众山环绕，山腰上全是排列整齐的窑洞，下面是滔滔的延河水在流淌。这就是抗日圣地延安。

1919年农历正月二十七日，熊焰出生在安徽芜湖一个小职员的家庭，父亲是一家烟草公司的会计。熊焰从四岁起便在父亲的教育下开始识字，七岁进入私塾读书。

20世纪前半叶的中国，是一片充满动乱、苦难、血肉横飞、哀鸿遍野的土地，而又燃烧着不息的追求和奋斗的火焰。比任何一部传奇故事都更壮阔的画面，从小印入熊焰的脑海中。

七岁时的熊焰，便亲眼看到军阀溃逃时对民众的抢劫，也曾挤在人群中夹道欢迎北伐军进城。在动乱中父亲失去了稳定的职业，先后在几处谋职，又几次失败，处于半失业状态，家境日渐困难。父亲在那乱世之秋的交往圈子里，不乏有思想有壮志的人，其中有的后来成为著名的革命者。

熊焰十三岁时，父亲在汉口一所中学找到了数学教员的工作，全家迁往汉口。三年后中学停办，父亲回到家乡去教小学。熊焰留在汉口，寄住在父亲朋友的家中，饱一顿饿一顿地读完了初中，有时一天只靠两块烤红薯来维持。父亲临离开时为熊焰设计的前途是：好好读书，初中毕业后可以到机械厂去当学徒或者到邮局去当练习生。

熊焰自幼酷爱文学，中学时代便在报纸副刊上发表诗歌和小说，参加过世界语学习。文学引发熊焰对社会重大问题的关注，在胸中树立了某种宏大的理想。1935年爆发了“一二·九”反帝爱国运动，熊焰参加了在汉口的学生运动，走进游行队伍的行列前往绥靖公署请愿，要求抗日。以后文学始终没有成为他的事业，却在很大程度决定了他人生的道路。

不论从事任何行业，要冲破平庸办成大事，缺乏理想和激情是办不到的，人有了精神才会成为万物之灵。

熊焰十七岁那一年，国民党航空机械学校招生。这对前途未卜的熊焰是一个去处。但是他只是初中毕业，于是他便在暑假拼命自学了高中数学和物理等课程。熊焰是聪颖的，又懂得生活的艰苦，读书很用功。熊焰变卖了一些家具，到南京去应考，以优异的成绩被录取，数学更是考了一百分。

航空机械学校设在江西南昌。这里有中国与意大利合资建立的飞机工厂。在抗日战争中的一段时期还曾作为国民党空军的基地。熊焰在这里首次接触到飞机，这是一种神奇的感受——一些原始的材料，经过缜密的加工装配，却能变成一架腾空飞行、穿云海和跨山河的飞行机器，真是不可思议。飞机作为20世纪出现的奇迹，是人类智慧的一种张扬！

熊焰在学习期间一方面认真读书、钻研技术，另一方面没有放弃对文学的爱好。

艾思奇的《大众哲学》向普通人撒播着智慧，在压抑的封建秩序下巴金在《家》中迸发出的吼叫，都使他震撼，使他清醒。一颗躁动的、年轻的心怀着对光明的渴望。他结识了一些朋友，秘密交流着进步书籍，并且与“大众书店”的工作人员发生了联系。

1937年，震惊中外的卢沟桥事变爆发了。正在航空学校读书的熊焰，这时已经感到他所从事的不只是个人养家糊口的职业，而是把自己和国家的命运、民族的存亡结合了起来。

在与日寇的血肉搏斗中，航空是中国柔弱的腹部。日本用“九五式”轰炸机、“九六式”战斗机扬拳打在这个部位，引起五脏六腑的翻腾，也引起受伤巨人拼死的反抗。闫海文、沈崇海、陈锡纯等抗日烈士舍身歼敌，血洒长空，在中国的蓝天谱写下惊天地、泣鬼神的战歌。

但是国民党上层，抗日软弱、管理无能、糜烂腐败、专横欺压、不堪入目。南昌作为空军基地，曾经派机出击江阴要塞。但是日本人猖獗到竟敢派飞机降落在南昌机场，用机枪水平扫射，把机场上的飞机打得起火燃烧，并且从飞机上下来一个鬼子，拔走了弹坑旁一面军用旗帜，扬长升空而去。熊焰目睹了这一切，气愤之至，但后来国民党的报纸却“辟谣”否认，真令人寒心。

在南昌，迎来了“前苏联空军援华志愿队”。这些人作战英勇，每次作战回来，大家拥抱接吻，工作完毕围坐在飞机翼下唱歌、吃饭、看书，这真是一种令人振奋的团结战斗的景象。这些给熊焰那颗年轻的心以极大的冲击和激励。熊焰和他们的关系很好，他们英勇作战牺牲的遗体，熊焰曾参与收敛。

熊焰参加了“大众书店”组织的“大众歌咏队”以及秘密阅读进步书籍的“读书会”，一同“读书”的欧阳奎不久失踪。又过了些日子，熊焰接到了他从延安寄来的信，原来他已经投奔延安的“抗日军政大学”。从他的来信，熊焰这才知道另有一个团结抗日的新天地。从他寄来的一些文件和介绍的一些书籍，熊焰开始懂得了关于帝国主义、中国半殖民地半封建社会的许多道理。

国民党在抗日战场节节败退，1938 年 8 月，熊焰工作的单位后撤到赣南的吉安。在这里，他又遇见在南昌“大众书店”的人。从他们那里，熊焰看到延安“抗日军政大学”的招生通知，他执意要求前去投奔。“读书会”给他开了介绍信，他到新四军驻赣办事处办理了手续。向朋友借了 40 元钱，踏上了前往延安的旅程。在烽火遍地的战乱中，在兵匪横行、刺刀割据、交通落后的时代，从华南到西北，是要换用各种交通工具，有时要用大车的轱辘一圈一圈滚过、用脚步一步一步去丈量距离。巨大的向往和追求，推动熊焰走完这充满凶险的路。

人的一生经历过各种各样的事情，到了老年回顾，到达延安之夜那星星点点璀璨的灯火，仍然是熊焰心海中最鲜明的图像，唤起终生不灭的奋进激情，心中热烈的火焰，在熊熊燃烧着。从此他改名为熊焰。

2. 风在吼

到了延安，他先后在“抗日军政大学”和桥儿沟的党校学习。他下乡去做动员群众缴公粮的工作，与老乡同吃、同往、同劳动，每顿吃小米和南瓜，政府给每个工作人员发一瓣蒜作为菜肴。但是这里处处显得朝气蓬勃，洋溢着浓浓的抗战气氛。熊焰的文艺才能被唤醒，在党校指挥从全国来到的抗日青年们高歌“风在吼，马在啸，黄河在咆哮，黄河在咆哮……”。他甚至和同志们商量，是否转到延安的“鲁迅艺术学院”去专攻革命文艺。

到延安一年多后，党派往前苏联学习航空技术的王弼和常乾坤两人回到延安，开始组建航空工程学校（当时取名为“机械工程学校”），熊焰被调去作为高年级的学生，参加了在安塞的建校工作，并且担任物理教员。不到半年苏德战争爆发，原定的前苏联专家不能来延安了，机械工程学校并入抗大三分校。熊焰任物理及军事地理的教员，并与党校的同学陈然相爱结婚。

一年后，正逢国民党发动第二次反共高潮。熊焰和陈然分赴前线，不得不将刚出生三个月的大女儿送给了别人。

1945 年抗日战争胜利，当时国共谈判三人小组中共代表的专机需要机务人员，在张家口成立了航空站，熊焰被派往航空站工作。他和同志们在一起，并用了十几个日本战俘，好不容易把一架日本“九九”高级教练机修复，国民党却用 P-51 前来空袭把飞机打中起火。敌机一走，他们又继续在小机窝里修理飞机。他们就是这样在轰炸扫射下坚持着工作。

内战继续升级，张家口航空站决定疏散，大部分人转道到东北开展工作。从延安出发，中国人要登天，还有很长的路要走。

1946 年 8 月，熊焰和陈然带着刚出生的二女儿，从张家口登上大卡车向东北进发。途经张北、多伦、林西、林东、开鲁、鲁北、突朱、洮安到白城子，再经齐齐哈尔，走了一个多月，路上还经常遇到国民党军队及土匪的骚扰袭击，最后到达哈尔滨。

东北有缴获的日本旧飞机，解放军在牡丹江成立了航校，开始培养自己的飞行员。但是飞行所需要的汽油没有来源，熊焰被委派到哈尔滨的南岗酒精厂担任厂长，研制 95%~100%高纯度的酒精代替汽油供应飞行。战争局势变化迅速，国民党军队进攻哈尔滨，熊焰又转入牡丹江航校，讲授发动机课程。

熊焰经过长途跋涉，很久以来一直俯首看地，现在终于又恢复了仰头看天的习惯，又闻到白云的清香，重新燃起了心驰天外的心火。

一天，领导找熊焰谈话，指出航校训练急需飞机。决定改建一个飞机修理厂，任命熊焰为副厂长。

熊焰没有记下这个日子。但是从这一天开始，熊焰从航空教学的岗位转上了航空工业的人生道路。并且从这一天开始，新中国的航空工业，迈上了从修理起步的发展过程，造就了后半个世纪航空工业史上的骤兴和繁荣。

3. 开国大典上的机群

作为新中国空军摇篮的东北航校，以及作为新中国航空工业起点的早期飞机修理工作，已经记入历史。极端困难条件下创业奋斗的精神，成为后人宝贵的财富。

修理飞机，遇到人和物两方面的严重困难。自己队伍中有从前苏联学习航空回国的少数几个人，还有在与盛世才合作时期在新疆学习过航空的一批人。此外，还有先后起义到解放区的航空人员，以及从延安的机械工程学校转到东北的一批学员，以后又从各根据地调集了几批青年学生人员。真是来自五湖四海。但是，这些人数仍然无法满足全部工作的需要，还不得不使用一些懂技术的日本人和少数“伪满”人员。当时曾在中国参与航空工作的日本人中，有的几十年后访问中国，寻找旧地旧相识，共同回忆当时的历史，成为中日友好的力量。

物质上的困难，则主要反映在航空器材没有来源。当时的飞机修理者们走街串巷，逛小市场，登门访户，四处寻找，做梦也在想遇到由于战乱而散布在民间的航空器材。外出时在大道上看到大车压出的轮胎印子，若判断可能是飞机轮胎，但无法判断这车是从哪一头走向哪一头的，便派人从两头追踪，追到老百姓家，如果发现真是飞机轮胎，便经过艰苦说服动员，然后向其购来。

在修理厂每天天不亮就起身，一直干到日落西山。没有铝板，便用白铁皮代替。第一年就修出 36 架飞机，平均每月 3 架。这些修好的飞机，有的机体上像贴膏药一样打上了许多补丁，日本飞行员都不敢飞。风在吼、机声在呼啸，新生的人民空军飞行员却驾驶着打着补丁、烧着酒精的飞机腾空飞起，欲与天公试比高。

1948 年，辽沈战役结束后，熊焰进驻沈阳，按东北民主联军沈阳卫戍司令陈云的命令去接收位于沈阳东塔的日本“满洲飞机制造厂”和飞机场，接着又被调往沈阳北陵接收“满洲民航机场”。然后在这里建立了“东北人民解放军航空学校机务处第五厂”，熊焰担任厂长。以后，这里成长为在 20 世纪后半个世纪里雄踞首位的中国最重要的飞机制造厂。

建厂后拟定的第一个任务是修复一架美式 P-51“野马式战斗机”。这对一直从事日本旧飞机的修理队伍是一个新的突破。经过一些挫折，这架飞机终于在 1948 年底修理完毕，迎来了革命形势大发展的 1949 年的元旦。在新的一年里，这里共赶修出 30 多架 P-51。

1949 年 10 月 1 日，开国大典上飞经北京上空的飞机，全部都是从国民党缴获或起义过来的，其中许多经过修理。凡参加过这历史场面的人也许会记得，飞机队形本是两两编队，但最后竟少了一架，有一架单机无伴独飞。这是因为当时集中了达到飞行状态的飞机参加开国大典，凑不满双数而只有让最后一架单飞。

在一个大时代，仿佛历史也浓缩了。只不过几年以后，国庆庆典中呼啸而过的就已经是庞大的喷气式机群。中国空军成长为仅次于美苏的世界第三大空军。

4. 白铁皮副油箱

1950 年 10 月，抗美援朝战争开始。美国飞机已经时常越过鸭绿江，侵犯我国东北上空进行轰炸。熊焰把孩子送到农村疏散，自己在工厂坚持一项重大的工作——把前苏联分解装箱支援我国的一百架米格 15 喷气式战斗机重新装配起来。前苏联开来一列战时的飞机修理列车，配有专家指导装配工作。熊焰带领中国工人们日夜苦战，三个月内将一百架飞机装好出厂，飞向了战争前线。这是中国空军拥有的第一批喷气式飞机。

随着战争形势的发展，战斗受伤的飞机，几乎全在这里修理，北陵成了一个飞机的前线医院。米格 15 携带的副油箱大量消耗（几乎每出航一次都要在空中抛掉两个）。空军司令刘亚楼来到沈阳，召见熊焰，要他解决副油箱的供应。没有图纸，没有资料，特别是没有铝板材料。但是，却是战争的需要！只会按常规走路的人，永远也想不出这样的任务怎么能完成。

熊焰带领一批工人，用白铁皮代替铝板，用手工敲制代替模具，参考两只实际的副油箱样品，几个昼夜不睡不眠地试制出副油箱，经过试飞获得了成功，然后绘制出图纸提供给沈阳许多工厂生产，解决了前线急需。

这种创业的精神多么令人感叹！

这件事给人的启发是：办事的高明不在于你采用什么手段，而在于你解决了什么问题。重要的是过程的结果，而不在过程本身。

这个“副油箱事件”，记入了新中国第一任空军司令员刘亚楼的传记之中。

5. 结束中国不能制造飞机的历史

1951年，中国航空工业局成立。原属空军的北陵飞机修理厂划归航空工业局，熊焰任厂长，后来兼任总工程师。从这里，开始了新中国造飞机的历程。

根据中苏签订的前苏联援助中国建设航空工业的协议，前苏联派来了航空工业专家组。位于沈阳北陵的飞机厂，也按照成批生产喷气式飞机的规模建设起来了。熊焰多年从事飞机修理的领导组织工作，管理现代化的大工厂是一个新的课题。他每晚向前苏联顾问作系统的学习（处在抗美援朝的形势下，又逢苏共第十九次代表大会对新中国成立的政治意义高度评价的历史条件下，当时这一批前苏联顾问对帮助中国航空工业建设的态度是真诚的）。1955年，前苏联提供了米格17的图纸资料，当年7月，熊焰以总工程师兼总工艺师的身份，和其他6人被派往前苏联共青城的前苏联飞机制造厂考察学习。

熊焰这时38岁，长得清秀儒雅，但是他那颗一直燃着熊熊火焰的内心，经过世纪风雨的冲刷、经过战火的锻炼，充满大江东去似的豪情，胸中自有雄兵百万。

熊焰曾经在修理日本飞机时向日本战俘学习，在修理P-51时向从国民党过来的机务人员学习，在试制副油箱时又曾经向民间的普通白铁工人学习，此时则诚心诚意向前苏联学习。

他愿意虚心当学生，但是从来不打算当仆从。对他来说，重要的是学好真本领为建设中国的航空事业服务。这需要一种远大的目标，也需要一种襟怀。

1956年7月19日，新中国制造的第一架喷气式歼击机诞生了（由此被称为“56式”飞机），熊焰肩负着总管技术的重任参与了全过程中所有重要的环节。试飞的场面真是热烈，人们兴奋的不可名状，看着新中国制造的首架“银燕”腾空而起，这是神剑出鞘，这是巨作开篇！满场欢呼热泪纵横。这不是一个厂的欣慰，而是整个民族的腾飞信号。

56式是一种全金属的喷气式高速歼击机，装有三门威力强大的机炮。56式一下跳到了航空技术发展史上的重大台阶，达到了二次大战以后的飞机水平。时任军委副主席聂荣臻元帅来到沈阳参加工厂的庆功大会，聂元帅和时任航空工业部长赵尔陆，以及时任民政部长史良一同为飞机剪彩。许多著名的剧团来到工厂向全厂慰问，梅兰芳、严凤英等著名戏剧家都来演出。紧接着56式便投入了成批生产，源源不断地装备了新生的人民空军。

1957年，第一个五年计划结束时，周恩来总理在全国人大的报告中向全世界庄严宣告：过去中国不能造汽车、造飞机，这个历史结束了。

在谈到这一切的时候，不能忘记这是一个大的集体战役。我们不能忽略那些在职务上是熊焰的上级、下级的，那些在态度上支持他、敬佩他及反对他、排挤他的人们。是时代的召唤，是群体的奋斗造就了这一切，展现了这一段历史。但是熊焰是创造历史中的一员，并且是重要的一员，他是当时中国最大飞机工厂的第一任厂长和总工程师。

毕竟，56式是一架在中国生产的苏式飞机。中国航空工业要走上独立自主的发展道路，必须有自己的飞机设计事业。56式首次试飞后不到一个月，在熊焰担任厂长和总工程师的沈阳飞机厂，成立了“第一飞机设计室”，为新中国的飞机设计事业打响了鸣枪起跑的信号。

设计与生产的区别，在于生产活动的目的是增加已有产品的数量，而设计则是产生出产品的新品种。这两种活动各有各的规律，各有各的学问，都需要通过实践来掌握，并不是由其中的一种自然而然就会通晓另一种。比如说，生产活动较多的涉及固体力学，而飞机设计则必须要掌握流体力学、热力学、电子学、控制论等更多领域的知识。

又一次新的创业，又一次“五湖四海”式的人才大会聚。为此调来了少数在英美学习过航空技术的高级技术人员，个别在前苏联学习航空毕业的人员，大部分在新中国成立后毕业、在航空界机关或工厂担任过一些管理或生产技术工作的大学生，以及从航空学院及学校新毕业的学生。

两年后，飞起了新中国第一架自行设计的喷气式飞机歼教1，真正为中华民族通向蓝天的大道剪彩放行，叶剑英元帅前来参加了历史性的庆功会。第一支飞机设计队伍中的许多人，后来成为全国不同地点许多飞机研究所的技术骨干。

6. 创建飞机城

1959年，熊焰受命于原第一机械工业部部长赵尔陆及空军副司令员常乾坤，去组建中国的飞行研究院。院址选在西安北面60公里的一个小镇阎良。

到这时，他已经在东北工作了13年，完成了几件里程碑式的大事，亲自参与了中国的航空工业从无到有，从修理转向制造，又开始了自行设计这三大阶段的发展过程。沈阳北陵的原“满洲民用机场”，已经建成一个全国最大规模的万人大飞机厂，从用白铁皮敲制副油箱而转变成生产喷气式战斗机，并源源不断供应空军。熊焰离开了他参与创建并已经具有成果的阵地，从东北转向西北，投入当时处于空白的飞行试验的新战场。

阎良原有一个孤零零的航校和一个机场，四周是广阔的田野。从航空工业部门及空军抽调的人员陆续到达，大批新毕业的大学生汇聚到这旷野中的孤岛。调皮的学生编起了顺口溜：“阎良阎良，一片荒凉。远离家乡，不见爹娘。生活艰苦，只吃粗粮。高楼大屋，住着和尚……”

人心不稳，器材缺乏，环境荒芜，交通不便，供应不畅，孤陋隔绝，真正是平地起家。地域这样辽阔，连把门站岗的人手都不够，买菜做饭的炊事员也不足。

是否要等一切都配齐了才运转起来？

熊焰把全体人员召集在一起，布置说：从今天起，所有人在相距几公里的几座大门轮流站岗放哨，轮流在伙房协助采购帮厨。

美国有爱德华试飞中心，前苏联有“红旗试飞研究院”，中国的试飞中心一定要运转起来。首先遇到的是一个具体得不能再具体的问题——没有给飞机加油的油车。

飞机使用的燃油，需要高度洁净。原来航校留下来的一辆旧油车，锈迹斑斑。熊焰处事的原则是，方法可以因时因地而异，但技术上的要求不能打丝毫折扣。他把许多人组织起来排起长队，用白色的脸盆向飞机传送燃油。最后检验飞机所加的燃油完全达到标准。

第一架试飞的飞机开始扶摇天际，发动机喷出熊熊烈火映照天穹，高唱着一支昂扬勃发的歌。飞行研究逐步开展起来，条件不断得到改善，试飞院在西北的田野中立下了根。以后，又迁来了一个飞机工厂，并在阎良建立了另一个飞机研究所。

自从用脸盆加油第一次起飞之后，这所中国第一、也是唯一的一个试飞研究院发展为测试水平亚洲第一、世界第四的试飞研究中心。这里试飞过多种飞机，完成了多项获奖的科研课题，出版了多种极有价值的技术书籍，培养出全国顶尖级的科研人才、科技管理人才和飞行英雄。

熊焰带领一群有着拼风擎雨、傲骨凌云性格的人，在西北的旷野建功立业。与初来时相比，阎良彻底变了样，这里绿树成荫，建筑雄伟，道路整洁，装备先进，人才荟萃。许多领导者到这里来视察过工作，阎良被参观者誉为“飞机城”，或被称为“中国的西雅图”（西雅图是美国波音公司的所在地，素有飞机城之称。改革开放之后，阎良街上居然开起一家饭店取名就叫“西雅图”）。

小青年的顺口溜变了词和调：“上有天堂，下有苏杭，除了北京上海，就数阎良……”

7. 飞向空中禁区

20 世纪初的 1903 年，人类的第一架飞机飞上了天空。当飞机还处在初创阶段，爆发了第一次世界大战，襁褓中的飞机就投入了战争。但随着第一次世界大战的结束，飞机立即投入到民用空中运输。美国的第一条空运航空航线建立在 1926 年，而中国的第一条航线建立在 1929 年，只比美国晚三年，在世纪的尺标上可以说是同期建立。

但是到了 20 世纪的下半叶初期，美国的航空运输业已经发展成为第二次世界大战后美国经济起飞的两大因素之一。而中国的交通发展还主要依靠传统的铁路。由于新中国成立后的战争环境，中国航空工业的主要注意力还只是放在军用飞机上。

20 世纪 60 年代，周恩来总理访问欧洲。当时中国没有自己的大型飞机供周总理出访，总理乘坐的是向国外租用的喷气式客机。外国报纸讥讽说：中国还没有进入喷气时代，中国是一只没有翅膀的鹰。

国家看到了发展先进旅客机的需要。1970 年 8 月，政府正式下达研制大型喷气式旅客机的任务。研制的地点选在上海，为的是可以利用上海地区较强的工业和科研力量。这项任务，曾用下达任务的年月被称为“708”工程，所设计的飞机型号则命名为运10。

熊焰被指派来上海主持这项工程的设计工作。一种不懈的追求，成为他从东到西、从北到南奔波的动力，时代的使命感在驱使着他。他始终洋溢着指挥“风在吼、马在啸、黄河在咆哮……”的情怀。

熊焰在阎良工作11年之后，告别了开阔美丽的飞机城，来到东海之滨拥挤的上海。这里虽然市面上商业繁华，但要在这里开展飞机设计事业，又是一切从零开始。熊焰从“飞机城”舒适的小楼迁出，来到了上海住进向卫生学校借用的集体宿舍的小房间。

上海原来没有大规模的航空工业，有的只是一个空军修理工厂。熊焰再次面临创业的局面。于是从全国40多个单位调集人才在上海集中，开始了大型喷气式旅客机的设计，它的起飞重量超过中国曾设计过的机型10倍，是一个全新的领域。

也许后来坐进高级“奥菲斯”（办公楼）的白领华人会嘲笑运10的设计队伍在食堂的长条饭桌上绘图，在大型木质“包装箱”里作计算，夏日的夜晚为防机场蚊虫的叮咬用报纸裹着穿短裤的腿继续挥汗设计绘图的情景。但是运10的设计就是以这样的状态开始迈步。

熊焰在组建上海民用飞机设计队伍和领导运10的设计工作中，表现出高瞻远瞩的战略眼光和尊重人才、尊重科学的良好风范。

熊焰曾经努力向前苏联学习。但是他与那些学过一点皮毛便打算受用一辈子的人不同，而具有更宽阔的视野。由于熟悉前苏联飞机技术体制的人数很多，当时出现一种强大的压力，要按前苏联发展民用飞机的道路在中国重演一遍。运10的设计队伍认真研究过这种意见，并按这种意见作出了总体设计，进行过风洞试验、建造过全尺寸样机之后，发现前苏联的设计规范远远落后于英美，其布局形式在技术上存在很大的缺陷，因而决定采用英美技术体制，采用先进的全机布局。这在中国航空工业发展以来是前所未有的大胆而有决定性的决策，得到熊焰坚定的支持。这个方案尽管受到意想不到的强烈反对，但经过全国专家会议评审通过，得到空军副司令员曹里怀的同意，最后得到国家领导人李先念和叶剑英元帅的批准。

在聚集的技术人员中，有来自高等航空学院的教师，有长期从事飞机设计的设计人员，也有来自飞机工厂的人员。熊焰将有不同经历背景和技术素养的人员很好地糅合在一起，取长补短。使设计队伍成为一支有着共同目标、极具战斗力的技术大军，向我国大型喷气式旅客机的重要领域开始了声势雄伟的大进军。尽管为协调多方面的矛盾付出了艰辛，但最后这支队伍显现出空前活跃的学术讨论风气和对新技术领域锐意进取的精神。

这项工程，得到全国200多个单位大力协同的支持和合作。其结果是不但设计出的运10飞机得到技术上的成功，并且在一系列重大的学科领域和工程领域为我国航空设计事业创立了先例，取得了突破。许多单项的研究成果，获得各种国家级或部级成果奖，在这个过程中产生了一大批研究员、高级工程师、教授和副教授。历史文献《中国航空工业 40 年》中总结说："为我国大型飞机设计奠定了良好基础"。在以后与欧、美、亚洲各国航空界的技术合作交流中，这支队伍由于具有扎实的实践经验和精邃的理论素养，取得良好的业绩，获得对方由衷的尊重。

熊焰不但重视科学理论的掌握与开发，同时也极重视工程经验的积累和借鉴。在运 10 的总体设计方案被国家领导批准之后，中国当时还处于对外封闭状态。熊焰领导设计队伍大量收集英美航空技术资料，其数量和研究深入的程度，是以前我国设计飞机从未达到过的。但是当有人提出越过设计阶段，直接"测绘"某种外国已有的飞机时，熊焰对这种意见则坚决反对。借鉴和盲目跟随，不是一回事。

熊焰和他的战友们、助手们领导的设计队伍，在运 10 试飞前做过 166 项大型地面试验，是我国设计飞机中前所未有的，许多试验的项目或者规模都是我国首创，充分反映了对科学规律的尊重。运 10 设计中对电子计算机的运用程度达到前所未有的广泛和深入，以至运 10 的全机破坏静力试验与预计的差别仅有 0.2%（属正余量，偏安全），这种精度是史无前例的。说明结构设计和强度分析采用了电子计算机的新方法而达到新的水平。

但运 10 的研制处在"文化大革命"期中，一切都是扭曲的。熊焰领导的技术队伍的讲求科学的精神被"四人帮"的爪牙诬蔑为"资产阶级技术路线"。

运 10 的研制是熊焰生涯中最艰难、也是最崇高的岁月。这里不详述在整个 20 世纪 70 年代的政治风云和技术开拓中的种种艰辛。在运 10 历时 10 年的研制过程中，熊焰受到过排挤，受到过控告，受到过批判。"四人帮"还组织御用文人写过攻击运 10 设计队伍的小说，演出过"顶风飞"的话剧来批判"反动技术路线"。

文学和音乐，始终是熊焰的爱好。他喜欢听贝多芬充满奋斗豪情的交响乐和激越的小提琴。即便疾风怒吼，在中国还是有一批踏实按科学精神为祖国苦干奉献的人。

运 10 在"四人帮"倒台后的 1980 年终于试飞上天了。它宽阔明亮的机舱，可以乘坐 180 名旅客。它穿过层层云雾，跨过黄河长江、越过长白昆仑，曾经飞抵过北面的哈尔滨、南面的广州、西面的成都、西北的乌鲁木齐、西南的昆明等城市，并且七次飞越"世界屋脊"青藏高原，沿着过去被称为"空中禁区"的航线，飞过大雪山、唐古拉山的冰山雪峰、越过金沙江、澜沧江、雅鲁藏布江的滚滚波涛，飞抵拉萨机场，是 20 世纪内我国自行设计的唯一飞抵西藏的飞机。在世界之巅的喜马拉雅山麓为 20 世纪中国航空人的奋斗竖立起一块高耸的丰碑。其中熊焰作为运 10 设计队伍的组建者，第一任领导人，功不可没。

运 10 的研制成功，使中国继苏、欧、美之后，登上了世界民用航空技术金字塔的顶端，成为拥有了大型喷气式旅客机研制能力的第四个国家。上海收到国外飞机公司的祝贺。国外报刊上连篇累牍报道和评论，法新社报导评论说："从此，再不能视中国为一个技术落后的国家"。华侨报纸头版头条套红大字标题为运 10 发出欢呼。

有关方面决定中国民用飞机的发展，走装配美国飞机的合作生产的道路。运 10

工程中途停止。今天的航空工业总公司总经理说：“如果当时由我决定问题，我决不会让运10工程停止。”

在某地机场，今天仍停放着一架巨大的多发动机喷气式旅客机运10。来自美洲、欧洲和亚洲许多航空界代表人士，都来看过这架飞机。不论他们各自怀着什么心情，在面对这样一个实实在在的存在，了解了它在蓝天白云间所写下的这一段确凿无疑的历史，莫不感到震惊。也许他们中会有人想起拿破仑的话：“中国是一头睡狮!”

到了世纪转换的门槛，运10被岁月摧残，虽破旧但仍然显出一种神威，使世界敬畏。它是中国人民科技能力的一种象征。

20世纪90年代中期，熊焰躺到了病院的床上。病重期间，还在关怀中国的航空设计事业，向前来看望的人打听一些设计人员的近况。1996年3月27日，熊焰因病去世。

在神州辽阔的土地上，从东北到西北，从上海到新疆，直至喜马拉雅山上雅鲁藏布江畔，熊熊的火焰曾经映照天穹。熊焰，是搏击20世纪风云的雄鹰。请记住这个名字，让我们纪念他，寄托我们的怀念，继承他的精神。

熊熊的火炬，由健在的人们接过来。正如那支歌中唱的：“风在吼，马在啸，黄河在咆哮!”中国的航空事业必然要腾飞，中国的航空技术的发展，正掀起新的浪潮，去迎接21世纪的黎明……

（此文写作于1996年5月20日，后载于《传记文学》1996年11月刊）

第四部分

关于科学方法、科学思想和科学精神

本部分收集了介绍科学方法、科学思想和科学精神的一些演讲和杂文。

一、我国飞机设计师谈飞机设计

1988年6月，我和我国几位飞机设计师——陆孝彭、顾诵芬和屠基达在航空工业部召开的一次技术性会议上相遇。30年前，我们都参加了我国首次设计飞机的工作，以后都主持过多种飞机型号的设计。这次相逢，我们就飞机设计的有关问题进行了探讨。下面将当时的谈话内容，按四个问题整理介绍如下：

1. 从事飞机设计工作的主要体会

程不时：我们从事飞机设计工作已经有30多年了，是否可以顺应潮流，对飞机设计工作的性质或者发展飞机的途径等方面谈谈体会？

陆孝彭（南昌飞机制造公司科技委主任）：我有四个方面的体会：

1）发展飞机设计要有自力更生、艰苦奋斗的精神。

2）发展飞机设计的捷径是以我为主，引进技术。

3）飞机设计需要理论与实践相结合。比如，设计意图需要经过试验来验证，设计者需要认真解决试制及生产中的工艺问题与实际操作者很好的结合等。

4）设计出的飞机要不断改进、改型，延长它的生存期。

程不时：不断改进的思想，我看总的是讲技术进步，有渐进和突变两种。在已有的机型上吸取新技术，可以不断完善。当积累到一定程度，旧框架装不下的时候，就需要换一个型号，来一个飞跃。但是还有另一层含义，就是对新完成设计的飞机型号，不能要求十全十美。稍不满意就全盘否定，这样势必会造成长期在原地反复。首先要使型号成活，然后才可以成长。

陆孝彭：是的。反正设计一架丢掉一架是不对的，这样对国家很不合算。

程不时：我对飞机设计的性质有一个看法。记得16年前，我见到陆总的时候，就向您谈过飞机设计在性质上是一种大型综合性的系统工程。仅仅是对专业性知识的堆砌，是不能形成系统工程的，需要一些更高层次的综合性概念思路和方法。我认为，国内对系统工程并没有把文章做透。

陆孝彭：我至今对国内谈的系统工程指的是些什么，还不很明确。如果你在这方面作些思考，我支持你。你在总体参数优化方面搞的那些方法，我们也在应用。

屠基达（成都飞机制造公司科技委主任）：飞机设计师要关心整个工程，包括技术、质量、成本、进度、战略途径等诸多因素，不能只顾方案、图纸、计算、试验，还要关心尽快成为物质的飞机，要快出成果，抢时间。我们的预见性没有那么好，时间一长，客观要求可能会改变，要“小步快跑”。

2. 飞机设计师应具备的素质

程不时：一个飞机设计师要成长起来，显然除了外因条件之外，对于内在的素质也应该有一些要求。正如某些长跑运动员的体质特点一样，在几百米的短跑中可能并不突出，但在跑马拉松时，就显出高低了。

陆孝彭：作为飞机设计师，应该有创造性、坚持性、事业心和责任感。

创造性，是指要有真正独创的见解，能提出超过一般水平的东西来。

说到坚持性，别说我国在飞机设计中会碰到很多困难和艰辛，就是外国的飞机设计师也没有不经过磨难和曲折就成长起来的。例如，前苏联的雅可夫列夫被取消过设计飞机的资格；图波列夫受过多少磨难；苏霍伊连设计局都被解散了，后来才重新组织起来，搞出不少新型飞机。没有坚持，就不能克服面临的许多困难。

程不时：飞机设计涉及的技术深、规模大、周期长，因此特别需要韧性和毅力，仅靠短时间咬咬牙是闯不出来的。

我还在想另外一个问题：作为一个飞机设计师解决专业问题的综合能力应如何搭配？解决专业问题的能力是必备的，但这只是必要的条件，而并非是充分的条件。专业能力是一个专业知识问题，而解决问题的综合能力涉及到思想方法以及工程方法论的水平。

陆孝彭：要有良好的判断力。

程不时：判断力同样有专业知识和方法论两个方面。专业知识帮助解决既定类型的问题。在现实的设计过程中，要发现问题，或者预见到问题，分析问题，把问题整理成可以解决的形式，求出答案并应用到实际中去，使问题得到解决，就需要很多方法论的思维训练。对复杂的问题，不同的人处理的方式不同，常常是因为作出决定的人所选定的目标不同，对各种因素考虑的优先级也不同。一项工程的成功或失败，最大的因素，是取决于需要与可能的结合是否恰到好处，而不是具体的技术细节上的差错。工程的成功，主要取决于超越专业更高层次的工程综合问题的水平。“现代设计法”就研究这类问题，我很有兴趣。

陆总，您对设计师还有什么希望？

陆孝彭：

1）要有科学的态度和坚持真理的精神。当然不能坚持错误的东西，但绝对不能人云亦云，随着别人怎么讲就怎么想。

2）在专业能力方面，理论基础很重要，航空技术是不断发展的技术领域，只凭苦干、硬闯是不够的，在先进的科学理论指导下，才能搞出好飞机来。

3）对航空要有强烈的兴趣，加上责任心，这两者结合就是事业心。

4）要有坚定性，要有不断想搞上去的思想，不能见异思迁。

5）要依靠组织，个人能有多大的能力？

程不时：即便在航空领域内，也有各式各样的事业。要成为飞机设计师是否应该具有征服天空的事业心？要使人类飞翔，要为人类添上翅膀，需要有创造出各种航空器的事业心。

我记得，20多年前就读过陆总的一篇关于“飞行吉普”的论文，可见您的兴趣一直在想如何腾飞，并不限于某个具体的机种。

陆孝彭：（笑）我现在还认为，我当时的那个设想在技术上是完善的，两副风扇有陀螺效应可以保持机体的稳定，可惜没有合适的小发动机。

（对程）你好像在正常设计任务之外，还试验过伞翼机？

程不时：伞翼机是以汪子兴他们为主搞的，我只是参加了一些探索。我试验过其他几种非常规的航空器，还有一架多用途飞机，那是业余设计的。

（对顾）我对美国的飞机设计师约翰逊的实力很佩服。他设计飞机不是按固定的样式，而是针对需要来调动技术手段进行设计，需要什么飞机就设计什么飞机，都是前所未有的形式，这才真正是设计飞机。他设计的飞机每架都不相同，但都能满足特殊的要求，性能是一流的。

顾诵芬（航空航天部科技委副主任）：你是不是说凯利·约翰逊？他是很了不起的。我认为，做一名飞机设计师，应具备以下一些素质：

1）必须有坚定的事业心。例如，美国著名的飞机设计师凯利·约翰逊，他设计过许多著名的飞机，后来公司给他升了官，可他却把高职位辞掉了，仍然搞他的飞机设计。他幼年时，就在乡村俱乐部里，站在肥皂箱上作过航空技术的演说，说以后他要把飞机设计作为终身事业。我们的陆总在30多年前就一直想要设计强击机，并坚持数十年不懈地工作。

2）要不断更新技术。因为航空技术发展很快。约翰逊是20世纪30年代大学毕业的，他那时学的只不过是航空初期的技术，但是他后来设计出三倍音速的SR-71。这是不断更新自己知识的结果。

3）必须有刻苦的工作作风。飞机设计有时需要加班加点，要亲自参加试验，为了工程的进展，常常需要作出额外的努力，如果想舒舒服服，那是很难成功的。

4）应该有亲自实践的能力。这样就可以对问题取得新鲜的实际感受。

5）要勤于从事设计实践。例如，对现有的型号不断地改进，不回避解决小的问题，在许多细小的改进中增长才干。

6）要有集体主义的思想和作风。前苏联用技术负责人的名字来命名飞机是很不科学的。任何一架飞机不是一个人搞得出来的。哪个环节做得不好，整个工作就不能做好。在技术上要有主次，但是又应该服从总体上的需要。

二、飞机设计的“原准法”与“综合法”

飞机设计的目的，是得到满足使用需要的新机型。从设计学的角度，可以为这种活动提出很多不同的工作原则，其中在我国航空界流传甚广的一种“原准法”，需要首先加以讨论，然后谈正确的设计方法——“综合法”。

1. 来历不明的“原准法”

在20世纪我国航空界，飞机设计的“原准法”常被提到。有些“资深”的设计人员说：“没有原准机，怎么设计飞机?”我国高层管理部门下发文件，有时正式指定“以某飞机为原准机进行设计。”有的飞机设计部门，也常宣称自己设计的产品是“以某机为原准机”，似乎这样就提高了本身设计的声誉。“原准机”的概念，在我国航空界一些人士的心目中相当牢固。

我多年从事飞机设计，并在航空学院兼任飞机设计教学，却从来没有读到过论证飞机设计的“原准法”的一本专著或一篇论文。查遍《辞源》《辞海》《中国大百科全书——航空航天卷》《中国航空工业词典》《苏联军事百科全书——航空航天卷》，也没有查到对“原准法”的定义或解释。我在与美国、前苏联、欧洲、日本的飞机设计师的交往中，也从未听到他们使用这个概念。

“原准法”的定义虽未见诸文字，但从其倡导者们所持的论点来分析，是指：设计飞机必须有一种已有的飞机作为“原准机”。新飞机的设计工作，就是参照这种“原准机”测绘抄袭、模仿复制或放大缩小，进行无伤大局的微小演变的进程。这样才得以将新飞机置于可靠基础之上，是飞机设计的成功之道。

其实，“原准”是一个模糊的概念，飞机设计中应“原准”到什么程度，可能有许多不同的理解。尽管如此，从倡导者的论据中可以看出这种方法有以下几个要点：

首先，他们认为飞机设计中的“原准机”是充分而必要的条件：“飞机设计必须有原准机”，“没有原准机不能设计”。当问他们，人类的第一架飞机、第一架喷气飞机（在美国为F-80），第一架高空侦察机（如U-2）、第一架喷气旅客机（在美国为波音707）、第一架大型运输机（如C-130）、第一架超音速三倍的飞机（如SR-71）、第一架航天飞机、第一架垂直起落飞机，它们的“原准机”是哪一架？“原准法”的拥护者避不作答。可见，“原准法”不能解释航空技术的发展。

其次，他们不强调广泛继承人类工程经验中的全部瑰宝，而将目光专注于某一特定的、单个产品的一个特例的现象上，就是他们选定的“原准机”上。他们强调设计者应该“摸透、吃透原准机”，不要求认识更普遍的“规律”，更不要求掌握从众多现象中提炼出的“理论”。

第三，他们遏制设计者的创造性，提倡“一丝不苟”地遵照“原准机”进行仿造，甚至提出：“凡是与原准机不相同的地方就是设计出问题的地方。”

持这种观点的人提出新设计目标时，不是从使用需要出发来开发新产品，要求“设计出具有某某性能的飞机”，而是从现在的工程产品中挑选打算复制的对象，要求“设计出某某公司某某型号的飞机”。

“原准法”的思维模式从本质上是强调继承而极力遏制发展。因此，这种概念的展开、延伸、膨胀都可能从根本上取消飞机设计。“原准法”提出的内在心理根据，是对中国科技人员思维能力的不信任。

2. 飞机设计中的继承与发展

初看起来，“原准法”似乎是强调飞机设计中的“继承性”，或许有对的一方面。但是，实际飞机设计中的“继承”与“发展”，比“原准法”论者目光所及要复杂得多。

广义地说，飞机设计中应注意从已有成功的产品上“继承”成熟的工程经验。有许多飞机设计的教科书，就是罗列、整理许多已有的处理各种飞机设计问题所采有的技术手段，供设计新飞机时参考。新中国第一位飞机设计师徐舜寿，在新中国刚开始飞机设计的1956年，就曾用中国古语“熟读唐诗三百首，不会作诗也会吟”加以演化，向新中国年轻的飞机设计人员发出“熟悉飞机一百种”的号召。

这是因为，技术的进步，并不完全在于所采用“原理”的新颖，还在于原理“应用”的巧妙。例如轮子（以及以后的滚珠轴承）的发明，从原理上说无非是将滑动摩擦改为滚动摩擦。但是这种改换的“方式”却成为人类技术史上一项重大的发明。同样，像拉链这样巧妙的发明，在原理上不过是“通路被阻就不能通行”，但要发明出这种装置，就是非常了不起的成就。因此，设计中是否作充分的参考借鉴，设计出的产品就有文野之分、精粗之别。如果不作任何意义上的继承，仅依靠最原始的原理，那么要设计出一辆合适的自行车都不容易。人类在日常的工程活动中，最根本的力学原理就是牛顿三定律。但是人类的技术活动较之三百年前的牛顿时代有了极大的进步，很大程度是由于这些原理在各层次的“应用”技术方面有了越来越多的积累。

飞机设计中应该继承人类工程经验的财富，应该学习、参考成熟的产品，因为这些产品反映了技术应用的成功经验。但是，仅谈继承是不全面的。

任何工程设计，都有继承与发展两方面。何况航空技术发展迅速，1903年人类第一次成功的动力飞机只飞行了12秒钟，飞行距离36.5米。在短短不到100年中，发展到今天超音障、过热障、绕地球、飞出大气层，这种发展速度比有几千年历史的车、船，不知快了多少。因此，飞机设计的目的除了与一般工程设计一样，为得到一种成熟的产品以外，还有推进航空技术、开拓新领域的作用。继承是飞机设计的必要手段，但不是充分手段。就是说，飞机设计应注意继承，但仅靠继承不一定能设计出所需的飞机。

例如第一架莱特飞机就并不是在此前的李林塔尔滑翔机、马克辛蒸汽飞机、兰利前后翼机各个部分的拼合。世界上所有的螺旋桨式飞机不论如何拆开再拼合，也不能成为后掠翼的喷气式超音速飞机。这里就必须有“发展”的因素。

其实任何一架新飞机上，都或多或少存在某些特定的技术需要“发展”，有的需要应用新的原理，有的是已有原理在特定的用途上新的应用。例如前苏联的第一架超音速战斗机米格-19上的副翼接头，就是为减薄的机翼空间特地开发出来，这种接头样式在以前的任何飞机上都找不到。美国在研制超音速两倍的F-104过程中，用火箭试验约50种不同的机翼，从中为F-104选择了从未有过的极薄小展弦比“刀片式机翼”。

飞机设计并不仅是将设计者头脑中的设想画出来，再按图制造就成功的过程，而常称为“研制”，国际上则称为“研究与发展”（Research and Development），就是指新飞机设计中包含有必要的“发展”因素，而不是一味地“继承”。

从我国研制新机型的实际情况来说，仅就我参加的几个型号而言，第一架自行设计的歼教1就采用了当时国内机型所没有的两侧进气方式；初教6采用的海鸥式机翼，无立柱风窗；强5在我国首次采用“面积律”机身；歼教6采用双腹鳍；运12采用新型翼型；运10采用新技术的范围更大，在全机体设计的层次就有尖峰翼形、双缝襟翼、可调平尾等10项大的突破。这些虽有一定的参考和启发，但都不是靠简单地抄袭测绘而来，而是经过一个“研究与发展”过程，最后成功地应用在新设计的飞机型号上。

3. 飞机演进的渐变与突变

飞机设计的“原准法”在原理上是狭隘的。但是，“原准法”在特定的条件下仍有有限的作用，主要在对已有机种的改型及系列化演进方面。飞机的发展有渐变与突变两种。有时新的使用需要可以用已有机种的改型来满足，这样可以节省大量的研制及试制、生产的经费。例如，第二次世界大战中美国的P-38有18种改型；20世纪50年代研制的F-104有8种改型，持续生产了25年；战略轰炸机B-52，为了维持使用半个世纪的型号寿命，也有8种大的改型；我国也有从歼8I到歼8III的改型。

有的飞机公司，在机型演变中较多地继承本公司已有产品的经验。虽然型号已经改变，或属系列中另一编号，但继承的因素比较显著。如法国在第二次世界大战后曾将三角翼战斗机F-1放大改成另一机型；而美国麦道飞机公司的ND-80、82、83……旅客机系列是从DC-9演变而来，其中有些机型主要是将已有型号的机身伸长或缩短，改换发动机；美国波音公司的波音747上甚至使用最早型号波音707的部分零件。前苏联从米格-15到17、19、21，就是每次加大后掠角5°得到基本外形（后来米格-21由于后掠角太大使机翼刚度降低，改用三角机翼）。

在机型的改进、改型的系列化演进中，设计者往往将改动尽量限制在必需的范围内，最大限度地保持原样。这样可以节约成本，并减小更改设计带来的技术风险。美国著名飞机设计师凯利·约翰逊对此有一句信条：“如果有一个元件（零件、部件、机构）工作得很好，就别去改变它。”

这类局部改进、改型的演化，属于飞机发展的“渐变”形态，它的存在有其客观的需要。

但是，在开放的国际社会，智力劳动不论在哲学上、社会学上、经济学上和法学上都被视为一种财富。科技是一种生产力，发达国家在几百年前就推行了专利法，制定了知识产权的保护政策。一方面维护了智力劳动成果的权益，另一方面极大地推进了科学技术的发展。

各飞机公司甚至设有专人对自己新设计的产品进行专利审定，检查是否有侵犯别人有效期内的专利的情况，如发现有，则或者购买专利的知识产权，或者“绕过”专利，用其他技术手段满足技术任务。

因此，在开放的国际社会内没有 A 国家（或 A 公司）“设计”一种 B 国家（或 B 公司）产品的情况，即便在战时也没有听说过仿制敌国飞机的例证。

这样，国际上常见的是一个设计部门将本身产品的改型、改进。由于知识产权的约束，若要去对另一个公司产品进行改型，则需要先购买知识产权。这种情况只有个别的例子，如美国购买英国“鹞式”垂直起落飞机知识产权后所作的改进。

当社会出现新的需要，或航空技术出现新的进步，突破了原有机型的框架时，就需要来一个突变，设计新的机型，如我国从运 11 到运 12 的设计。

设计新机型时，虽然国外已有类似机型，但出于政治、经济以及发展本国航空技术的考虑，也有不打算购买知识产权而自行设计的情况。比如美国设计喷气式战斗机 F-80 时，德国已经有了 Me-162；美国设计喷气式旅客机波音 707 时，英国已有彗星号；而美国有了波音系列客机后，欧洲仍发展空中客车系列。因为飞机工业具有巨大的附加价值，在本国使用本国产品，甚至加入争夺国际市场，对本国的经济利益、技术发展、人员就业等方面都有明显的效益。这些新设计，并不是国外型号的移植，而是为获得知识产权而进行的独立设计。

4. 在中国、前苏联特殊情况下的“原准法”

虽然“原准法”在国际航空界只有极有限的应用，但在中国和前苏联，由于当时特殊的历史条件和环境，却有着产生和存在的基础。

在中国和前苏联，“原准法”的出现和盛行有以下几种情况：

（1）前苏联在航空技术教育的“课程设计”中采用的“原准法”

十月革命后，前苏联国民经济各部门急需大量专业人员。为此，曾由苏共中央及最高苏维埃连续通过决议，要求教育部门从速以灌输“现成药方”的方式培养各方面急需人员，成为一个时期前苏联教育的主导方针。20 世纪 50 年代初，我国从前苏联引进的教育制度，基本上还是这种方针政策指导下的产物。

这个时期前苏联对飞机设计学生的课程设计，不需要学生作出创造性设计，而着眼于熟悉常规设计程序。至于所设计出的内容，则要求参照一种“原准机”。这种课程设计的目的不在于设计出一种新飞机，而在于对一种已有飞机重新走一遍设计过程。至于设计的结果，则是早已存在的机种。这样也便于批卷评分。

我国航空教育界从前苏联引进这种课程设计中的“原准设计法”后，扩大了它的意义，误认为这就是飞机设计的必经之道。这种思想被广为传播。作为对照的是，美国的工程设计教育却反其道而特别着重学生创造性的开发。

（2）封闭的社会对外部已有产品的仿制

在前苏联，飞机设计师被称为“飞机构造师”。由于机械论的思想倾向，把飞机设计的过程主要理解为在零件、部件等“硬件”方面实现的构造过程，而忽略比较抽象的、看不见、摸不着的规律的应用，以及判断和决策、优化和风险评估等智力活动。因此，飞机总体外形的选择、空气动力学设计、热力学（推力与能量）等方面，却反而排除在“飞机设计”概念之外。但是一架新飞机的设计，必然需要这些抽象的“软”方面的思考。前苏联将这些工作放在设计部门以外的高层“研究机构”进行，并且常常抄袭国际已有的成果，由前苏联的“构造师”在硬件上再现国外机型具体型号。如：

前苏联的	里 2	仿制美国 DC-3
	安 24	仿制荷兰 F-27
	米格-15	仿制德国战时设计
	安 12	仿制美国 C-130
	伊尔-62	仿制英国 VC-10
	图 4	仿制美国 B-29
	图 144	仿制英法协和号
	暴风雪号航天飞机	仿制美国哥伦比亚号航天飞机

其中，图 4 是对 B-29“一丝不苟”的原物照抄，图 144 对协和号的抄袭则引起英国大规模驱逐前苏联“技术间谍”的国际性轰动案件。

图 4-1　美国 B-29 轰炸机

由于前苏联在过去是一个由军事力量保证其疆域的封闭性社会，其与外界世界没有诸如债务、最惠国待遇等受制于人的因素，因此完全可以“关起门来我行我素”，不理会国际社会对产权、专利、产品等的保护法案，使这种“原准设计法”（实际是“国际已有产品在国内再现法”）得以盛行。但是这种情况的存在依赖特定的历史条件，随着前苏联社会的日渐开放，与外界交往日益增加，肆无忌惮地抄袭国际产品的情况受到制约。

图 4-2　前苏联将 B-29 测绘仿制成图 4

(3) 中国设计的决策系统对技术风险的态度

任何新设计，都存在某种程度的风险。根据“系统工程”理论，甚至把整个设计理解为一系列决策的过程。设计者需要估量客观上存在的风险以及主观力量能承受风险的程度，作出设计决策。例如，前述我国研制的机种中采用的新技术，第一次采用都存在某种风险。但是这些型号的技术负责人估量了这些“风险”，并认为自己所掌握的主观能力（包括技术队伍、资料、知识、研究开发能力等“软件”的因素及设备、厂房等“硬件”的因素）可以克服这些风险，于是这些型号都在技术上成功了。相反，“大跃进”中提出过一种“超先进”的飞机方案，采用了众多新技术，冒了巨大的风险，却没有估量主观力量承担风险的能力；或者虽估量过，但作出了偏乐观的错误判断，结果夭折了。

图 4-3　荷兰研制的友谊号 F-27

图 4-4　前苏联将 F-27 仿制成安 24

水平高超的大师，经验丰富、实力雄厚的设计者，有时可以承担超过常规的风险。例如美国的飞机设计师约翰逊，在接受设计超音速三倍的 SR-71时，不仅速度、高度、航程等在性能上是空前的，连飞机上采用的技术——基本结构材料、结构形式、设备、电缆、插头、燃油、液压油、漆料等也都必须是新的。约翰逊说：我估量了我能够承担的风险，决定这些风险可以冒，最后我成功了。

图 4-5　英法联合研制的超音速客机协和号

但是在我国的航空设计上，重大的决策并不总是由有能力估量风险度、并实际克服风险的技术系统来承担（我国航天系统中，技术系统承担决策的权利和义务都相应大些）。

由并不具备技术风险估量能力的机构作出决策时，除有时头脑过热产生冒进倾向之外，平时却有极力降低技术风险的倾向。这种倾向走向极端，就会取消设计，采用复制抄袭、仿制的方法，使整个工程的风险只剩下进度的、经费的、组织管理上的因素，而将技术风险降到零。

图 4-6　前苏联用间谍手段窃取技术后，仿制协和号的图 144

有时决策当事者的知识结构缺乏飞机设计背景，不具备必要的技术分析能力。分析本来就是“区分”“离析”的意思。他们往往不能区分一个成功的产品中哪些部分是成功的，哪些部分属于常规的，甚至有缺陷的，也不能分辨哪些技术对我国技术发展是空白，需要填补，哪些是国内已经掌握，甚至有更好的。同时，他们的认识也无法进入到更深的层次，分不清每项技术措施的作用范围、局限和与其他技术部分的联系。这样就只能把现成的飞机型号当作一个整体来接受，改动其中任何一个部分，都可能会产生超出他们控制能力的后果。因此产生这样的名言：“飞机上的问题就像一只纸灯笼，随便在任何地方一捅都会出现一个大窟窿”“飞机的问题没有大问题和小问题，任何问题都是大问题。”

事实上世间事物永远存在主要矛盾和次要矛盾。航空中囫囵吞枣式地把一切矛盾列为最高级水平，正是缺乏分析能力的表现。世界通行的“民用飞机适航标准”把关于飞机的安全问题，提炼出三百多个方面来。这说明三百多条以外的问题，其重要性就不如这三百多条。“适航标准”还指出：民用飞机应该列出“最少设备清单”，凡列入这个清单中的设备必须处于良好状态下，飞机才能出航。另一方面则说明了：“最少设计清单”之外的设备，即便有故障也不影响飞机出航。这些理念，都要求必须对技术因素分辨出主要和次要。

图 4-7　美国的航天飞机哥伦比亚号

在我国，对于“科技是第一生产力”的认识，以及对研制活动中技术因素（包括对技术人员）的重视程度，经过几次起伏。但对于飞机设计中的其他因素则是一贯重视。

因此，不需承担技术风险的“原准法”被认为是始终有效力的基本设计方法。甚至有些高层管理人士总结经验说：“凡是测绘仿制的机型，都成功了；凡是自主设计的，都不成功。”这个论断并不反映中国航空工业发展的事实，但反映了总结者的一种心态。

一项工程是否成功，最大的因素取决于技术上是否在“需要”与“可能”中取得最合适的平衡。在我国也存在如同前苏联那样将“飞机设计”任务简化理解为“构造绘图”的思潮。可以说，凡是在决策中技术因素处于主导地位，或至少得到尊重所研制的型号，都或多或少取得成功。不如此，则有的中途夭折（超越了现实可能性），有的工程虽完成了，但成效不大，没有对技术进步作出必要的贡献。

图 4-8　前苏联的航天飞机暴风雪号

随着中国开放进程的加快，今后要想不付出代价地在国内仿制国外机型将会更困难。代价可能是经济性的，如要求购买知识产权；也可能是政治性的，如最惠国待遇或某种制裁。至于委托加工或合作生产，则不属于飞机设计方法问题。

以上是“原准法”——抄袭仿制法在我国及前苏联有市场的原因。可以看到，这些原因都是由历史的特定条件造成的，并不是飞机设计本身的规律所决定。目前这些历史条件处在转变过程中。因此，“原准法”除改进、改型外，不但在航空发展史上没有起明显作用，在设计理论上没有得到合理的阐述，在将来也看不到可以存在的前途，估计即使在独联体和中国，它的作用也会逐渐消失。

5. 飞机设计的“综合法”

飞机设计如所有工程设计一样，是一项智力活动。其中真正属于“设计性”的核心内容，是“型式选择”与“参数选择”两项。前者是定性选择各种技术手段，后者是定量地将各种手段互相匹配协调。正确的飞机设计方法，应是“综合法”。在国外文献中，飞机设计常常被直接称为“飞机综合”（Aircraft Synthesis）。

飞机设计的正确方法，应是使用设计者可以调动的一切技术手段，综合为一架满足设计要求的新飞机。在型式选择上，人类认识宝库中的一切积累，包括理论、概念、原理等“软件”认识方面的积累，以及一切工程实践的经验（反映在已有产品上），都可以为设计者所用，并且包括设计者在工程研制过程中为型号特地开发出的新原理、新手段（如SR-71在研制过程中对钛合金结构形式的探索）。设计者从丰富的资源中选出合适的技术，加以搭配组合，进行优化，设计出在可能的条件下最大满足需要的新飞机，这就是“综合法”的含义。

从众多的可能中选择技术措施时，当设计要求并未超出常规，设计者不打算有所开拓的部分，设计者自然倾向于选取成熟的技术，特别是在本公司过去的产品上采用过、并有良好效果的技术，这样可以在生产的“硬件”方面（零件、部件、厂房、型架、工具、设备等），以及“软件”方面（经验、图纸、资料、试验数据等）获得最大的继承性。但是，一般只称本身产品的后续产品为某一原型机的“演变型”或“发展型”（Derivative），而不会轻易宣称设计过程中参考或借鉴过某一别人的机型为“原准机”，不打自招地承认对别人知识产权的侵犯，贬低自己的创造力。

对于遵循“综合法”的设计者来说，满足使用要求是第一位的，“继承”是达到目标所采用的手段。如果“继承”不能达到目的，现有技术不能满足新的需要时，就采用新技术，甚至特地去开发。美国的洛克希德公司在接到设计高空侦察机U-2的任务时，该公司刚对高速战斗机F-104做了许多工作，因此设计者曾希望在U-2上尽可能采用F-104上已经成熟的部件（因为这两者都是他们本公司的产品）。但后来发现高空侦察的任务对技术的需要，与高速飞机技术是如此的不同，以至能够“继承”的只有飞行员的脚蹬。因此，U-2不但在外形、参数、结构上与F-104完全不同，并且连铆钉都设计为空心的。在这点上可以看出正确的设计方法与“原准法”的根本区别，因为“原准法”论者把“继承”绝对化地从“设计手段”上升为“设计目标”，不继承是不行的。

作为飞机设计的第二个重大步骤的参数选择，则应该采用优化技术。用长短不齐的木料制成一只圆桶，其盛水的容量是由最短的一根木料决定的。优化方法剔除各个方面的多余，最经济节约地将众多技术手段定量搭配成一个高性能的整体。

而“原准法”不但取消了设计中选择合适的技术手段的权利，而且在参数上也是测量照搬，把飞机设计活动主要视为一种将三维的已有产品“反向”绘制成二维图纸的过程。试看“原准法”设计者的“经验总结”——他们的注意力主要集中在如何仿制产品，如何保证测量精度，是否有足够的图板、铅笔和绘图纸等事务性工作上。

归根到底，飞机设计是一种复杂的高级智力劳动，要求广泛的知识和对理论原理的深刻理解，需要健全的判断力和胆略，需要正确方法论的指导，而绝不是一种初级的事务性劳动。“原准法”显然不是飞机设计普遍应遵循的设计方法。

飞机设计正常应遵循的原则应是：“满足需要，博采众长，创新开拓，优化匹配。”

设计者在设计产品中应该广泛地参考借鉴，在较高的起点上发展，防止孤陋寡闻，囿于成见，闭门造车。这属于设计者本身应具有的专业知识、工程经验及健康思维的素质。

在新机研制的整个过程中，应该提高飞机设计的专业技术部门及人员在重大决策中的地位，加强其作出决策的权利及负责实施决策的责任。这样，才能使飞机设计真正成为一项技术开发任务，一个货真价实的“系统综合”过程，而不是一项发图、发文件的纯“文牍性”任务。

飞机设计者应该“有权”为满足使用要求作出独立的设计，而不必强制规定遵照某一种“原准机”。同时，设计者应该有“责任”完成设计。为此，在将设计“物化”的全过程中（包括研究与发展、试验、试制、试飞、甚至生产等环节），设计机构应该处于主导地位，才能调动各种力量（包括“硬”和“软”方面的力量）来克服设计中的技术风险。

航空先进国家飞机公司中的“工程部”“发展部”就处于这种地位。我国航天部门在型号开发中的技术系统大体也处于这种地位，因此，在产品开发上都有很好的效果。

（此文是在20世纪90年代初，应西北工业大学航空工程系老教授姜长英在《航空史研究》刊物上公开征文，说：“飞机设计除了‘原准法’外，还有些什么方法，有谁来写文章讨论一下？”我便写了这篇文章应征。姜长英老教授给我来信说，他同意文中意见，应该用“综合法”，而不是“原准法”。随后此文发表在《航空史研究》刊物上。不久，我参加“中国航空学会总体设计分会年会”，作为大会报告宣读了这篇论文，得到与会代表深表同感的响应。

1992年2月，此文发表于《南京航空学院学报》第24卷第一期。

1993年6月，由航空工业部《航空系统工程》刊物转载，被当时航空工业部管理部门打电话向编辑部提出“警告”：“你们刊物发表这样的文章，我们每年给你们的几万元补贴费你们还要不要了？”该刊编辑部后来邀请一些技术人员对一个时期该刊文章进行评比，此篇却破天荒地以全票被评为“第一”。编辑部开会研究说，以后要多刊登这类文章，可以提高理论影响力和刊物的知名度）

三、“什么”是设计和“怎样”做设计

1. 工程和设计

有些事件，还是要回到源头来理解。

什么是“工程”？我的看法是：人类对客观事物进行有意识的改造活动，当这种活动具有一定规模时，就常称为是一项“工程”。这个定义涉及三个要素：一是起于意志，二是终于客体，三是规模。

工程的第一要素是起于人的意志。不由人的意志决定而发生的大规模活动，如火山爆发、山岳垮方、洪水海啸，不能称为工程。第二个要素是终于客体。由人进行的单纯内部运动而不对外界产生影响的，也不能称为工程。比如人们做过一场很复杂的梦，不会认为完成了一项工程。人们召开内部的会议，进行传达、研究或磋商，如果纯属内部运转，一般也不称为工程。当以上两个要素都具备了，第三个要素是看规模。我们给家里的花盆浇水不能称为工程，但给万顷农田浇灌，就称为灌溉工程。从门前小道上捡起一块小石子扔到路边，也不能称为工程，但由于山崩阻塞了山区的道路，要清除上千吨的障碍物打通道路就称为一项工程。

最初“工程”主要指对物的改造，如电机工程、土木工程、机械工程、航空工程、水利工程、化学工程、动力工程、军事工程、通信工程、生物工程等。近年来，“工程”一词渗透到社会科学，出现如社会工程、希望工程（解决贫困山区学童的教育）、菜篮子工程（解决城市居民的蔬菜供应）等。还出现了像“系统工程”这样更广泛的领域，专门研究具有复杂结构和功能的系统概念和处理方法。

工程设计是一门古老的行业。自从人类最早制造工具、修建遮蔽风雨的洞穴和泥屋，就有了某种意义上的设计。工程世界的发展，总的包括量变和质变两个方面。产品的生产主要增加产品的数量，而产品本身的更新换代、研制新产品等的质变飞跃，则依靠工程设计来实现。因此，工程设计在最根本的意义上是创造。

同样可以问，什么是“设计”？在我看来，广义上的“设计”是指对达到“未来”目标的活动所作的规划。产品设计是为新产品绘制生产图纸，其他如对一次晚会的策划、对一次旅游的计划、对一出戏剧的构思、对一项计谋的策划、甚至对人生的规划，在思维性质上都存在着“设计”的共同点。

设计的“基础”是已经掌握的改造客观的能力，包括“软件”方面，如知识、理论及方法；“硬件”方面，如机床、设备、厂房、材料等物质方面的条件。这些知识性的基础和物质性的能力构成设计的“此岸”，是设计者所能调动来完成设计的出发点。设计过程就是从此岸出发，在“力所能及”的范围内通过有效的途径最终达

到改造客观目的的“彼岸”。

设计是新产品的根本，是一个创造性过程。

2. 设计是一项工程问题，而不是单纯的理论问题

设计是一项工程问题。这就是说，设计应该建立在人类过去的科学技术的认识积累之上，而不仅是一个纯理论推导的过程。有的人在理解上走上极端，误以为只要设计中科学原理是正确的，那么设计的结果就必然是正确的。实际上并非如此。在力学范围内，各种现象遵循的主要是牛顿力学定理，但是牛顿力学定理在三百年前就已经奠定了。如果只是根据最根本的原理而抛开近三百年来诸多技术的进步不顾，那么连一辆合适的自行车都设计不出来。

在工程设计中，对系统全局及每一个分系统，设计都有“型式选择”和“参数选择”两个部分。有的人感觉设计只有确定参数的问题，这是因为他们不知不觉中已经把型式认定为只要参照一种已有的产品就可以了。其实在工程设计中型式有更大的可选择范围，并且型式选择的结果往往比参数选择在更大的程度上决定了最终产品的技术面貌。

设计需要广泛地吸取人类积累的各种各样的工程经验，在此基础上，有继承、有发展地做出新的设计。新中国在 1956 年开始自行设计飞机时，就在设计之初收集世界上类似机种，对它们进行分析研究。这种设计方法，已经形成后继机种设计时的传统。现代世界航空强国所使用的飞机设计教本，也是在对世界已有飞机形成的“数据库”的基础上，建立对飞机发展的规律性的认识，得到各种“经验参数”，来帮助在新设计中的型式选择和参数选择。

如果新产品的要求落在已有产品性能的范围之内，那么这种设计属于在已有经验之内的“内插”，一般对设计结果的估计有较大的可信性。而有时是在已有经验的基础上向未知领域“外延”，如第一架喷气式飞机的设计、第一架超音速飞机的设计以及超高空飞机的设计等的情况。由已知工程经验外延得到的认识，尚未被人们的实践证实过。这时基于已有经验的“外延”的准确性存在一定的偏差。这种拓展性的设计对设计者的能力是一种更大的挑战。

3. “仿制文化”中的设计观

“仿制论”者认为设计就是重现一个已经存在的产品。他们提倡的“原准法”，不是广泛参考已有的工程经验，而是把注意力集中在一个特定的“个案”身上，即他们所选定的“原准设计”上。不使用设计者的任何推理性的思考和智力创造能力，只要求不折不扣地按“原准设计”重复其型式选择和参数选择。设计的结果也是事先已经清楚的，提倡者认为，这样就消除了设计中的任何风险。

他们还创造了“反设计”的概念，一般正常的次序是先有设计图纸，后有产品。他们主张先拿来一个已经有的（外国）产品，然后按照它绘制出生产所需要的图纸，

这个外国产品便可以在本国国土上生产了，这种“测绘仿制”被称为“反设计”。产品设计的正确的认识应该着眼于“未来”，而仿制论者着眼于“过去”。科学发展观认为设计是“创新”，而仿制论者认为设计是“复旧”。

提倡这种以“抄袭”为主要特征的“原准法”，反映出一些管理者对设计队伍的能力不信任，或设计队伍对所设计的对象非常缺乏了解，认识的程度非常浅近，开拓意识非常怯懦而走到的一种极端。不是对已有的工程产品研究其共同的规律，而是选择某一个特定的单个产品，对之进行“测绘仿制”，只不过是将一种已有产品事无巨细地全面再现，有时甚至将原产品中“标识性”设计特点也不加思索地原封不动抄袭。

选择这种极端的设计方法，是设计者科学推理能力极其薄弱并且对“知识产权”极其缺乏认识的后果。因为对“原准设计”的任何细节上的变化所引起的后果，都超出他们的预见能力，惧怕可能引起不可思议、不堪想象、无法纠正的局面，超出了他们的处理能力，因此才提出“凡（与原准设计）有不同处就是出问题处”的警告。而这种“原准设计法”是违反国际上对知识产权的保护的。

4. 系统工程

工程设计，好比是人类对自然的一场战争，是人类的认识能动性表现得最突出的活动之一。人类在战争中，不只需要具体兵器的知识，还形成了战术和战略的学问，出现了许多研究兵法的兵书。在工程界也有类似的情况，专业性学科讨论了设计中许多具体的方面，而“系统工程”则专注于研究总体性问题。

“系统工程”是一种方法论，而不只是“论方法”。就是说，它不仅仅是一些具体方法的总汇，而带有工程哲学的性质。哲学的根本问题是人类对客观世界正确地认识和能动地改造问题。人类社会发展到今天，工程的最大挑战是设计大型系统及功能优异的设备。在这类设计中需要使用技巧和方法的综合，需要全局性的考虑，而不仅是考虑局部。过去的传统设计课程强调分析工具的学习，这些内容对已经形成系统的改进是有用的，但是对创立一个新系统就显得不够。

在系统工程的理论思路下，系统工程发展了一系列的方法，也吸取了其他途径所发展的方法，如运筹学、优化技术、回归分析、试验设计、系统模拟、人机联系（人素工程）、可靠性分析、决策论、定量评定技术、计划评审技术等，形成系统工程丰富的方法库。许多方法，在使用计算机后得到更大的发展和运用。这些方法虽然单个都有它本身的作用，但在系统工程总的思路下，发挥出更大的总体效能。

5. 新设计与已有认识的关系

不同情况下的设计，“此岸”与“彼岸”的间隔距离会有所不同。按照已有认识对设计目标认识成熟程度的不同，工程设计约可分为以下几类：

1）常规性设计。指产品在具体细节上虽然与已有产品有所不同，但在原理上并没有很大改变（设想为一种特种尺寸的螺母设计扳手。现在没有这种尺寸的扳手，因此需要设计，绘出图纸来加工。但与其他已有的扳手只是具体参数上的差别）。设计者在做这类设计中不需要对已有的认识作很大的延伸或扩展。

2）改进性设计。这可以是对原有产品扩展某种功能或者对已有产品采用新技术提高其性能的更新换代。改进时有原有产品作为基础，但需要在产品中引入新的思想或技术。航空技术上的演进，在20世纪曾经历三大技术台阶，即结构材料从木质到金属、推进系统由螺旋桨到喷气式、在仪表和控制自动化方面引进计算机技术等。电子技术方面也经历了用集成电路代替晶体管，在传播技术上经历了采用网络技术等巨大的进步。这些进步，都导致了大量新产品的诞生。

对原型的改进、改型，原型必须是自己拥有知识产权的产品。如军用飞机的多种改型，民用飞机的系列发展等。

3）研制性设计。这类设计中包含较多问题没有现成的解决方法，需要在设计过程中同时开展“研究与开发”工作（Research & Development），使设计者的认识进一步扩展，降低设计风险，确保胜利到达在“彼岸”设置的目的。比如大部分新型飞机的设计就属于这类。

4）发明性设计，或称原创性设计。这类设计中最基本的认识还没有掌握，必须针对产品的需要特地开发。爱迪生发明留声机就是一例。20世纪40年代美国研制第一颗原子弹的时候，设计者们对将来产品的主要工作介质是固体还是液体都还不掌握，最后产品的重量是几十千克还是几千千克也不清楚。无疑这类设计中需要跨越的认识间隔更大。

6. 设计是“系统综合”

在“系统工程”的概念中，设计属于“系统综合”，即设计者要用他能调用的一切手段，“综合”出一个完成指定任务的“新系统”出来。在国外航空文献中，“飞机设计”有时就直接称之为“飞机综合”（Aircraft Synthesis）。与之相对应的“系统分析”，如在航空工程中人们常说的性能分析、强度分析、成本分析等，都是指从一个指定的系统中“分解”“离析”出一个局部特点来。分析是以系统存在为前提的，分析过程不产生新的系统。

设计的过程，决定了它与分析性学科有下列不同点：

1）设计有“非唯一性”。为达到同一个设计目标，可以有多种不同的设计。因此，工程界（比如飞机、汽车、船舶）才会有很多不同品牌和型号，而并不是每种用途注定只有一种产品。正因为如此，设计有优化的问题。

2）设计有设计者（或设计方）的“主体性”问题。即设计方在设计该项产品时会有意在某些方面作出有特点的决策，形成设计者的“设计思想”，而另一些设计者针对类似产品则可能抱有不同设计思路。我国工程界一位大师级的人物曾说过：“很多人以为设计飞机是计算出来的，其实不是。”就是指出飞机设计并不是解一个方程式，设计者应当在设计之初就为设计明确“设计思想”，然后在设计过程中将“设计思想”贯穿在设计的每一步骤中，形成该产品的突出特色。回顾我所参与设计的每一种军用及民用型号，都是在设计之初就确立“设计思想”的。

3）设计过程的“不可逆”性。这是指当给定一个系统之后，一般可以用计算或试验来“分析”出这个系统的某种特性。例如通过试车可以测得发动机的功率和耗油等。但指定一个设计目标，却没有一种计算或试验能逆向得出应是一个什么样的系统，而是要通过人的认识去干预整个设计过程。

4）设计有“多次逼近”的特点，因为设计的思维过程有“首尾相接”的难点。比如设计飞机的机翼，机翼是用来产生升力，抵抗重力的。机翼应该产生多大的升力，取决于机翼需要提升多大的重量。但机翼本身的重量就是全机重量中可观的组成部分。机翼还没有设计，怎么知道它有多少重量？机翼的重量，要到机翼设计出来之后才能知道。这样问题“首尾相接”又回到了原处。实际的设计过程，是凭工程经验将这个首尾连接的“环”从中间人为地切开——根据过去的工程实践经验初定的一个重量，然后按程序将设计进行下去，到最后得到实际的重量后，再与先前假定的重量比较，作出修正。有的人认为设计应该说一不二，设计中人的思维与实践的互相调整校准便觉得设计大失水准，是因为不理解设计本身有“多次逼近”的性质。

7. 设计的基本思路

“系统综合”的难点，使工程设计不能像分析性学科那样用能行性过程（即只要确定了起点，经过固定的途径便可以得到确定的结果的过程）得到唯一的答案。在实际设计工作中常用的思路有以下这些：

（1）综合法

综合法是采用“系统综合”的技术，根据对产品的需要，独立地自行完成新产品的型式选择与参数选择。例如我国首次设计万吨水压机时，曾经收集世界上已有的40种水压机进行分析研究。新水压机的每个组成部分，都是从可用的技术中分别根据需要选择得来，最后“综合”成为一台新的水压机。日本的田熊常吉在设计锅炉时，曾调查研究过所有的进口锅炉，把它们的优点集中在他的新设计上，终于把外国锅炉从日本市场上排挤出去，为日本带来了几百亿日元的利益。

综合法并不是不参考已有产品。而是极力去了解现有工程产品的情况，研究它们的优缺点，掌握它们采取技术措施的得失，而设计的主要思路仍用综合性思维去完成。我国在20世纪50年代设计初教6初级教练机的时候，世界已有很多种初级教练机的品种。但我国并没有采用仿造任一种的思路，而采取了自行综合出新产品的思路。

而“仿制”论者所主张的，则是“踏着别人的脚印走”作为设计的主要准则，从而抹杀设计者的主动性。

（2）试探与修正

这是设计中典型采取的方法。即首先人为地决定一个方案，用分析方法获得其性能后，观察与设计要求的差距，根据分析得到的反馈来修改设计，再作分析，逐次渐近，直至满足要求为止。

分析可以采取计算的办法，也可以采取试验的办法。在飞机设计中，通过风洞试验来修正外形设计、通过强度试验来修正结构设计、通过各种系统模拟试验来修正系统设计，就是这种方法的实际例子。计算机对总体参数的优化，是在计算机中模拟这个试探与修正的多轮逼近过程，从而取得最优参数组。

（3）快速原型法

当新产品的要求距离现有基础的间隔距离相当大时，有一种有效的设计方法称为“快速原形法”，指用最简易直接的办法先达到最主要的目标，然后再在“简易原型”的基础上添加辅助性性能。跨越的间隔可能是物质性的，也可能是认识性的。最初的“快速原型”可以是废弃型的，也可以是基础型的。

这种思路的根本点，是对目标分清主次。首先达到最首要的或最困难的目标，然后再逐步实现其他目标，而不企图对整个产品一蹴而就。这也是多轮逼近法的一种应用。

比如要在深涧上造一座桥，跨越深涧运送物资成为大问题。一种有效的办法是先射一支箭到对岸，带过去一根细线（或用风筝、或用弹弓射一枚石子、或放飞一只鸽子带一根细线）。细线显然不具备桥的全部特征，但最主要的是它跨越了深涧。然后用这根线拽过一根细绳、用细绳拽过一根粗绳、然后拽过钢绳、钢缆、铁链、直至整座桥梁。20 世纪 40 年代美国在新墨西哥州的沙漠中爆炸的“原子装置”，根本不能由飞机携带和投放，但是却实现了最主要的“原子爆炸”目标，成为原子弹发展中一个重要阶段。

在飞机设计中，用木制、玻璃钢或钢制成的模型在风洞中试验就是这种方法的应用。

模型是飞机最主要的飞行性能得以体现的“快速原型”。这个原型在设计中以后再没有用处，属于“废弃型原型”。有时设计中最初制出一种“工程样机”，它只具备最终产品的某些主要性能，以后的真正产品是在“工程样机”上作修改后附加上去。这里使用的则是“基础型原型”。

比如我国建立大型客机的产业，人们可以提出不同的设想。一种思路是不做则已，要做就应该是一个旷日持久的计划，要求产品的各个方面都达到世界一流。如果有任何方面使人稍不满意，就应该彻底推倒重来。或者说，如果没有达到一流的把握，整个产业就不应该启动。要注意这种“不能拿奥运会金牌就干脆不要运动”的主张，有时只是用“追求完美”来阻止前进的借口。另一种思路则是尽快首先达到基本目标，然后逐渐从各个方面加以完善。比如美国大型客机发展的历史，是首先推出 KC-135，这是一种机身上连舷窗都没有的空中加油机，但是达到了远航重载能力，然后在它的基础上发展出波音707，成为世界上最早成功的大型喷气客机。

工程设计中的“快速原型法”原理，近年来在软件开发中也得到成功的运用。复杂的软件设计中，企图一次达到完美是很困难的。“快速原型法”提出首先达到主要目标，然后在此基础上改进完善。

20世纪70年代，我在国内首次开发“飞机总体参数优化”程序时，第一次编写的只有不到50条语句，运行时间不到三秒就得到收敛的试验性程序。但这个程序却达到了国内其他程序都不具备的一种能力，即程序具有使设计参数能在几千次自动寻优后求得最优设计参数组合的功能，实现了零的突破。以后在这个程序的基础上发展，长大了几百倍，成为在各个细节都更加详尽和功能更强的优化程序，发展的过程始终保持着总体优化功能，因此进展得非常顺利。当时与这个项目同时进行的，还有另一项软件工程，采用的是一种“由细到总”的“堆砌法”，即首先要求各个局部优质，然后拼合成一个大系统。但是这个项目工作了10年，不断在完善其细部，却始终没有建立起总体循环能力。

以上谈到的几种方法并不是互相排斥的，而是可以结合进行。比如综合法也可以多轮逼近，并且也都可以采用“快速原型”的概念。

工程设计中还有许多重要的环节，传统的工程教育中常常不作讨论。但近代发展起来的影响设计大局的方法性知识是非常有用的。

（此文写于2008年2月18日）

四、论掌握飞机型号的知识产权

1. 飞机型号是航空工业发展的火车头

一架飞机，是很多技术的综合体，其中有些技术本身就是高科技。全世界从事与航空技术有关的科研单位和工厂企业有成千上万家，但是在综合成一架飞机型号的各个层次上，综合层次越高的数量越少。比如生产各种附件成品的厂家就少于供应原材料的厂家，进行飞机总装的厂家就少于制造零件及组装部件的配套厂家。而处于金字塔顶端的，则是掌握全机总体知识产权的新机型号。飞机被称为“工业技术之花。”

在航空技术金字塔的各个层次都可能产生技术进步。处于相对下层中的进步，常是支持既定产品的，其主要功能是提高生产率或提高质量，但很难从根本上改进既定产品的总体性能和功能。第二次世界大战末期出现了喷气发动机，美国曾用来安装在一种原来的螺旋桨式 P-59 飞机上，结果飞机的性能并没有显著提高，这种改型没有可取的优点。而美国重新设计出第一种喷气飞机 F-80，集中各个层次中的新进展形成一个新的型号，才将喷气技术带来的革命性进步展现出来。

飞机的演进过程，总的说来有渐进和突进两种形式。渐进是在原来型号框架内吸取所采用技术的点滴进步，反映为已有型号的改进和改型。而突进则是设计新的型号。从飞机演进的历史过程来看，新的型号的进步更明显。比如 20 世纪前 50 年中飞机的时速以百公里计到以千公里计的 10 倍发展，后 50 年飞机的载客量从 50 人到 500 人的 10 倍发展，都是通过新的型号实现的。这种进步使飞机的社会功能作了大幅度的改观。

在航空庞大的技术家族中，各种先进技术首先在飞机上采用来实现其社会价值(其中有些后来也可推广用在其他产品上)。社会的需求通过型号演变带动了一大批相关技术前进，社会要求是推进技术发展的动力。在航空百年历史中，飞机型号的演变是机械产品中改变最激烈的现象之一。因此，飞机又被称为“技术发展的火车头”。

2. 20 世纪我国忽视飞机型号发展的根源

航空技术百年历史中的前一半，处在 20 世纪的前半叶。从社会环境来说，我国尚处在半封建半殖民地时期，旧中国没有像样的航空工业。

当时我国航空技术中一些较有影响的代表人物，大都在技术先进的西方国家学习或工作。他们表现出的聪明才智和工作能力，一种反映在掌握飞机型号总体的工程能力上（如华人曾担任美国波音公司的总工程师），但是这类人物在当时的中国国土上无法效仿。另一种则是在航空技术的某一专业中作出被认可的贡献，这一种成就便成为了我国航空人员的努力目标，长期将对某单一学科的钻研作为奋斗目标、满足于学术性收获的心理追求。

航空历史的后一半，处在第二次世界大战之后。在后半个世纪中航空技术本身经历了喷气化、大型化、电子化等一系列台阶性的飞跃。这时的中国航空工业也正逢巨大的社会变革，获得外援而得以建立仿制外国飞机的强大生产能力。这种历史机遇将我国的航空技术提升到一个新的阶段。但是这种形势也带来一种负面的影响，在一些人心目中形成了“外国的就是好的”崇洋思潮，否定中国自己的工程综合能力。

当时的外援并没有支持中国建立自主发展航空工业的意愿。国家看到了仅仅自外引进制造技术的局限性，早在1956年全国科学规划会议之后，就建立了我国自己的飞机设计机构。

但是，建立有自主发展能力、具有自己知识产权的航空产品的意识，并没有成为许多人的共识。新中国第一次自行设计飞机，就遇到一些人的百般挑剔和阻挠，飞机设计出来进行了试飞，却遭夭折的命运。有一种思潮，认为我国自行设计的能力是“不自量力”，这种思潮虽然带有明显的偏见，但一直延续到世纪末还有很大影响。

直到20世纪的最后10年，某些航空“资深人士”还在说，中国航空工业的主要经验就是仿制，断言“凡是仿制的都是成功的，凡是自行设计的都不成功”，并且把中国的各种独立飞机型号都称为是“仿制法”的例证。这种论调受到我国航空界领导和工程技术人员的批评更正。

如何重视自己的产品开发能力、创立有独立知识产权的型号，仍然是我国航空工业发展的一个重要的课题。

3. 对型号认识的误区

今天对于如何发展我国的飞机型号设计事业，仍然有很多争论的问题。

误区之一，认为各种产品都是反映组成产品的客观规律的结果，而忽视人的认识对各种矛盾的判断取舍，看不到设计主体的设计意图反映在对全系统的综合上、对所形成的产品中的作用。

他们对某产品比较满意，就认为此产品代表了世界技术的最先进水平，而不去具体分析这个产品中哪些是成功的，哪些是常规的，而把全局和局部都当作一个囫囵的整体来接受。

从这种认识出发，认为技术产品不出现就是因为没有掌握到足够的新规律。他们认为要研制新产品，唯一的办法就在于加深对某些规律的研究。他们认为我国只要有任何局部领域还不如世界最新的水平（比如有人在讨论会上提出过，中国的铆钉还达不到世界最先进），因此根本就无从设计自己的产品。他们主张永无止境地在各个领域“追赶”，而将独立的产品开发推到遥远的未来。这种认识使得有些人主张无休止地投入“课题研究”“技术攻关”，而迟迟不把工程型号设计的任务摆上日程，致使许多科技活动陷入无目的地空转。

事实上人类了解气体压力规律的“巴斯葛原理”与发明出蒸汽机之间，隔了几百年。而从中国古代发明火箭原理到现代的宇宙飞船则经过了千年，说明掌握原理并不直接意味着出产品。人类的许多产品，如飞机、汽车、各种机械、桥梁、建筑等，并不是只有唯一的形式，相反有很多不同的型号和品牌。设计主体对于相关各种规律的应用和综合，组成了极为丰富的产品世界。

固然有些目前看不到实用前景的基础性研究，对未来有可能开拓出更广泛的园地，但是就围绕产品开发的某些实用性“课题研究”而言，脱离型号牵引的纯粹“课题攻关”，往往难以取得有效成果。第一这种研究的成果没有型号作为载体来发挥其社会功能，不能取得社会回报而难以进入良性循环；第二这个研究也难有实践来检验其质量、真伪及价值，不少陷入单纯的信息搬家的文字游戏。

“搞学问而不搞飞机”，使航空技术队伍不断扩大、经费不断增加而收效甚微，形成航空科研“投入”和“产出”的日益不平衡。“课题”与“型号”争夺人才、争夺经费的事时有发生。另一方面，我国航空史上则有多次由型号牵引而带动大面积科研成果、造成学术繁荣的雄辩的实例。

误区之二，认为中国现有的学术水平，只在20世纪50年代引入工业化操作方法时，学到一些纯技艺类的东西。这些东西看得见、摸得着，因此很实在。而飞机设计牵涉到空气动力学、结构力学、热机热力学、系统理论、控制论、电子学等很多部门，对于这样抽象的学科，中国人目前是绝对无法掌握的。

占领飞机型号高地的飞机主体的设计，确实需要掌握空气动力学、飞行力学和结构力学。这些学科经过百年的发展已经相当成熟，我国航空工作者是能够掌握的，不应该视为畏途，更不应列入中国人的禁区。在理论分析方面20世纪末这些学科与电子计算机结合形成的“计算流体力学”与固体力学中的“有限元分析”等分析法，华人甚至表现出有特长，在世界航空界这些阵地常常有大量华人在工作。

在试验能力上，我国已经建立的空气动力试验基地、结构试验基地、飞行试验基地，其规模与能力在世界上都数得上，并且远远超过了世界航空大国在开始发展他们的型号设计时的水平。如果一味强调某些局部方面我国与世界最新水平还有差距，而把发展有自主知识产权的航空工业无限期地推迟下去，是很不利的。

误区之三，是延续了改革开放前的“大而全”的思路。在当时封闭的形势下，不得不争取在全系统每一环节的“自力更生”。这样形成了一种“自下而上”的思维定势。觉得不把金字塔的底部每一块砖石都垒好，无从竖立塔尖。有人认为中国在航空上的最大出息，只能是在某些局部砖石上争取被外人承认，用来建起外国大厦，鼓吹所谓的“意大利道路”（意大利为很多国家的飞机供应零配件）。希望中国如能造出优良的烟灰缸，被外国装上他们的客机座椅，就是很大的荣幸。

实际上今天在改革开放的世界形势下，飞机上的许多技术项目可以从世界市场得到。美国的飞机就常常采用欧洲的发动机或设备、连美国“登月”的阿波罗宇宙飞船上都采用了日本的设备。

发展我国的航空工业需要建立一个“从上而下”的思维，即争取占领航空工业的高地，设计出拥有自主知识产权的飞机型号。

4. 我国航空工业的根本出路

21世纪我国航空工业的发展，应该继续利用开放的条件、尽可能争取对外合作、采用合同生产、联合研制等各种方式引进技术和资金。但是另一方面应该看到，航空先进国家在“知识经济时代”对飞机型号产权的极端垄断。要将我国的航空工业走向良性循环，根本出路在于攻占航空技术的制高点，努力开展我国有知识产权的飞机型号设计。这对提高我国航空工业的声誉、争取更有利的合作条件也有极大影响。

我国对飞机型号的工程综合已有一定的能力，并不是如有些人宣称的那样：“中国只有草鞋、草帽可以作为工艺品而进入世界，在高技术方面是没有能力与国际对话的。”新中国的飞机设计事业至今半个世纪的工作中，已经设计过从小型螺旋桨式低速飞机到大型喷气式客机、超音速军用飞机、水上飞机、直升机等多种型号，不应对此一叶障目。

以我国在20世纪50年代自行设计教练机初教6为例，当时世界上很多国家都有自己的教练机，如前苏联、美国、捷克、波兰、印度等国。我国设计人员一方面深入地研究了世界已有飞机的特点，另一方面在设计中有意识地不把初教6作为任何一架外国型号的翻版，而独立进行工程综合，为获得知识产权进行自主设计。从设计程序的第一步起，自行进行了使用单位的调查、建立自己的设计思想、独立进行自己的空气动力、形式选择（概念设计）、总体布局和结构与系统设计。

但是设计中最初就遇到“为什么不按某某国家的飞机设计?”的指责，甚至一度用行政手段布置模仿一架外国飞机设计的另一方案。幸好当时的领导人坚持了独立设计的方针。但飞机设计出来并试飞之后，再次面临夭折的威胁。由于十分幸遇的历史巧合，才使这架飞机投入了生产和使用。这样一来，却连续生产出数千架飞机，成功地使用了40年，输出到很多国家，被航空工业领导人称赞为“具有中国风格的设计”，中国拥有无可争议的知识产权。直到40年后，到了20世纪末，这种飞机还以“散装件”的形式进入美国市场，受到称赞和欢迎，至20世纪末竟有140余架在美国飞行。可见，一味贬低中国人的独立“工程综合”能力是毫无根据的。

我国自行设计一种通用飞机运12，不但通过了严格的技术考核而获得我国的适航证，还获得了国际适航证，在国际市场很受欢迎，销往14个国家。但这种飞机在国内却很少使用。这种“墙内开花墙外红”的现象，一方面反映了我们体制上的某些缺陷，另一方面不能不说也与广泛流行的崇洋思潮有关。

至于我国研制的高性能的军用飞机和大型喷气客机，对飞机的工程综合能力，可以说进入到了20世纪末的世界前沿，受到国际的尊重。

中国航空工业的优势，体现在飞机的型号设计上，即进行飞机的总体设计、气动力、结构和系统设计、电子系统综合上。

有人把这贬为“机壳子设计”。但正是这种设计却使我们拥有了型号的知识产权。以我国的综合国力，以将近一个世纪来我国对航空技术所掌握的知识、所积累的经验，以我国地广人多的国情所蕴藏着对航空产品潜在的巨大社会需要，为建立起我国有自主发展能力的航空工业，正应该努力去占领这个高地。

为研制飞机型号，我国已经建立了相当规模的基本试验手段，拥有了理论分析能力，并有在型号总体综合方面积累了一定的经验。至于飞机的某些局部，包括动力装置和机载设备，却可以引进国外配套产品，或者可以用经济和技术合作等各种形式引进国外的智力。改革开放后我国造船工业的再度振兴，正是从船体入手逐步扩大机载设备的国产化率的。

我国的强5改型、运12、教8、运10等多种型号都是采用自主设计、全球配套的办法，不仅获得了技术上的成功，并且这些型号大为提高了我国航空工业在世界的声誉。

为了开展我国自己的飞机型号设计事业，应该停止自我约束在“仿制”框架内的思路。应该提倡并尊重中国的独立综合，“知识经济”的最根本含义是智力劳动在产品价值中的比重空前地增长，不能既要知识产权又不对智力放权。另一方面，则应正确总结我国在型号开发上的经验，使之达到一定的系统化，并能对新的设计工作有所裨益。应该加强对总体综合性工程人才的培养，用正确的工程理论武装他们，给他们以实际锻炼的机会，促进他们更快、更健康地成长。

（此文写于2000年3月19日）

五、飞机型号研制与预研的关系

1. 与型号研制有关的两种预研

与飞机型号研制有关的，有两种性质不同的预研工作。

一种是指在型号上马之前，型号本身的前期工作，如技术和经济的可行性论证、技术方案的多方案探索和比较优化。这是型号研制必要的工作阶段，没有这个阶段的工作，就不能确定一个型号是否需要上马、是否可能上马。从这个意义上说，型号研制必须“预研先行”。

但是，在我国过去的管理程序中，只有“立项”之后才有型号费，因此对“立项”之前的项目就没有取得经费和工作周期的立项。这种逻辑上的矛盾造成我国型号上马很少，而上马的型号又因缺乏周密的前期准备而存在许多先天不足，甚至夭折。

造成这种现象的原因，是由于对型号研制的工作性质有误解，把它等同于成批生产某种产品，仿佛只有在确定生产某种产品之后，才开始拨给生产该项产品所需的经费，而不理解根据“系统工程”的概念，开发任何一项大型工程在确定上马之前都必须经过技术和经济的论证。如果我国继续处在无法对拟议中的型号进行预研，而决定上马的型号又缺乏论证的状态，我国型号研制的发展必定还会受到极大的阻碍。

另一种则是指型号研制中所需的某些基础技术的预研，如新材料、新工艺、新结构、新标准、新动力、新设备，乃至新原理、新理论、新方法等。型号研制与这类基础技术之间，有着较复杂性的关系。

2. 基础研究为型号发展铺平道路

一般来说，型号发展与基础研究之间，是一种互相促进的关系。

人类自古就有飞行的愿望，而飞机到20世纪初才诞生。这是因为人类对空气动力规律、结构的知识以及内燃机等物质条件到这时才成熟。德国李林达尔的2000次滑翔、美国马克辛的蒸汽飞机以及19世纪末的许多其他努力，可以视为美国莱特兄弟第一架飞机的“预研”。今天新研制的飞机型号，虽然已经不是第一架飞机那样划时代的实践，但每个新型号都必然包含某种“第一次”的因素。这些新的因素也同样需要预研来支持。因此，预研计划的安排应有发展眼光，应有一定的储备，以便为飞机型号的发展铺平道路。

在新型号的研制中所采用的技术，应注意是否足够成熟，是否经过了原理研究、应用研究、工程样机等预研阶段。并非在新型号的研制中绝对不能选用事前尚不成熟的技术。航空史上具突破性的机型几乎都用过前所未用过的手段，如莱特的飞机、第一架喷气飞机、第一架后掠翼飞机、第一架变后掠飞机、第一架全金属飞机、第一架航天飞机等。但是，这种情况只不过将单项技术开发所需的预研工作纳入型号整体的研制过程中，加大了研制的工作量、周期和经费，在“进取与稳妥”的平衡中，增加了型号全局的风险度。

如果跨越的步子过大，则可能良好的愿望脱离实际，导致型号研制的失败。在航空史中，曾有过因跨越预研基础的步子过大，企图一蹴而就，在型号研制中直接承担过分的预研工作而失败的教训。

不包含任何风险的新设计几乎是没有的。因此，并不是只要尽情地进行预研，型号研制就会迅速前进，还需要准确的预见到型号发展所需要的关键基础技术（而不是一切预研），同时，需要型号设计者判断风险和承担风险（而不是不担任何风险）。这就取决于决策者的专业水平和方法论水平，预研的洞察力和胆略，绝不是用想当然的推论就能解决问题的。

3. 型号研制对基础科研的牵引作用

把航空技术放在整个社会的大系统中去观察，可以看到型号研制对基础预研有着强大的牵引作用。这里谈四个方面的问题：

（1）需要是发明之母

一个多世纪的航空发展史，说明了正是社会对航空器不断提高性能的需要，促使型号的不断更新。社会对于航空器的需要是第一位的，而型号更新又需要不断研究新技术。航空品对新技术的需要是从第一位的社会需要中派生出来的。

航空史显示出：由于军用和民用的需要而促使可收放的起落架、喷气发动机、各种翼面形状及翼型、各种新结构形式及材料以及各种设备发展的过程。美国发展“双三”飞机 SR-71 的过程中促进了大推力发动机、燃料、密封技术、液压介质、导线插座等众多技术的发展就是一个典型例子。

直到今天，对飞机型号更好性能的追求还正促进着新材料（钛合金、铝锂合金、复合材料）、新的工艺（如金属材料新的热处理工艺）、新的推进技术（如桨扇发动机）、新的空气动力措施（如自然层流翼形）、新的设备开发（如电传操纵、光传操纵系统、电驱动辅机等）的研究。当世界油价徘徊甚至下跌的时期就使桨扇发动机这种大有节能潜力的新型动力装置的研究搁浅。液氢飞机、核动力飞机等先进的技术设想，也因对机型的需要尚不成熟而进展不大。社会需要是通过型号来作用于基础研究的。这里型号反映出对基础研究的牵引力。

（2）科研要进入良性循环

从提供发展所需的支援条件来看，飞机型号有直接社会效益，得到社会对服务的补偿，从而取得资金，才可以用来发展新技术，促进良性的循环。而孤立地发展某种新技术，如果没有型号采用这种技术，则技术与社会需要之间的环节没有打通，就没有维持的基础。

我国曾引进一些先进技术，开展某些新技术的课题研究，其中有一些由于没有型号采用，已经建立的生产线只有关闭，已经开设的课题难以为继。可以设想，如果根本不打算发展型号研制，一切预研都只是进入不输出功率的“空档”运转。

当然，在规划新技术发展时，应该有战略发展的眼光，这是问题的另一面。但决不是事无巨细都应该“储备”，为技术而技术，是一种孤立的、静止的思维方法，“系统工程”要求把局部放到社会发展的大系统中去考虑。

（3）航空工业要作为一个产业来发展

航空工业在社会中要作为一个产业才能存在和发展。这个产业意味着包括研究、设计、生产、服务、培训等机能齐备的全行业机制，才能形成一个有活力的系统，具有自我发展的能力。型号研制促进整个产业的完善，而单项技术的研究是加强局部。我国的航空工业的现状不是由某种单项技术决定着存亡。

我国的航空工业，至今已经积累了很多预研成果，具备了很强的研究开发和型号设计能力，建立了空气动力试验、强度试验、试飞、材料研究、软件开发的基地，丝毫不逊于美国研制波音 707 时，或前苏联研制图 104 时的能力。但是他们都由此发展出整个民机产业，能够生存并发展，而我国已有强大能力而长期放空闲置，使已经积累的能力逐渐消散。这与我们不重视型号研制、不珍惜自己研制的型号有关。设想今天如果有更多的我国自行研制的型号有社会的各条战线上使用，不断得到改进和提高，我国的航空科研的日子也许会得到很大的改善。

（4）充分运用型号的牵引力走活这盘棋

我国已有的航空能力，规模庞大，使国外也很吃惊。另一方面则几乎在各个领域都与世界“最先进”的水平有一定的差距。假定我们已经有了 50 个点的记录仪，而世界最先进的又有了 200 点，那么这又是“差距”。从单项技术上要求提高，几乎每一方面都永无止境。如果没有差别，主要、次要的标准，而要求全面提高，那么在动态的世界环境中，要到什么时候才能使我国的基本技术在每一方面都居前列呢？因此，对单项技术的发展，必须充分运用型号的牵引力作用，为发展型号的需要来作出取舍。

要走活我国航空工业这盘棋，应该首先走动型号研制这粒棋子，由型号来带动它所需要的那些棋子（而不是一切棋子）。如果我们有更多的型号投入研制，并陆续投入社会服务，就会带动更大的面。不如此，单纯去提高单个分系统的能力，不会有速效的。我深信，到 21 世纪由后人去评说时，这一点会看得更清楚。

（此文发表于《航空科学技术》1990 年第 3 期）

六、论飞机的改型设计

从航空发展史上看，在世界刚开始建立航线时，所使用的第一批旅客机便是从第一次世界大战的轰炸机改型的。到今天，飞机的改型已经成为机型发展的一种普遍现象。飞机设计人员可能经常遇到改型设计的任务，在新机设计中也要考虑今后可能的改型。

在一种机型的生命期中，设计更改是经常发生的。美国著名飞机公司甚至为他们的飞机平均每周有数次到数十次的技术更改而感到自豪，因为这说明从生产及使用（特别是后者）反馈来的信息及时改入到产品中，不断提高了设计质量，使机型日趋成熟。但是这种日常的设计改进，并不就是改型。

另一方面，一种新型号设计，可能某些局部继承了已有机种的技术，甚至直接使用了已有的某些零件或部件等硬件的设计（这种情况在飞机设计中是大量存在的）。但是不能就此认为，所有的新机都是改型设计。

细微的改进到什么程度就成为改型，改型到什么程度就成为一种新机型号，并没有严格的界定。一般对基本型的更改涉及全机气动布局、结构部件、动力装置、重要系统以及这些项目的综合更改时，就认为是改型设计。而新机一般具有更加彻底的全机新面貌。

1. 从民机的适航看改型和新机

在民机适航的问题上，飞机设计的更改存在下列不同的情况：

对飞机型号的设计更改，按影响的大小分为“小改”和“大改”两种，以更改对飞机的重量、平衡、结构强度、可靠性、使用特性、噪声特性及对飞机的适航性影响来区分：无显著影响者为“小改”、有显著影响者为“大改”。可以看到，这里谈的影响是否“显著”，界定也是模糊的，通常需和适航当局或其代表商定。飞机的改型，一般指对基本型的“大改”。

对改型的飞机，可以有两种方式获得适航认可，一是通过更改原“型号合格证”及数据单；二是通过颁发“补充型号合格证”及“补充型号合格证数据单”。

当飞机的设计、构形、动力或重量的更改过大，使适航当局认为有必要对该型号的适航性进行全面的审查时，以及轻型飞机（按23部适航的飞机）改变发动机的数量或换用不同推进原理的动力装置时，则需重新申请型号合格证，就是说在适航问题上视为新型号一样处理。

2. 改型设计的目的

改型设计的目的一般有三种情况：

(1) 飞机用途的扩展

如客机改为货机、旅客机改为预警机或加油机、陆机改为水机、教练机改为特技表演用机或小型多用途飞机、多用途飞机改为农业专用飞机等。前苏联的旅客机安24改成货机安26、美国的旅客机波音707改为预警机E-3A、美国从校长型初级教练机加宽机身成为四座通用飞机在20世纪60年代大行其道。用途改型的极致是用旅客机改型成为专用于装运火箭或大型飞机部件等大直径货物的货运机，就包容的容积而言，其改装的新部分，甚至大于基本型的原部分。

(2) 飞机采用技术的更新

在基本型上采用新技术提高原有性能，如运输机改用耗油量更小的发动机提高经济性、改用推力更大的发动机提高载运量、改装新式的导航或其他机载设备提高飞行安全性及部分结构部件更换材料以减轻重量或提高寿命等。我国运7的改型就属于这类。

(3) 型号的系列发展

在基本型的基础上，改变发动机、某些部件或设备，形成不同载量、不同航程或其他使用性能的演变型，用系列化的型号来覆盖较大的市场要求。比较明显的例子是美国麦道公司对其20世纪60年代研制的DC-9基本型的改型演变，使这种机型的多种演变型维持在市场销售30多年。其中仅就机身长度与载客量的一些演变见下表：

改型型别	机身改变	载客量
DC-9-20	基本长度	90
DC-9-30	加长4.55米	105
DC-9-40	再加长1.9米	115
DC-9-50	再加长2.44米	135
DC-9超80	再加长4.39米	155

图4-9　DC-9

3. 改型设计的优点和局限

面对一种新的使用要求，当用改型设计可以满足的时候，通常宁愿采用改型途径而不作新型号设计。美国飞机设计师约翰逊在接到设计高空侦察机的任务时，甚至考虑过用他刚设计完成的高速战斗机来改装的可能性（最后这个设想没有成立）。当同样能达到设计要求时，改型设计比重新设计有以下明显的优点：

1）可以减少全机在技术开发上的不确定性，降低开发风险。

2）可以减少设计和制造的工作量，因而降低成本，缩短从开始到提供使用的周期。

3）从适航的角度，减小重新申请“型号合格证”的费用、适航审定的技术工作量及周期。

4）利用基本型所建立的信誉保住了老用户，也便于开辟新市场。

也就是说，除了在机型本身的技术、经济、进度三坐标上的收益之外，还有使用方的使用及维修设备配套、人员培训、使用经验积累及销售心理等方面的优势。

但改型设计有下列重要局限：

1）改型只能在设计方拥有知识产权的基本型上才能进行。为获得知识产权，有时不得不进行新机设计。

例如欧洲集团研制喷气式旅客机时，英国已有了彗星号，前苏联已经有了图104、美国已经有了波音707、DC-8等喷气客机。但是空中客车集团并不拥有这些飞机的知识产权，因此没有采用对上述任一种飞机改型的办法，而是用重新设计的A-300开创了欧洲的旅客机系列。

这种局限说明：“改型并不总是可行的”。不拥有知识产权就不可行。可以注意到，我国自行研制的飞机型号，以及通过购买知识产权或其他途径拥有自主改型权利的机型都不是很多。因此，一方面应该对拥有知识产权的机型充分考虑其改型的潜力，另一方面我国的航空工业必然要进行一定的新型号设计才能满足国内对多种飞机型号的需要。如果认为改型设计就是中国飞机设计的主要道路，这种设想显然不符合实际。

2）改型设计的另一个局限在于：有些特殊的使用要求只能使用专门为此进行的新设计才能满足，已有机型的改型无法达到所要求的功能。例如螺旋桨式客机很难改装为高亚音速客机，大型陆机很难改装为大型水机等。美国设计高空侦察机时曾力图继承高速战斗机上成熟部件，最后发现这两种飞机的任务是如此的不同，能够继承的只有飞行员脚蹬。我国曾经多次论证过、甚至实施过为满足某些要求的改型方案，但最终因改型无法达到要求而中止。因此，应该认识到“改型并不是万能的”。

3）改型的第三个局限在于：有些新技术只有在专为之重新综合的新机型上才能充分发挥作用。例如美国的第一种喷气式飞机是用已有的螺旋桨飞机改装的，但性能并没有改进多少；而专为喷气发动机设计的第一架喷气飞机 F-80 却显示出优越性能。美国曾论证过在 20 世纪 50 年代开发的第一代喷气式旅客机上采用到 1980 年左右新发展的三项重大新技术的综合，结果前者只能使原有的性能目标提高 40%；但用这三项新技术重新优化综合为一种新机型时，却可以将性能目标提高 90%。从这里可以认识到："改型并不总是有利的。"

4. 改型设计中的更改项目

在改型设计中，首先需要制定出更改项目，也就是制定对基本型的更改范围。

（1）应从全机观点制定出改动的"一揽子"项目表

为适应新的使用要求或采用新技术的意图而必须作出的更改，只是"第一级更改项目"（例如旅客机为了增加载客量而加长机身）。由于飞机上的各种技术因素有错综复杂的相互影响，由"第一级更改项目"可能引起飞机总体特性产生某种不希望出现的变化（例如只在机翼的前方或后方加长机身可能会使全机重心移动而影响操纵稳定性能）。为了消除由此产生的负面效应，会派生出"第二级""第三级"的更改项目（如大型飞机常在机翼前后方同时增加一段机身，小型飞机则调整内部设备的位置，使重心恢复到原位）。

最后形成的"一揽子更改项目"，应包括"第一级更改项目"以及到消除全部负面效应为止的所有次级更改项目。

在工程设计中为达到同一目标可以采取的技术措施往往很多，在改型设计中选择时，挑选牵动的更改面较小的措施成为重要准则之一。最后划定的更改边界线，应在技术上明确切断了更改造成的负面影响。

虽然改型机的改进是局部的，但必须切记对改型机的技术考虑及验证应是全机性的，即必须保证全机的性能、操纵、结构整体性、系统及设备的安全性、可靠性、经济性等全局性要求是合格的。飞机各项技术达到的新的总体平衡点，应最少是可以接受的。曾经出现过改进客舱内部装饰，确实达到了豪华美观，但却使重量超重几乎损失了全部油量，使飞机只能作本场飞行的例子；也有将飞机的机载设备全部改为最新的高级产品后，使飞机的价格过分昂贵而不受使用方欢迎的失败改型。只顾局部改进却导致总体失败的教训应该吸取。

（2）在"一揽子更改项目"以外的部分

这些则尽可能保持基本型原样，采用已有的零部件。要抑制"趁改型机会对各部分作大面积改进"的心理倾向，对于那些并非满足改型要求而附带的改进一定要适度。不必要的琐碎改进会增加改型机的工作量和技术风险。

5. 新机设计中的系列化考虑

在新机设计时，有时应考虑今后改型发展的可能，包括改成相近的用途来扩大原设计的功能或作系列化发展扩大市场的覆盖面。典型的这类考虑有：

1）在飞机的布局上，如能够照顾目前设计目标以外的其他用途，不采取可能妨碍用途扩大的布局。例如在大型旅客机的布局上，照顾到可改为预警机、加油机和货机的可能。

2）在选择技术措施或确定参数时，事先考虑到系列化发展的前景。例如设计载客量为120座的旅客机时，客舱截面采取一排5座与一排6座都能满足当前任务需要，但一排5座的客舱剖面系列化发展的覆盖面是对90~150座的客机（至上限已很勉强），而一排6座的客舱剖面适用于120~250座的客机。设计者在考虑今后系列发展时，是希望向小的载客量还是向大载客量形成系列，就会有不同的选择。

3）对新机没有重大损失的地方适当留出可供今后改型发展的余地，例如在机身上设置适当的等剖面段，以便日后伸长或缩短机身等。

6. 改型经验的启迪

我国飞机设计师陆孝彭曾说："研制出一种新机型之后，就应该继续对其改型，以延长机型的生命期"。这句话可以理解成好几层意思：

1）研制新机型毕竟是基础性的，没有拥有知识产权的型号就谈不上改型。我国的飞机设计事业不可能跨越新机研制直接进入改型。

2）新机型研制出之后，不要稍有不满意就下马，而可以在不断地改进和改型中得到完善。美国设计第一种喷气式飞机F-80时，首次试飞前在地面试车就吸瘪了进气道、以后在试飞中又发生两次机毁人亡事故。但这并没有阻止该机改进后投入批量生产，改型为教练机T-33及TV-1后更是生产了几千架。美国的第一种超音速战斗机F-104在试飞中损失过7架飞机，改正了设计缺点后不仅投入了批量生产，并且有9种改型，由6个国家生产了25年以上，有14个国家使用。连用最新旅客机技术设计的"空中客车"A-340在试飞中都发生过设计不如意的事故，改进过的该机仍然在世界各航线飞行。

我国航空界过去对设计更改视为不祥，而航空先进国家却对此视为骄傲，形成对照。用细节上的缺点来否定机型的全局，会造成不必要的原地反复。不给予改进的机会，就会使机型的生命期缩短到零。这也是我国航空界人士提出过的："要珍惜自己的型号"。因为自己的型号可能有这样那样的缺点，但有一条最重要的优点：就是我国拥有知识产权，拥有自主改进的余地。

3）机型的价值不仅表现在基本型上，还表现在在其基础上改型所能焕发出的潜力中。应该充分发掘出这些潜力来为国民经济发展服务。

如果能真正做到这几点，我国的航空设计事业将会逐步走向健康发展的道路。

（此文写于1995年6月8日）

七、工程设计中的解决问题

通常说的“问题”，指人的主观与客观现实之间的差距。从大的方面有两种类型：从认识上说，当人对客观认识不足，而有进一步了解的意图时，便会产生“疑问”，疑问要求的是认识上的“解答”。从行动上说，当人对客观现实觉得不如人意，有意图加以改变时，便形成需要解决的“问题”，问题要求的是行动上的“解决”。这里主要谈第二类要求解决的问题。

1. 问题和意图

问题的产生和解决，是和人的意图紧密相关的。

有人会奇怪为什么不说“问题”是一种纯客观存在的现象，而要与主观意图拉上关系。与人的认识完全隔离的纯客观存在，如荒岛某一角落上不为人知的一团海草，深海底部的某一石块，无数光年以外一个尚未被发现的天体，人们可能产生某种“疑问”，但不会存在什么“问题”。一台废弃了的机床躺在废料堆里不工作，一般不会认为有问题。但是一台在生产线上的机床发生了故障，就产生了“排故”的问题需要解决。同样是机床不工作，一台不是问题，另一台却是问题，主要差别在人们对它们的“期望”不一样。如果人们希望那台废弃的机床重新投入生产，那么也会出现一个“修复”的问题。

解决问题的全过程，是从“不满意”的心理状态开始的。对某种现状不满意，就产生了“问题”。经过一系列“解决”的操作之后，对现状作了改进，使原有的“不满意”消失，达到“满意”的心理状态，该问题就得以解决。

对同一个现象，有的人认为有问题，有的人认为没有问题，其原因除了对事物的了解深度不一样之外，也可能是有关的人存在的“意图”不一样。没有推进现实前进的愿望的人往往发现不了问题。他们觉得一切良好，不存在任何问题。

大型工程设计中，需要解决的问题有不同层次。进行一项新工程项目设计，本身就是用一个新产品去满足市场需要的问题。在设计过程中，还会出现许多满足各种性能、强度、寿命、成本等多种要求的设计问题以及多种要求之间的矛盾协调问题、权衡取舍问题、直至细节上的实现问题，最终使所设计的产品能实现最初的意图。

2. 目标的制定

为了改善现状，需要制定目标。同样的处境下不同的人对问题的处理不同，很大的原因是当事人心目中要达到的“目标”不同。因此解决问题应该清楚地定义目标，并以是否达到原定目标来检验解决问题的程度。

如果对一个问题本身定义不清，目标含糊，那么常见号称为解决某一问题而采取的措施实际却是为达到问题以外的目的，措施采取了，原有的问题却并没有解决。能够正确地制定目标并能够达到目标，是检验解决问题能力的最重要标准。其他如知识丰富、反应敏捷、灵活机动、沉着坚定、点子多、出手快等品质，都只是有助于解决问题的因素，但并不是解决问题的最终检验。试想如果一个人具有以上的所有优良品质，却总不能正确制定目标，制定了目标又总达不到，就不能认为解决问题很有能力。

解决一个问题的目标可以是多重的。既然“问题”本身就是与主观“意图”密切相关的观念，因此在制定目标时需要理清思路，明确阐明意图并对多重目标按重要性排序。需要确定哪些是“必保”的最起码要求，那些是附带的、争取达到的，必要时可以舍弃的要求，然后按目标的排序来选择解决的措施。对于那些只能达到附带的、次要性目标，而使主要目标落空的解决办法，显然不应是首选途径。

从系统工程的要求出发，在工程设计中制定的目标，通常都有“技术、期限、经费”三个方面，这就是常说的“三坐标要求”。技术要求一般在工程专业领域已经说得很多，而其他两个坐标要求却常被忽略。通常说的“钓鱼工程”，就是指以小额经费起步，但不断要求更大的投入，否则就是一无所获的工程，而“大尾巴工程”则指进度不断突破原定要求的工程。这样“解决”的问题，都不能认为很完美。

如果走另一极端，制定过高的目标，则同样会使问题难以解决。比如，当决策者只有“短期目光”时，会对解决问题的任何“治本方案”一概排斥，认为“不解决问题”。这是因为这些处理办法都超过了他心目中的“短期”框架。第二次世界大战中德国的喷气式飞机研制计划，由于被认为“不解近渴”，几次被德国政府强令停止；美国政府则对“航程”一项技术指标制定了过高的要求而对喷气式飞机的研制计划一再阻拦，就是工程技术发展史中著名的例子。

目标的制定，本身是需要与可能之间的平衡，是事关重大并且极见水平的决策。

3. 解决问题的“非唯一性”特点

现实中的“解决问题”，并不像某些试卷一样有“标准答案”。这正是仅受过常规教育的人难以理解的部分。因此新兴的“设计学”强调对解决“非唯一途径、非唯一结果”问题的训练。

大量日常的事实显示了这种特点。比如幼童落进了水缸，可以去叫大人，也可以砸破水缸放水救人。在工程设计中日益提倡多方案对比选择，就是强调设计活动的“非唯一”性质。热衷于“现成药方”式思维的人，认为解决问题只有一种标准办法，任何设计都只会得到一种唯一的模式，其危害性是陷入狭隘的经验主义。

解决问题的非唯一性可以用图 4-10 来表示，当需要达到某一目的而遇有障碍时，可以“攻坚”穿过障碍，也可以从几个方向绕过障碍，同样可以达到目的。比如圆珠笔初出现时，曾出现用久后由于笔尖的圆珠磨损而漏墨的问题。为此试验过很多种笔尖材料和结构，甚至使用了金刚石等耐磨材料来制圆珠。但圆珠耐磨了管壁仍然会磨损，漏墨依旧。后来是从“笔尖寿命不能适应墨的大容量”的解决方向转换为“减少墨容量使之适应笔尖使用寿命”方向，使漏墨问题得以解决。

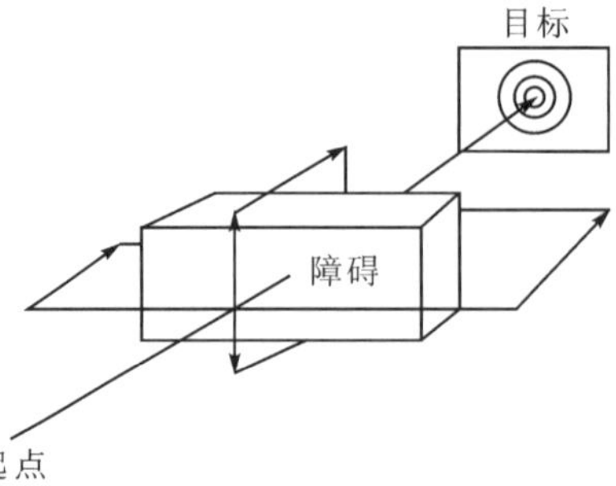

图 4-10　解决问题可以用多种途径

解决问题既然是非唯一途径、非唯一结果的，在选择途径时就必须使用判断、比较、决策等重要的思维，一般应注意以下原则：

（1）针对性原则

在技术发展史上，有不少本来为解决一个问题所发展的措施却在其他用途上发挥作用的“歪打正着”的例子。比如拉链本来是为了代替鞋带发明的，今天在鞋上使用却只是拉链一个很次要的用途。不锈钢原来是为制造枪管配制的成分，为制枪业所抛弃却在餐具业大放光彩。而吸尘器原是为帮助哮喘病人呼吸研制的医疗器材。

尽管如此，在通常工程设计中，选择的途径应确能解决所存在的问题。

许多情况下选择的途径针对性不强，恰恰是因为目标排序不明确，受次要目标干扰而使主要目标落空。如为了省钱而采用了不合格的设备、为了保持某种供应关系而选购了不符合使用要求的配件等。不论有多少次要的理由，不能达到主要目标的选择就是错误的选择。

有时解决问题的有效途径很难找到。爱迪生在发明白炽电灯的时候，为了寻找合适的灯丝材料（当时他认定应是炭），曾经试验过六千种植物烧制的炭丝，前六千次都是失败的。美国飞机设计师约翰逊在设计超音速三倍的“黑鸟”SR-71 飞机时，为了设计出抗高温的机体结构，曾试验过不同的材料和结构形式。早期的结构试件从高温箱中取出后竟皱得像抹布一样。

在工程设计中为了解决设计过程中出现的特定问题，有时可以在现成的技术措施中选择合用者，但有时却需要特别为之开发研究。这是很正常的，工程设计并不是永远从现成的手段之间组装凑配。因此国外称之为“研究与发展”。

（2）收敛性原则

为解决一个问题采取的措施，往往造成新的问题。比如发明了火车解决交通问题，但是为此带来必须修建铁路、建立机车工业、组建营运体制。

原来的问题，连同附带产生的相关问题构成的全局，应收敛在可接受的范围，在总体上应是有利的。如果为了解决一个局部问题采取的措施却对总体产生不可接受的后果，那么这种解决办法不可取。

从日常经验，“用高射炮打蚊子”“杀鸡取卵”等方法之不可取，在于其负面效应比正面效应大得多，所得不能弥补所失，不符合“收敛性”原则。“挖东墙补西墙”之不可取，是因为问题虽未扩大但也没有缩小，仍然有一面墙是坏的。在工程设计中，有时会被复杂的专业性思维掩盖而犯常识性错误，这是因为过分强调演绎逻辑而忽视了系统工程思维所致。

“收敛性”的另一层含义，是措施的效果应收敛在预定的“三坐标”框架之内，即不仅应考虑技术因素，还应考虑到解决问题的成本和周期。前苏联曾有一个飞机设计局，一般都承认其技术水平相当高，但每次研制飞机型号都晚一拍不能达到需要的进度要求，用它“解决问题”的实绩来考核时，这个设计局曾一度被解散。

4. 找出问题关键的“诊断”

“诊断”是从医学借用的名词，特别适用于寻找“故障”的原因，广义地说，也适用于找出各种问题的症结。

诊断方法之需要讨论，在于一个原因所造成的后果有多重性，在已知一个原因之后，人们根据对这种现象的了解往往可以知道它有哪些后果，但仅知道一种后果，由于不同的原因都可能有同样的后果，有时很难直接找到它的原因。比如人的体温升高、汽车抛锚、电视机不出影像，都可能是许多不同原因造成的。

诊断一般需要丰富的经验，但从方法上去概括，大体有以下几种：

（1）排除法

对可能造成同一后果的原因，逐个排除，从中找到真正的原因。内科医生常用一系列的检验来排除一些可能的病因，修理电器时人们也常测试可能出问题的线路来证明某些部分不是故障原因。然后集中精力在不能排除的因素上进一步查找。

（2）求证法

根据判断确定了可能的原因之后，按照对这种现象的认识，对它能同时产生的其他后果进行测试，以证实所判断的原因确实是真实的原因。

（3）试探法

当用常规诊断方法找不出故障所在，或者对现象的理性认识无法指导当前的诊断，而问题却又必须解决时，“死马当成活马医”，非逻辑地改变各种原因，观察其后果是否得到改善，也不失为一种方法。有时电视机不亮，拍一下也就好了。用计算机模拟这种解决问题思路的算法就是“蒙特卡罗法”，用“伪随机数”杂乱无章地去凑，因此又被称为“试凑法”，有时不失为工程设计中有效方法之一。

（4）多轮逼近法

这种方法比较适用于对“纠正”手段剂量的调整。先凭经验或猜测找到第一个试探点，作过试探之后，再在邻近点作第二次试探，观察其后果是否有所改进。找到对结果有改善的调整方向，以后朝有利的方向改变剂量，使结果得到逐步改进。有计算机上模拟这种方法的算法是“最大梯度法”“鲍维尔法”“单纯形法”“平行相切法”等，大都用于对设计形式已定的情况下对设计参数的优化。

5. 解决问题的阶段和步骤

解决问题，一般可以分成三个阶段，即：预备阶段、突破阶段和实施阶段。每个阶段又包括若干步骤。

（1）预备阶段

预备阶段包含四个步骤。

首先是发现问题。解决问题的启动状态是一种警觉，一种对现状的不满意，形成现状与理想状态的一种有待填补的空缺。这种欠缺感是一种心理情绪，也是解决问题的前提。

其次是调查，收集有关当前问题的资料，目的在于熟悉问题的各个方面，收集资料需要一定的方法和技巧，应该通过训练来提高这方面的能力。

再次是组织整理，将调查来的资料加以系统的整理、编排，以备作进一步研究。

最后是研究，运用思维能力对掌握的资料进行加工，如分类、组合、加减、演绎、归纳、分析及综合等，目的在于理解问题内在的规律性，寻找解决问题的关键所在。排除故障的“诊断”思维，对解决问题有典型启发。我国首次研制万吨水压机时曾比较过 40 种类似水压机的资料。日本的田熊常合调查了日本“所有的进口锅炉”，由此研制出一种“田熊锅炉”，把外国锅炉全部排挤出日本市场。

常规性质的问题，通过预备阶段的有意识探索，就已经可以找到解决的契机。这时就可以直接进入第三阶段。因此有人认为，在解决问题过程中的第二个“突破”阶段是不存在的。

但是，并非所有问题都是只要找到了关键就自然得到解决，特别是找到的“关键”并没有现成解决“措施”的时候。比如，美国在 20 世纪 50 年代设计第一种超音速飞机 F-104 的时候，已经知道关键是要降低翼面的“波阻”，但是什么样机翼的波阻比较低，当时的知识却并不知道，同时当时美国还没有超音速风洞可供试验。这就出现了双重空白。对这类问题，就需要进入下一阶段，即突破阶段。

（2）突破阶段

突破阶段，相当于“研究与发展”中的“研究”，一般有三个步骤。

首先是探索，即用各种方法寻找解决问题的线索。上述美国 F-104 的设计就是用火箭在沙漠里发射了 50 种不同的机翼来比较它们的波阻。我国在 20 世纪 70 年代首次设计大型喷气式旅客机运 10 的时候，为了寻求一种在高亚音速下波阻较小的机翼，也曾用四种不同的翼型，七副不同的机翼配置在八个风洞中作过对比试验。

第二个步骤是突破。问题的突破，有时是经过顽强的探索后找到答案（典型如爱迪生的六千次碳丝试验)，有时则是由于灵感的闪现，使解决问题的契机得以突破。科学技术中至少有一部分是由于当事人本人不能确切说明来自何处的思路使问题得以解决的，如门捷列夫关于“化学元素周期表”的排定、库克勒找到苯分子结构的环形表述、前苏联飞机设计师雅克夫列夫对一个长期解决不了的直升机桨叶振动问题用“每片桨叶锯去半米”解决等。灵感不是外来的，而是当事人头脑中原有素材的无意识组合。当事人一般不能详尽地感受到灵感产生的逻辑，但是灵感出现后会迅速敏感到这种想法对解决问题的价值。

不少创造性突破来自“灵感”，所以在开拓创新工作中对这种思维现象不需要忌讳。

第三个步骤是用完成的“突破”形成解决问题的清晰思路。

(3) 实施阶段

这个阶段从前两个阶段找到的契机开始，直到问题得到解决为止，大致包括四个步骤。

首先是发展，即形成解决问题的完整“方案”。一个“方案”并不是突破的刀尖部分，而应是解决问题的全局性构想。这里需要将前阶段设想或概念发展成骨架或胚胎，再用适当的资料加以补充扩大，使其趋于完善。

有的问题中这个步骤的工作量很大，并且需要很多专业性技巧。比如飞机型号的方案设计，是根据最初构想发展成完整的飞机全局的技术勾画。由于这个阶段工作量大，“技术含量”高，往往被人认为是飞机设计的主要阶段。但总的说来，思维飞跃已经在上一阶段完成，本阶段基本可用有意识的专业操作性技巧来完成。一项工程的成败，在很大程度往往由前阶段的“最初构想”决定。在实施阶段如果出现问题，也是纯业务性问题，比较容易纠正。世界很多著名飞机机型在实施阶段都出现过这样那样的问题，但由于最初构想正确，这些机型仍然表现出很强的生命力。

第二步骤是验证。将所形成的解决方案放到问题中，看它是否能解决问题。在工程设计中，这可能是很多复杂的计算、模拟和试验。如新型飞机的试飞等。

第三步骤是实施。如果经过分析验证，解决问题的办法确有实效，就需要将它付诸实施。在实施过程中可能还会根据情况作必要的调整修改。

最后是满意。当问题果然得到解决，那么最初引起问题产生的“不满意”得以消解。这最后也是一种心理状态，恰与问题发生时的心理状态对应。

上述解决问题的过程，可以形象地用一个阶梯来表示（图 4-11）。这个阶梯是左右对应的。左边为第一阶段，右边为第三阶段，同样都有四级，相互一一对应。中间最高处的平台上有一处栅栏门的走道。有些实际中产生的问题，这个栅栏门是敞开的，不需要经过突破就可以直达第三阶段。这往往指一些比较常规的问题。但对人的认识需要作较大飞跃才能解决的问题，这扇栅栏门就关闭了。这就需要登上平台上第二阶段来寻求突破。

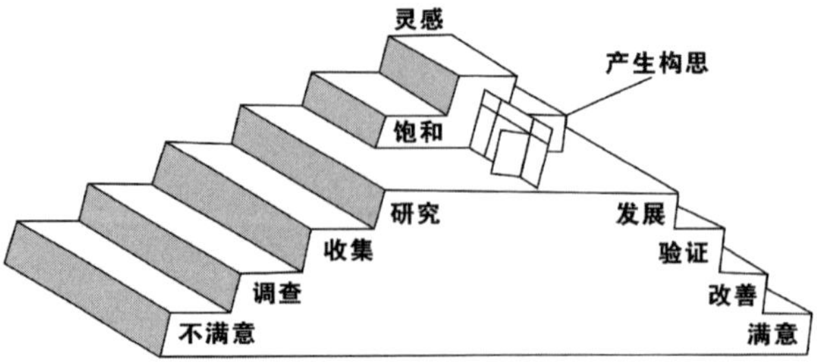

图 4-11 解决问题过程的对称阶梯

从图 4-11 也可以看到，尽管解决某些问题需要思维的飞跃，但是扎实的专业知识和能力仍然在解决问题中起重要的作用。有的人思维很活跃，“点子很多”，但解决实际问题的实效却不明显，可能是忽略了解决问题的全过程中仍起很大作用的踏实工作部分的能力，比如调查研究的细致工作能力，分析和综合性的逻辑思考能力。衡量各种因素、评价不同方案的统观全局能力，以及有关承担风险和胆略等方面的素质特点所致。

解决问题的过程，虽然可以分阶段来加强理解，但最终是以解决问题来结束的。缺少这种意识，就可能陷在一些中间环节中绕来绕去，变成“运动就是一切，目标是没有的”，那么对真正解决问题仍是于事无补。有如一支缺乏“进球意识”的球队，把一场球赛只当成一场传带球的技术表演，只是不进球，那么对真正解决问题仍是毫无作用。

系统工程的目标在于实际改造世界，要对外部世界产生“输出”，造成实际影响，而不是只着重某些局部的内部运转。如果全局落空，局部便失去了意义。这一点对系统工程特别重要。

（此文为我 1995 年 8 月 1 日提交中国航空学会总体设计分会的书面论文，后被原航空工业部的刊物特约刊出）

八、设计与试验

在这里谈一谈设计与试验的问题。

在设计中，往往包含有试验的步骤。有的人只把设计中的试验当作一个常规的程序来对待，比如他们只希望了解什么样的设计通常包含哪些试验（如飞机设计一般要做风洞试验、结构要做静力试验等，是否一定要包含模型飞行试验），但是这些试验主要解决什么问题，试验在人的知识扩展上究竟起什么作用，在一些特殊情况下是否需要特地开发一些特殊试验等问题上，缺乏必要的思考能力。

在工程设计中试验是作为认识手段，而不是作为一种常规的程序。在人的认识与客观实际之间，人的感官是传递信息的桥梁。人们通过感官感受到的信息了解世界，并调整自己的行动。通常“感官”只是被动地接受外界的事物。“试验”则是人们有意识的观察和探索活动，一种扩大信息来源和拓宽信息渠道的主动行动。

人从客观世界感受到的信息总是局部的、具体的。但是由于人认识的能动性，人们可以从这些信息中总结出对客体规律性的认识。同样，试验虽然是局部的有控制的行动，但是可以检验人对客观世界规律的认识是否正确或验证自己活动的客观效果。

试验是在可控制的条件下，对产品的某些局部（局部性能或局部构件）进行分析，探索某些规律、证实人的某些认识或测试人为采取的措施造成的结果，目的在于减少产品研制中的技术风险。

试验总可能有成功和失败两种结果。试验失败一般比产品本身的失败代价小。因此，试验是一种减少产品技术风险的手段。

一般说来，试验可以分为开发性试验与验证性试验两类。开发性实验是探求设计中的有效手段，验证性试验是为了证明人为设定的产品是否实现了原定的目的（如炼钢中对每炉钢水的成分化验、飞机生产中制成品的交付试飞等）。试验的试件，可以是产品本身、也可以是产品的某些局部或者产品的某种模型。比如飞机研制中的空气动力学试验的常用方法，就是用模型在风洞中进行；而材料物理特性试验中使用的试件，也可以视为产品的一种模型。

1. 模型

在工程设计中越来越多地使用模型。国外科技界有人认为：“在科学中，模型方法是人们所说的‘科学方法’的核心。”

在开发中使用模型，往往可以节约人力、物力、财务和时间，并且可以使一些本来很难观察到的现象也用试验来进行考察。因此人们越来越多地使用模型来进行研究。

模型是模拟客观现象的某些特点的一种人造系统，它只是在特定的特点上与原型有相似点。一般说来，模型将原型简化，包含的因素少，这样便于建造，也便于试验和观察。因此，模型与原型的相似是有条件的。

模型一般可分为物质模型和理论模型两类。

物质模型又可分为几何模型和物理模型两种。

几何模型指外形与实物相似，仅仅尺寸经过放大或缩小的模型。几何模型除了用于展览、教学等用途外，人们可以用工厂模型、城市模型来研究工厂、城市的布局，用地形沙盘研究作战部署等。在生产中还常常用来作为传递尺寸的手段，如铸造中做沙形的木模、蜡模，另外成形和装配中用的样板、模胎、型架等，都属于几何模型。虽然这些几何模型不一定模拟原型的全部几何外形，但在特定的某些几何特性上必须反映原型的特征。

物理模型则是与原型有相似的物理现象的模型。例如，用光弹性试件上的光线花纹来推断金属构件的内应力分布。用磁场分布（可以通过铁粉的分布来显示）推断看不见的气流流线的走向等。不同物理现象可以用微分方程来表示，不同性质的事物可以作为物理模型来使用，是因为这些现象之间可以用相同的微分方程来描绘。

用不同电路连接而成的网络系统的模拟计算机能解微分方程。人们用电路特性来模拟飞机在空中的复杂运动，可以使新设计的飞机在试飞前就能在模拟计算机上研究它的飞行特性。由电路组成的模拟计算机在外形上一点也不像一架飞机，但是它可以模拟飞机的物理特性。因此，物理模型与原型只在物理特性上有相似性。

人具有抽象思维的能力。人不仅能接受外界给予的第一信号，如声、光、电、味等；还能接受和处理第二信息，如语言、文字、符号。从扩大了的模型概念来看，语言文字也是一种模型。语言文字是人发出用来表示某个客体或者概念的声音或者写下的词汇，也是人对客体的一种印象。写下的字符有时称为信息模型或符号模型，有时也称为理论模型。人们常常建立对客观世界的某种理论，只要这种理论经过实践证明是正确的，人们就可以在该理论适用范围内解释某些现象，对未来做出某种预测，或者借助它来做出某种决定。近来对一些解释科学现象的理论，也常称为模型。例如在基本粒子研究中的“板田模型”“层子模型”等。

对客观事物的描述，如果在数学上也是精确的，就能增加模型的准确性，使人们运用这种模型时，能得到定量的结果，这种理论模型称为“数学模型”。数学模型可以说是一种用数学的材料构成的模型，虽然数学模型这个名称在近年来才广泛使用，但是自古以来许多物理上的发现本质上都是数学模型。

应该注意的是，一切模型都只在某种程度上表现客体特定的侧面，它们在其他方面并不代表客体。模型（包括理论）在某些条件下是完美的，但是在另外的条件下可能非常拙劣。例如，通常使用的关于定量气体的压力、体积和温度之间的关系，在一定的温度范围内是很好的模型，但是当温度接近于气体的液化点时，这个关系就变为完全无效，人们不得不去另找新的模型。

模型总是经过简化了的。因此，没有一种包罗万象的、终极的模型。使用模型（理论）来帮助认识和改造世界时，必须注意模型的适用范围。应该一方面充分利用模型在认识中的作用，又不要对有局限性的模型产生盲目性。这一点应充分注意。

2. 相似律

在采用模型来做试验的时候，必须注意模型条件与现实条件下的相似律，即模型试验与实际情况的可比性。

单从几何尺寸来说，一件东西在尺寸上放大和缩小以后，并非所有的特性都按同一比例得到放大。最简单的例子是：如果用一个放大 2 倍的放大镜去看一个 30°的角，它的角度会变成多少？正确的答案是：角度仍然是 30°，放大镜并不能放大角度。

由此可以看到即使几何特性也不都随尺寸变化而同样变化。将一个三角形的每边边长放大一倍，新的三角形比原来的三角形面积大了 4 倍，而三个角的角度却保持原值不变。

有些物理特性也不随尺寸放大而变化，或者不随尺寸变化的比例变化。将一个钟摆放大一倍，它的摆动周期不是大一倍，而是大了 1.414 倍。将一个钟表简单放大或缩小是不能保持走时准确的。

在航空技术发展的历史上，曾经有人仿造一架成功的小飞机，放大尺寸制造一架大飞机。结果这样造出的大飞机丧失了原来小飞机的飞行能力，甚至不能飞行。现在已有载客 600 人的飞机在飞行，但是它却不是把小飞机的尺寸放大设计出来的。

当结构尺寸放大时，有一种“平方与立方规律”在起作用。这是说尺寸放大时，结构的面积将按尺寸放大倍数的平方改变，而体积（以及重量）却按放大倍数的三次方改变，因此结构的单位承载能力应该提高才能支持这个结构。可见，结构稍作放大或缩小时可能问题不大，但是超过一定限度就必须变化结构形式或更改结构材料。这就是一切大型设计，包括大型飞机、大型船舶、大型建筑以及各种大型设备设计必须遵循的原则。

在工程设计中，常见缩小的模型进行试验。例如在飞机设计中，常用缩小的飞机模型在风洞中测量其空气动力性能。但是由于模型是缩小了的，试验得到的数据并不能直接用于设计，而必须按“相似律”修正。“相似律”就是“相似的规律”，是使特定的特性达到相似必须依从的条件。

由于尺寸效应，人们可能注意到一种“小型优势”，即较小的结构会体现出某种优越性，儿童玩具汽车锈蚀得很严重还能开动，真汽车锈到这种程度早就不能使用了。体形小的生物会表现出许多非凡的本领，如跳跃的高度，能牵引的重量按体重的倍数都大大超过人类，都是“相似律”向缩小的方向所起的有利作用。所以在用缩小尺寸的结构试件作强度试验时往往要加大按比例的载荷，或者将整个试验在离心机上进行，即在人为加大了的重力场中进行，才能得到可与实际比拟的试验结果。

另一方面也存在某种“规模效应”，即在小型的范围内并不显著的特点，当规模大到一定程度以后，就会表现出明显的效果，这是尺度效应的另一种反应。

由于尺度效应，在设计试验模型以及使用试验结果时，要充分估计到由尺寸或规模改变后事物的变化。在观察客观各种不同的系统的时候，也要注意大系统与小系统间可能会发生的差异。

3. 开发性试验

开发性试验大体可以分为以下几类：

1）原理性试验：这种试验中的试件可以与产品不一样，例如，在玻璃容器内做化学反应的试验。

2）通用性试验架：这种试验架可以方便地增加或者减少组成部分来模拟所需要的情况。例如，在电气试验中使用汇流条，可以随意接上负荷；再如液压试验台可以试验各种液压附件。

3）构架试验台：用构架来代替产品的结构。例如，在飞机研制中常用一种叫“铁鸟”的装置。“铁鸟”并不会飞行，它只是一种试验的构架。飞机操纵系统的试验就是在这种同尺寸的钢架上进行，钢架上安装全部操纵系统，来模拟飞行中的飞机的操纵性能。

4）模型试验：模型是在某一个方面模拟了产品的局部，通过模型试验，来了解产品该局部的性能。

5）工作样机：工作样机不是在所有方面都达到了产品的水平，但是要求体现产品的主要功能。1945 年 4 月 17 日清晨，在美国新墨西哥州试验场爆炸的第一颗原子弹装置，可以说这是一部工作样机。这种装置还不是一个实战的核武器，但是可以像实际的原子弹一样发生核裂变爆炸。

6）生产样机：这是成熟产品的一个代表，不只体现了设计上的各种细节，连生产工艺上的特点也得到反映。

试验的目的可能是定性地证明某些理论或者证实某种方案的可行性，也可能是定量地取得数据。有的试验同时有定性和定量的目的。

正确的试验应该重复性良好，有确切的结果，使别人也可以对试验作出评价。

4. 试验的简化

一般来说，试验总是对实际情况作了某种简化，从有限的实践中去获得尽可能多的信息。如果试验比实际情况还要复杂、更难于实现，人们就不会去试验，而用产品本身实际运行中去观察。简化试验可以缩小试验的规模，但试验的简化应该正确地“取模型”，即通过试验结果可以正确推断实际中的情况，不至由于简化而影响结论的正确性。当规划一种试验来定性定量地判定某个问题时，通常应注意以下几个问题：

（1）确定试验的范围

产品是一个完整的整体，试验中要用分析性思维从客观的整体中分离出需要重点认识的部分来。

1903 年，美国莱特兄弟在研制第一架飞机时，曾经对这架飞机的不同方面做过不少试验。他们建造了用木箱做成的风洞，在风洞中试验了一系列机翼平面及剖面的空气动力特性。他们也曾把制作机翼翼梁的构件架在两张椅背上试验它的强度。这就说明：他们已经懂得把机翼外形的空气动力特性和结构构件的强度特性从飞机的整体中分离出来，分别进行试验。如果没有这种分析的本领，他们就只能像古代的一些探索者那样，直接用人坐上飞机去飞行，用生命去冒险。

有些综合性试验可以同时观察几种现象或者同时测量几个参数。但是，企图在一个试验中解决全部复杂问题是不可能的。把有关的及无关的因素全部包罗在内的试验，会使试验规模变得不必要的庞大和复杂，并且很难对试验结果做出结论。

（2）利用力所能及的试验条件

诺贝尔奖获得者、遗传学家摩尔根，有一次想到海水的酸度可能会增进某些深海生物的生殖能力。他希望用试验验证他的设想，但一时找不到酸液，就到杂货店去买了一支柠檬，把柠檬汁滴入他的金鱼缸里，证实了他的推测。

与此类似，美国飞机设计师约翰逊设计超音速飞机的时候，飞机的水平飞行速度达到音速的 2 倍，但是当时美国还没有超音速 2 倍的风洞，约翰逊用火箭安装模型机翼进行自由飞行模型试验，采用遥测技术来寻找合理机翼的办法，进行了 50 副机翼的试验以后，为这种飞机选定了机翼的形式。

与此相反，有一个相反的例证是：一次要求将一种新型飞机上灭火剂的效能与传统的灭火剂进行比较，主持这项试验的人员指出，应该制造一个真的发动机短舱，里面装一台发动机，再让发动着火，喷出新老两种灭火剂来比较灭火效能；在实际使用中，飞机是用高速飞行的，因此应把这套装置放在超音速风洞中进行试验。当时根本没有这样大的超音速风洞。于是，他做出了“灭火剂性能无法比较”的结论。这充分反映了他缺乏对事物的分析能力，并且缺乏利用力所能及的条件来扩展认识的工作方法。其实，在工程上比较灭火性能，英国航空企业使用的方法，是在露天条件下熄灭一个同一面积的汽油盆，由熄灭所需的时间，就可能得出两种灭火剂效能的初步的比较。

进行 ·项新的试验，有时需要添加一些设备和仪器，但是聪明的试验者擅于利用原有的条件。伽利略做重物下落试验时，没有特地建立一座下落试验台，而是利用了比萨斜塔，用来下坠的试验件是重量不同的一只铅球和一颗空心炮弹。

当然，当一种试验方法已经定型，并且需要进行大量重复试验时，研制专门的复杂的试验设备可以改善试验条件和操作，提高试验数据的精度，这是问题的另一方面。例如，近代航空部门已为空气动力学研究建立了许多类型的风洞实验设备。但是，开拓者不但应该学会利用已经建立的条件进行常规试验，还应该尽量利用力所能及的手段去拓展认识，才能走在认识的前沿。

缺乏创造性的人，总抱怨条件不够；而具有开拓精神的人在各种条件下都能前进。这一点在试验的规划中也有所表现。

（3）采用直接达到试验目的手段

在试验中，不要混淆目的和手段的关系。一项试验是否出色，不能用它的规模是否庞大，使用的技术是否复杂来评定。试验的目的是为了扩展人的认识。如果能达到同样的目的，那么规模小的、容易实现的、见效快的试验更高明。

爱迪生为了测验他助手的工作能力，给他出了一个题目，要求他确定一只形状复杂的烧瓶的容积。这个助手受过良好的科学教育，他针对复杂的容器先划分为许多计算的小单元，然后针对每个单元做了计算再叠加，得出了计算结果，带着一大叠计算草稿去见爱迪生。爱迪生听了他的报告后，一言不发，只把烧瓶装满了水，然后将水倒入量杯里，结论就出来了。现实生活中，常常发生过于讲究试验手段，而忽略试验目的的情况，始终记住“最有效地达到试验目的的方法就是好的方法”是非常重要的。

（4）擅于利用试验结果

在同一环境中生活的人，由于观察和思考能力不同，在认识上会有差别。到同一地方去旅行，或者经历了同样的事件，有的人得益匪浅，有的人毫无所获。同样对一次试验所收集的现象和数据，也需要认真整理和总结，应该从这些素材中提取尽可能多的信息，来使认识得到更大的扩展。不仅需要正确地进行试验，还应该正确地判定试验的结果，从中得出正确的结论。

5. 试验设计

在开拓性试验中，为了减少试验的次数，“试验设计”是一个非常有效的方法。“试验设计”是数学中数理统计的一个分支，专门研究如何选定试验样品的数量，减少试验次数和找出最优结果的一个方法。

当试验中只有一个变化的参数时，属于单因素试验问题。例如，需要确定合金中某种成分的比例，或者电路中某种电阻的值，使产品达到最优性能。人们根据对现象的认识，可以事先估计出参数可能存在的区间。如果对它的认识比较清楚，这种估计可能较精密，估计的区间较窄；相反，估计的区间就较宽。现在要通过一系列的试验使认识深化。如果逐个试验，要使估计区间缩小100倍就需要做100次试验。但是如果使用区间缩减法中的“黄金分割试验技术”（又称0.618方法），只要做11次试验就可以将区间缩小到百分之一。做14次试验就可以对区间的认识精度提高500倍。

山地				
	A	B	C	
荒地	C	A	B	肥料场
	B	C	A	
河流	~~~~~~~~~~~~~~~~			

图 4-12　种子试验的拉丁方安排

在多因素试验中，往往需要分离出不同因素的影响。比如要比较 A、B、C 三种种子的产量。如果只是单纯的种子产量问题，似乎只要在三块同面积的土地上，分别用三种种子播种，然后比较产量就可以了。但是如果试验田的位置在南北方向上处在山地与河流之间，东西方向处在肥料场与荒地之间，这时仍然任意取三块等面积的试验田作试验，就可能由于土壤的肥瘠不同和灌溉的充分与否影响试验田的产量，而不单是种子单一因素的结果。要估量这些因素的影响，合理的办法是将试验区分为 9 块试验田，如图 4-12 所示，将三种不同种子的每一种分播在三块位置不同的试验田里，将三块田的产量平均，就得到这种种子由于品种的贡献（排除了土壤和灌溉因素）。而将靠肥料场的三块田的产量平均与靠荒地的三块田的平均产量比较，就得到由于土地肥瘠程度所造成的产量差异（而排除了种子品种和灌溉条件因素）；用靠山的三块和傍水的三块平均产量的比较可以看出由于灌溉条件造成的差异（排除了种子品种和土壤条件的差异）。

这种试验安排，称为“拉丁方”，意思是“用拉丁字母组成的方阵”，又称“正交设计”。指将各因素都视为单独起作用而忽略其交叉影响的情况。许多“数理统计”或“正交设计”的书中都可以查到不同因素数量及每个因素不同水平的“正交设计表”。

在工程设计中，常常遇到包括众多因素的试验。比如飞机设计中的风洞试验，即便对机翼的选择来说，就有好几个机翼平面参数及剖面参数。机翼的前后缘装置（前缘襟翼及后缘襟翼及副翼）又有好几种打开的角度状态。在多因素试验中，运用“试验设计”技术有很明显的效果。例如，当有 8 个参数，每个参数有 7 个数值水平时，如果按排列组合的所有可能性逐个试验，则需要做 576 万次以上的试验，但是运用正交设计技术，却仅需做 49 个试验，就可选出最优组合。

在开发性试验中使用“试验设计”技术是很有效的，过去只在医药配方等较少数的领域得到应用。20 世纪 80 年代我国一位工程师到日本一所大学去做访问学者，将这种方法应用在结构设计的试验上，获得日本同行中权威的高度赞扬。我国有人将“正交设计”方法引入参数优化中的算例选择中，也取得很好的效果。这些例子说明“试验设计”虽是在 20 世纪前半叶提出的方法，但在工程设计中推广存在很大的潜力。

试验设计是一种对工程探索很有效的应用数学工具。但是作者很惊奇地发现，很多从事工程试验的专业人员甚至没有听说过这方面的方法。这不能不说是一种知识上的缺陷。

九、飞机设计与模型

在有些人的心目中，航空模型最多只能在青少年中普及航空知识，对实际的航空事业似乎没有直接的作用。

难道模型的作用仅限于此吗？

不对。模型是科学研究和工程设计中一项重要的工具。

什么叫模型？广义地说，模型是对真实事物的一种简化的模拟。根据不同模型的各自用途，它忽略真实事物的某些方面，而在研究的主要方面与真实事物有相似性。

这种相似性，人们就可以用较小的人力、物力和时间的代价，通过模型试验来了解真实事物的特性。

工程设计是人的认识能动性的一种表现。在人改造自然的这一场“战争”中，模型试验相当于“火力侦察”，通过它去暴露自然界中我们尚未认识的一些现象。

因此在工程设计中，模型是向新领域开拓的一支尖兵。远在航空发展的最初阶段，模型试验就帮助人们进行了飞行基础的积累。

1. 不熟悉的力

人们自古以来就注意到鸟类自由的飞行，不胜羡慕。这种羡慕的心情，在许多神话故事和诗词作品中都有所反映。

但是，人要离开地面飞行，作用在人体上的地面反作用力和摩擦力都不起作用了。因此需要找到一种能克服自身重量的力。这是一种在当时人们还不熟悉的力的领域。

从哪里寻找飞行所需要的力呢？

为解决这个问题，自古以来就有两种路线。

一种人是修仙学道，求神乞灵，他们希望依靠“神力”。古代中外许多文学作品里的飞毯、飞人等，大都属于这一类。

另一些人认真从客观世界去探索飞行的规律，从实践中去寻找实际存在的自然力。

对鸟类飞行的观察，以及自制模型的试验，成为人们认真探索不熟悉的力的领域的主要手段。

2. 航空纪元前的模型

传说在2000多年前的我国战国时代，著名工匠公孙输就曾制造过能飞的“木鹊”，这想必就是某种模型。我国古代就有叫作“孔明灯”的热空气球。由于封建军王朝长期抑制科学技术的发展，甚至将制造“奇工巧器”定为“斩”罪，扼杀了广大人民的许多发明创造。

也有不用模型而亲自试验的人们。在王莽时代，就有人装上翅膀从高塔上跃下进行滑翔。在尚未掌握飞行规律前的漫长岁月里，那些不经“火力侦察”就亲自出马的勇敢尝试是相当危险的。例如，19 世纪末期，德国的李林达亲自从小山坡上向下滑翔了两千多次，最终丧失了生命。

成功及失败的实践，都为后人积累了经验和教训。人们终于来到了飞行的门口。

模型，又成为敲开这座大门的敲门砖。

18 世纪，人们在成功地创造了许多小型热气球的基础上，逐渐进行大规模的尝试。1783 年 9 月 19 日，在法国伏色列斯这个地方，升起了一只大型热气球，乘客是一只羊、一只鹅和一只鸭。这只气球可以看作是乘人气球的“模型”。过了一个月，从同一个地方飞起了第一只乘人气球。这些飞行打破了当时一般人认为地面的生物离开地面就不能活的恐惧，导致一系列利用空气浮力的航空器的发展。

两年后，实现了飞越英伦海峡的载人气球飞行。以后发展的气球和越来越大的飞艇，成为 19 世纪中实用的航空器。

气球和飞艇的飞行原理，类似自然界的云朵。这种航空器以体积庞大为特点，行动缓慢，动作不灵便。因此人们没有满足于这种飞行。在整个 19 世纪中，制造利用空气动力的飞机的努力一直在进行。

图 4-13　莱特兄弟用于研究旋翼升力的玩具

空气动力，就是空气和物体在相对运动中空气作用于物体上的力。利用空气动力的飞机，没有气球和飞艇那样庞大的身躯，而以运动为前提，因此飞机可以做得很紧凑，获得飞行迅速和动作灵便的性能。令人羡慕的鸟类飞行，就属于这类。

在地面现象中，人们可以看到风吹树叶摇、旗帜飘、门帘动、灰尘扬。这些都是空气动力在起作用。但是，人们要利用这种力去实现飞行，却还需要主动去做一些试验，探索这种力的规律，模型仍旧是可信赖的“尖兵”。

图 4-14　兰里飞机模型飞行图

图 4-13 是莱特兄弟研究旋翼升力的模型。

1892 年，一个叫兰里的美国人，在进行了 11 年的空气动力学试验之后，试飞了一架模型飞机。如图 4-14 所示。它的大小为设计的乘人飞机的 1/4，用蒸汽机作为动力，沿华盛顿的波沱马克河成功地飞行了 1. 2 公里。

这架模型飞机的飞行吹响了真实飞机的空气动力飞行的进军号。但是在模型飞机的基础上制造的乘人飞机在19世纪末没有完成。

尽管在这里或那里会出现艰难险阻，新生事物的诞生是不可避免的。人们对于飞行器的认识已趋成熟。就在1903年，美国的莱特兄弟制作的飞机试飞了，打开了空气动力飞行的大门，开创了动力飞行的纪元。图4-15是莱特兄弟自制的“木箱风洞”，用于试验飞机机翼的各种剖面和平面形状的模型。这些试验使他们成功地研制出了人类真正可以实行第一次动力飞行的“飞行者”飞机。

图4-15　美国莱特兄弟自制的“木箱风洞”

3. 设计者亲手制作帮助思考的简易模型

今天，人们再去飞行，当然不需要重复前人的探索过程。但是，航空专业工作者仍然热衷于制作模型和作模型试验。在新飞机的研制中，模型还是一个很有用的，必不可少的认识工具，继续发挥着它“尖兵”的作用。

从航空以外的行业，我们也可以看到许多应用模型的例子。就在我国的建设中，我国轧钢工业的一项重大的革新——反围盘的设计，设计者在构思时就用硬纸板制出模型来帮助思考。我国第一台重型水压机——1.2万吨水压机，在设计的最初阶段就曾用粘土制成模型来研究。

设计者亲自动手制造一些简易模型来探索设计问题，是一种很有效的设计方法。

黏土、石膏、硬纸板、木片等材料，随手可取，加工简便。从构思到做出模型来取得初步的验证，周期很短，但往往有助于解决一些问题。学会自己动手制造这类模型，养成自己经常亲自试一试的习惯，可以促成一种利用力所能及的手段去证实认识，扩大认识的主动精神和创造性。

在飞机设计中，设计者自制的简易模型也可以有气动布局、结构布局、工艺方案等方面对完美设计有所帮助。我们现在来谈一谈这类模型。

4. 用飞行模型探索气动布局

航空技术发展到今天，已经形成了飞机的多种布局形式，可供设计中选择。每种布局都有自己的所长和所短。例如：大展弦比机翼适于高飞远航，小展弦比后掠翼或三角翼适于高速和滚转灵活。而后掠机翼扩大了速度包线，“鸭式”布局有可能缩短起落距离，“飞翼”型式适用于大载重任务，“软翼”适合于收藏等。这不同的型式，为获得飞行所必要的三轴稳定性，又各具特点。如为了获得纵向稳定有着各自的重心范围，为了获得横侧稳定而要求不同的上反角、后掠角和尾面的匹配等。

另一方面，不同的设计任务也要求不同布局。比如轰炸机要考虑自卫火力的死角问题，军用运输机要考虑自行式军用装备的装机和下载的通道及空投的方便，水上飞机要防止起落时的水花不至于影响动力装置及气动面的工作，农业飞机要避免结构干扰药物的喷洒等。这些问题都要求飞机的总体布局应能适应特定的设计任务。

设计者应当熟悉多种型式的特点，丰富设计思想，扩大选择范围。否则，就如只会用一种药物来治病，不能针对病人的病情来对症下药一样。

每种型式的特点千差万别，对每种型式都制造出一架飞机来试一试是不可能的。为此，飞行模型在这方面可以为设计者的“小型实践”提供了广泛的园地。

用木片甚至硬纸板制成的部件，胶接起来就可以成为投掷或弹射的飞行模型。这类模型的试飞，可以用于检验稳定的重心范围、升阻比的大致量级（通过飞行的滑翔角可以显示出来）及横侧安定性的匹配特性等。

在现实生活中，有些“非常规”飞机的实际研制过程，确实就是用这类简易模型开路来进入研制程序的。

图 4-16　瑞典 J-35“龙”式超音速战斗机具有双三角机翼无尾布局

在我自己的经历中，研制我国第一种旋翼机的时候，曾经用木片削制的模型“旋翼”，在屋角的自然风中作过“自旋”性能的原理性试验，也用线操纵模型作为模型旋翼机的飞行试验，然后才制成全尺寸旋翼机的设计、试制及飞行试验。瑞典设计的一种超音速战斗机 J-35“龙”时，采用了双三角机翼的无尾布局，如图 4-16 所示。为了摸索这种最新前所未有的外形在低速飞行时的操纵稳定性，曾经制造成一架 1/7 的线操纵模型，并通过模型试飞改进了设计。当人们看到这种崭新式样的、性能优越的飞机出现在空中时，可能不会想到，它竟是从简易的木片及纸片胶接而成的模型“长大”而成的吧？

有动力的自由飞和无线电遥控模型，也常用来作为新型飞机布局的验证手段。在我参加我国第一架伞翼机的研制时（伞翼机使用的是一种前所未有的“软翼”），也经历了先用一块床单制成的“手掷模型”的“原理性试验”，然后用线操纵模型作的飞行试验，又通过无线电遥控模型飞行试验，最后才制成全尺寸伞翼机进行的真实产品的试飞。

应当说明，并不是所有的航空模型都能飞行。下面我们将陆续谈到一些不能飞行的航空模型。

5. 结构模型

飞机结构的特点在于保证飞机的外形以及有效的传递由载荷产生的应力之外，重量应该尽量的轻。即：必须在保证外形和强度的前提下，重量要最轻。

我们如果去旁听一次飞机结构设计人员在设计图纸或实物旁的讨论，会听到他们的谈话内容大概会是这样一些：“你看，载荷从这边传来，到这里构件断了，但轴向力转换成蒙皮应力能继续传到这根构件上，但构件是断的，传力路线到这里也就断了，这个力传不出去，要传出去，结构就必须在断处加强……”

结构内应力的传递虽然是看不见摸不着的，但在熟练的结构设计师眼里，却能清晰地“看出”应力传递的脉络，犹如骨科医生看人体，能透过皮肉“看到”骨骼，又宛如捉白蚁的能看房屋，能透过木柱房梁的油漆揣摩出白蚁的巢穴和通道。

要培养这种能力，一种办法是多亲自参加实际的结构静力试验，多分析试验破坏的构件，从中学会辨别什么样的构件适宜于传递什么样的应力，它的受力极限及它破坏的形式等。

此外，自己动手制造一些简化的结构模型，在桌面上作一些小规模的“静力试验”，也能增加对承载现象的体验。

设计者构思一个结构，然后试制出来，通过试验来考验设计的正确性，这个过程比较长，有时需要几个月，甚至以年计的滞后。如果用自制的模型来作一些简易试验，可以提前发现隐患。

飞机结构常用铝合金板状材料制成的零件铆接而成。这种结构用纸片构成的结构可以很方便地模拟。最好用较厚的绘图纸作基本材料，为了制作的方便和快速，纸制结构模型最好用快干胶。虽然纸片与铝板的物理性能不同，但是在受力状态下，还是可以反映出真实结构的某些特点，如受压或受剪构件的稳定性、结构形状的易变性、开口部位的应力集中、受拉构件的拉断、连接部位的脱落等。这些单纯凭推理难以体会的现象，会“跃然纸上”，非常生动地出现在纸质模型结构上。

简易的模型还可以用来研究结构及工艺问题。如飞机上有一些加强框和加强肋等构件，是由很多层不同形状的加强板叠加组合的。设计者在构思中，如果用硬纸片剪成各个零件，事先在桌上进行过组装，将三维空间中一些现象提前暴露，可以方便地探讨如铆接时的通达性，或焊接时焊枪的进入通道等问题。

有一种直升机上的起重梁，是由很多种不同的异形铝材组合而成的。设计者用木片事先制作模型来改进结构形式，最后选择的设计，比原来重量减轻了19%，而强度却提高了32%。

6. 模型的试验功能

每一种新的设计，都可能包含有新的因素。基于原来基础上向未知领域的认识的“延伸”，存在一定的“不确定性”。

对待这种情况，有两种可能采取的态度。

一种是不管情况是否发生了变化，但是过去问题便是这样处理的，过高地估计原有处理方法的效果，这次还鲁莽地按原来的打算去干，一厢情愿地希望这次也能成功。

另一种办法是老实承认原来认识不完全，在实践中谨慎地探索，使设计建立在最大成功的概率上。

试验，就是以远比设计失败小得多的代价，来作一次实践的试探，从而找到问题的正确处理方法。这是用以降低新设计失败概率的“学费”。

常规设计向未知领域迈进的步伐不大，因此认识缺陷带来的“风险”也较小。但是航空技术却是一个发展十分迅速的部门。所以飞机设计中试验工作的含量，往往远大于一些常规的行业。

7. 常用模型的类型

飞机研制中使用的模型，总的可分为三类。

第一类是几何模型。这类模型主要在几何形状上，与实物相似。

第二类是物理模型。从外表看来它们并不像实物，但在物理现象上，却与实物有相似性。

第三类是信息模型，也可以称为符号模型。这类模型是用一系列的符号组成，但符号之间的关系则与实物有一定相似性。这是一大类模型，包括文字描述、数学模型、电子计算机程序等。

8. 几何模型

几何模型，主要指在几何性质上对实物模拟，而在其他的性质上对实物作简化。

比如，使用缩小比例的飞机实体模型，来比较外形喷漆装饰方案，或者用来研究飞机与机场地面设施的适应性（如飞机在停机坪上的停放、在滑行道上的行进和转弯、地面加油、加水、充氧、充电和起动，以及与登机梯、服务车、清洁车等的关系等）。

新形客机，常常需要制造一种全尺寸客舱布置模型，称为“展览样机”，用于旅客的舒适性研究，检查旅客应急撤离的通畅性，以及用于展览、宣传等目的。其驾驶舱部分则用于检查飞行员的视界、仪表板布置的合理性以及各操纵器件的可达性等。

旅客机以外的其他类型飞机，在设计中也常制造全尺寸“样机”来辅助结构布置、各系统的管道及线路的敷设、装配和维护可达性研究、检查运动部件的轨迹等。这种“样机”只需要在几何上模拟真实飞机，为了加工方便常用木料制成，也可以使用铝材（但不需要达到真实结构的厚度及强度）。制造样机的过程，实际上是进行了结构和系统等部分在空间上的协调。

图 4-17　一种旅客机的“木质样机”

在不需要检查的部位，样机上可以对实际飞机作大幅度的简化。比如由于飞机的对称性，这种“样机”常常只做一边机翼及尾翼。飞机的外翼及垂尾的高处，协调关系比较单纯，因此常忽略不做。飞机的系统管道不需要达到真实管道的密闭性和强度，所以常用切出很多三角形缺口的管道来达到真实管路的弯曲。有时也可以只制造驾驶舱部分的样机。如果设计任务所涉及的飞机，在部位安排和空间协调上不存在很大的问题，那么设计中也可以不做“样机”。

9. 风洞模型

有作空气动力研究的风洞模型，也是在外形上对实物进行模拟，而忽略结构上的特点。风洞模型通常用木料、铝料或钢料实心制成，也可以用玻璃钢制成空心的。

图 4-18　全金属风洞试验模型

风洞模型实际上已经有了“物理模型”的性质，因为它是用来研究空气动力现象的。空气动力特性与外形相关，因此要求模型的几何外形与实物相似。当需要模拟空气动力的其他特性时，如研究战斗机的飞行员应急弹射、副油箱投放或座舱盖抛放的轨迹和作尾旋试验的模型，则进一步要求对转动惯量的相似。在风洞中作颤振试验的模型，还要求质量分布和结构刚度分布的相似。

在工序流程中，常用几何模型来传递几何信息或检验几何形状。例如，协调工艺装备的“标准样件”，就是一种刚度很大不易变形的模具。沙模铸造所用的木模，精密铸造所用的蜡模，冲压或拉伸工序所用的模胎及各种样板、卡具和型架，它们都在局部上体现的实物的几何特点。它们的功能是将相关的几何信息传递到下一道工序，或者对工序后的产品进行几何上的检验。

10. 物理模型

在日常的印象里，模型总是与实物形状相像的，其实并不一定。

工作台摆着密如蛛网的电线，连接着各种元件，这是在对飞机上的电气系统的一个原理进行试验。这就是一个“原理试验模型”。

液压系统、燃油系统、电气系统、空调系统的原理试验，通常在试验台上进行。这一类原理试验的模型，一般不要求在几何上与实物相似。

在材料和结构的强度试验中，小到从材料上取下的试样，大到试验用的模拟构件（如模拟的壁板、盒段、局部部件等），也都属于物理模型。

在这些试验中，尽管模型与实物几何上不相似，但物理现象与实物是相同的。

也有模型的物理现象与所研究的实物的物理特性并不相同，但是，这些物理模型的某种性质有相似性。比如，有机玻璃制造的构件在载荷下出现的光学花纹，与金属构件在载荷下的应力分布，服从同样的微分方程。因此有机构件模型可以用于观察金属构件应力分布的“光弹性试验”。

用模拟计算机研究飞机飞行的动态品质时，模拟计算机电路上的电流、电压表达了飞行运动的微分方程，尽管电特性与气动力属于不同的物理特性，但只要微分方程相同，就可以用模拟计算机的计算来模拟飞行品质。

这种模拟能力的推广，使模型的范围大为扩大，更方便于人们对自然规律的探讨。

关于“信息模型”（包括“数学模型”），在另一篇文章中再作探讨。

（此文是“文化大革命”后，《航空知识》重新整顿，编辑部第一次向我组稿，我写出此稿后，从1977年1月起在《航空知识》上分4期连载刊出）

后　记　　POSTSCRIPT

2015年11月2日，我国21世纪自行研制的大型喷气客机C919下线。2017年5月5日，此机首次试飞成功。我被邀请参加了这两次庆祝仪式，并接受了中央电视台及几家新闻媒体的采访。亲眼目睹了这两个庄重的时刻，我不禁心潮澎湃。我曾经有幸参与了新中国第一种自行研制的喷气式飞机的设计（歼教1），也曾参与了我国在20世纪研制的最大飞机（运10）的设计，并参与了20世纪到21世纪过渡期间我国科技界对自行开发大型客机的讨论，当时参加讨论的一些论文和讲稿，曾在多家报刊发表，在我的博客上发布时，获得了58万次的点击量，得到了一定的关注，其中有些辑录在本书中。到今天，当时讨论提到过的一些史实和论点，相信对航空工业的新生代仍有一定的参考作用。

本书主要内容是我亲历新中国20世纪航空工业兴起的一些回忆，以及在世纪之交时参加全国性大讨论的论点。其中如有不当之处，希望得到读者的指正。

程不时